동물질병학

양면식·김주완·김충현·손부용·윤소라·조현명

창지사

머리말

오늘날 동물 질병의 예방과 치료는 개별 동물의 건강을 유지하는 것을 넘어 인류 보건과 생태계 균형을 유지하는 데 중요한 역할을 하고 있습니다. 특히 인수공통감염병의 증가와 축산업의 변화는 동물질병학의 중요성을 더욱 부각시키며, 이에 대한 깊이 있는 이해와 최신 지식의 습득이 필수적입니다.

본 교재『동물질병학』은 동물 관련 분야를 전공하는 학생뿐만 아니라, 동물 연구자와 관련 산업 종사자들에게 신뢰할 수 있는 기초 및 실용 지식을 제공하기 위해 집필되었습니다. 다양한 동물에서 발생하는 주요 질병을 다루기 위해 계(系, system) 또는 장기별로 목차를 구성하였으며, 학습자의 이해를 돕고자 각 장의 서두에 해당 장기의 해부학적 · 생리학적 개요를 포함하였습니다.

현재 국내에는 동물질병학이나 동물보건을 체계적으로 다룬 교재가 충분하지 않습니다. 본서는 실무에서 자주 접하는 질병을 중심으로 깊이 있게 다루었으며, 집필 과정에서 여러 전문가의 지식과 경험을 반영하여 우리나라에서 흔히 발생하는 질병들을 선별해 직접 서술하였습니다. 해외 교재의 번역서가 아니기에 국내 실정에 적합한 질병을 선정할 수 있었으며, 교양서 이상의 전문성을 담아 보다 심층적인 내용을 전달하고자 하였습니다.

언제나 학생들에게 강조하는 것이 하나 있다면, 동물질병학은 '틀린 그림 찾기'가 아닌 '다른 그림 찾기'와 같다는 것입니다. 무엇이 다른지 알기 위해서는 옳은 그림이 무엇인지 알아야 하고, 다른 부분을 지적하기 위해서는 해당 부분이 어떻게 다른지 설명할 수 있어야 합니다. 마찬가지로 동물질병학에서도 정상적인 해부학과 생리학 지식을 바탕으로 해당 질병이 정상과 다르다는 것을 알 수 있고, 질병이 발생하는 원인을 이해하고 질병의 이름을 앎으로써 해당 질병을 정의할 수 있습니다. 독자들이 이러한 점을 염두에 두고 학습에 임한다면 더욱 효과적이고 깊이 있는 학습을 할 수 있으리라 믿습니다.

이 책이 독자 여러분에게 유익한 지침서가 되기를 바라며, 본서를 통해 동물 질병에 대한 깊은 이해와 실질적인 대응 능력을 갖추는 데 도움이 되기를 기대합니다.

2025년 1월

대표저자 양면식

차 례

chapter 01

총 론

1. 개요

동물(動物, animal)은 '개체 → 기관계(organ system) → 기관(organ) → 조직(tissue) → 세포(cell)'의 구성 단계를 가진다. 위 구성 단계 및 분류는 기능, 구조, 위치 등에 따르며, 기본적으로 동물의 기본은 세포 단위에서 기능하고 세포 단위의 문제가 점차 상위 분류로 확장되어 간다. 그러므로 결국 질병은 세포 단위에서 시작된 변화가 점차 확장되어, 눈으로 보이지 않는 단계에서 시작되어 눈으로 관찰되며 증상을 보이는 단계까지 나아가는 것이다. 그러기에 질병을 이해하기 위해서는 세포의 변화를 일으킬 수 있는 원인, 세포가 이런 변화를 스스로 회복하는 과정, 회복하지 못한 세포가 겪게 될 결과를 이해해야 한다.

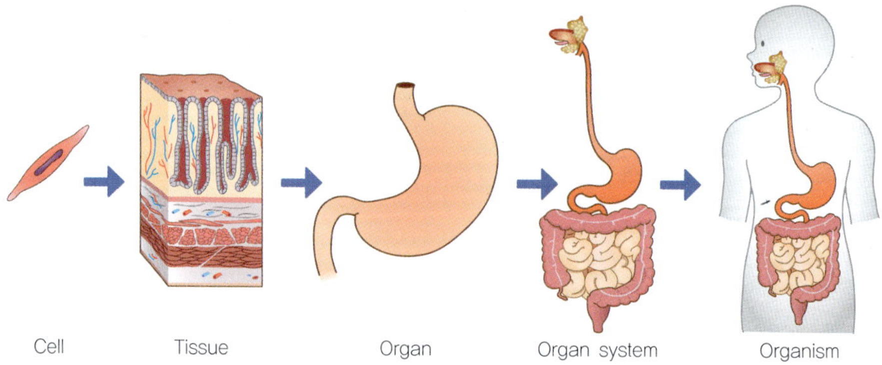

[그림 1-1] 동물의 구성 단계

출처 : https://www.britannica.com/science/human-body

1) 질병

질병(疾病, disease)은 유기체의 구조나 기능의 전체 또는 일부에 악영향을 미치는 특정한 비정상적인 상태로, 다양한 원인에 의해 발생한다. 넓게는 어떠한 비정상적인 상태 자체를 질병으로 정의할 수 있으며, 좁게는 비정상적인 상태로 인해 외부에서 관찰할 수 있는 증상이나 징후가 있음을 말한다. 그러므로 질병이라는 용어는 장애, 병, 질환 등의 용어로 대체하여 사용하기도 하지만 개인이나 문헌에 따라 위 용어들을 구분하여 사용하기도 한다.

이 질병을 연구하는 학문을 전통적으로 병리학(病理學, pathology)이라 하며, 말 그대로 병의 이치를 연구하는 학문이다. 하지만 최근에는 병리학뿐만 아니라 질병학이라는 용어 또한 비슷한 개념으로 사용되고 있다.

2) 질병의 원인

질병을 유발할 수 있는 원인은 매우 다양하다. 크게는 처음부터 질병으로 발전할 문제가 될 소지를 가지고 태어나는 선천성(congenital)과 살아가며 외부 요인에 의해 질병이 발생하는 후천적(acquired) 요인으로 나눌 수 있다.

선천적 요인은 주로 유전적 결함에 의해 나타나며, 대표적으로 구개열(소화기 질환), 팔로4징증(심혈관 질환) 등이 있다. 유전적 결함 외에도 임신 기간에 모체로부터 약물이나 독성물질 등이 전달되어 발생하기도 하는데, 내아 일코올 증후군이 대표적인 예이다.

후천적 요인은 크게 감염성 질병(infectious disease)과 비감염성 질병(non-infectious disease)으로 나뉜다. 감염성 질병은 세균, 바이러스, 원충, 기생충 등의 병원체(pathogen, infectious agent)의 감염으로 발생하는 질병을 말하며, 비감염성 질병은 병원체 감염에 의한 것이 아닌 질병으로, 주로 만성적으로 발생하고 대표적으로 심혈관 질환, 당뇨, 암, 고혈압 등을 포함한다.

정신적 문제(mental disorder)는 선천적 · 후천적 요인 모두에 의해 발생할 수 있으며, 인간에게서는 원인, 기전, 치료 등이 활발히 연구되고 있으나, 동물에서는 그 관심과 연구가 부족하다. 개의 꼬리 쫓기나 땅파기, 앵무새의 깃털 뽑기 등이 정신적 문제에 의한 질병으로 알려져 있으며, 동물이 인간과 밀접한 관계를 이루고 있는 현대 사회에서 동물의 정신적 문제와 질병 또한 연구가 활발하게 진행되고 있다.

앞서 말한 질병의 원인들은 개체 및 지역에 따라 큰 차이를 보인다. 특히, 감염성 질병의 경우 그 차이가 크게 나타나는데, 해외에서는 문제가 되는 병원체가 우리나라에서는 문제가 되지 않거나 발견 사례가 없는 경우가 많다. 또한 종(species)에 따른 질병의 발생률 차이가 존재하는데, 이 또한 국가별로 선호하는 개와 고양이의 종이 다르기에 질병에 관한 관심과 위협이 다르다. 이런 이유로 본 교재에서는 현재 대한민국에서 많이 발생하고 위협이 되는 질병을 위주로 선정하여 기술하고 있으며, 본 책에서 기술된 혹은 기술되지 않은 질병이 이후에는 문제가 되지 않거나 문제가 될 가능성이 있으므로 관련 종사자는 끊임없이 동물 질병 발생 동향에 관심을 가져야 한다.

2. One-Health

[그림 1-2] 원헬스의 개념

출처: https://www.shutterstock.com/ko/image-vector/one-health-infographic-diagram-three-sectors-1625053015

원헬스(One-Health)는 기관마다 정의가 다르지만, 국제보건기구(WHO)에 따르면 "사람, 동물, 그리고 생태계의 건강을 지속적으로 균형 있게 최적화하기 위한 통합적(intergrated)이고 조화로운(unifying) 접근 방식"이다. 즉, 사람-동물-환경은 독립적이지 않으며, 서로가 서로에게 영향을 끼치므로, 의학, 수의학, 환경보건학의 다학제적 협력 전략을 의미한다. 주목하고 있는 분야는 항생제 내성(antimicrobial resistance), 인수공통전염병(zoonotic disease), 매개체전파질병(vector-borne disease), 식품 안전 및 식품매개질병(food safety and food-borne disease), 환경 위생(environmental health) 등이 있다.

이러한 원헬스의 개념이 대두된 원인은 <표 1-1>과 같으며, 이 외에도 인간-동물-환경이 서로 영향을 미칠 수 있는 모든 원인이 원헬스라는 개념이 생긴 이유가 될 수 있다.

〈표 1-1〉 원헬스의 개념이 생긴 이유

글로벌화	운송수단의 발달로 인해 사람과 물자가 국경을 넘어 다른 국가로 전파되기 쉬워짐
식품 안전 문제	특정 지역의 식품(야채, 채소, 육류 등)이 글로벌화로 인해 전 세계로 유통되면서 식품 유래 질병의 발생 및 확산 가능성 증가
도시화	도시화로 인해 좁은 지역에 많은 인구가 밀집해 살게 되어 다양한 질병의 전파가 빨라짐
환경 파괴 및 생태계 변화	환경 파괴 및 생태계 변화로 인해 야생동물이 서식지를 잃고 인간 사회와 밀접한 관계를 맺음에 따라 야생동물 유래 질병이 인간에게 전파
항생제 내성	인간과 동물 모두에서 항생제 사용이 증가하면서 항생제 내성 균주가 확산
신종 전염병	병원체가 동물과 인간을 오가며 감염되면서 변이가 일어나 기존과 다른 양상의 전염병이 등장
기후 변화	기후 변화에 따른 야생동물의 서식지 변화와 더불어, 질병을 매개하는 모기, 진드기 등의 서식지가 변하게 되어 특정 지역에 국한되었던 질병이 새로운 지역으로 확산

3. 세포 손상

조직이나 기관의 손상은 세포 단계에서 시작된다. 전통적으로 세포 손상은 구조의 변화(병변, lesion)를 관찰하는 것으로 판단하였다. 하지만 현대에 이르러서 세포 손상은 단순히 육안적으로 변화가 관찰되는 것 외에도 세포의 생화학적 변화에 의한 기능 부전도 포함하게 된다. 간단하게 말해서 세포 손상이란, 세포의 항상성(homeostasis)이 깨진 상태이다.

세포 손상을 유발할 수 있는 이유는 매우 많고 다양하다. 원인을 내재성 · 외재성으로 나눌 수 있고 그 안에는 수천, 수만의 원인이 있지만, 공통적으로 세포 손상은 각 원인들에 의해 적어도 한 가지 이상의 기전을 거쳐 손상이 이루어진다. 세포 손상에 필연적인 기본 손상 기전에는 아데노신3인산(adenosine triphosphate, ATP) 고갈, 세포막 투과성(permeability) 증가, 생화학적 경로 장애(특히 그로 인한 단백질 합성 장애), DNA 손상의 4가지가 있다.

세포 손상에 대한 세포의 방어는 제한적이다. 적응하거나, 변성되거나, 죽게 된다. 미약한 자극이나 치명적이지 않은 손상에 대해서 세포는 재생을 시도하며, 적응하면 오히려 기능적 · 효율적으로 더 나은 재생을 기대할 수도 있다. 자극이나 손상이 지속되어 세포가 변성되면 기능에 저하가 생기지만 이는 가역적(reversible)인 변화로서, 세포에 가해진 자극이나 손상이 줄어들면 세포는 다시 정상으로 돌아갈 수 있다. 세포에 가역적인 변성 단계를 넘어선 자극이나 손상이 가해지면 비가역적(irreversible)인 손상을 입게 되며, 세포는 정상으로 돌아가기 어려운 상태가 되거나 죽게 된다.

DNA의 회복할 수 없는 손상은 세포의 영구적인 성장 장애를 일으켜 세포가 노화되거나, 세포의 죽음(cell death, 세포 사멸이라는 단어로 대체할 수 있지만 본 교재에서는 세포의 죽음으로 통일)을 유발하거나, 세포의 악성 종양화의 결과로 유도한다. 반면, 미토콘드리아는 외부의 자극이나 손상에 더 유연하게 대처할 수 있으며, 세포 내 소기관 중 손상에 대한 역치가 가장 높다. 미토콘드리아의 손상은 세포의 변성을 유발하거나 손상이 비가역적이라면 예정세포사멸

(예정세포죽음, 예정세포사, programmed cell death)이라고 불리는 세포자멸사(apoptosis)를 유발하여 이상이 생긴 세포를 스스로 제거하게 한다.

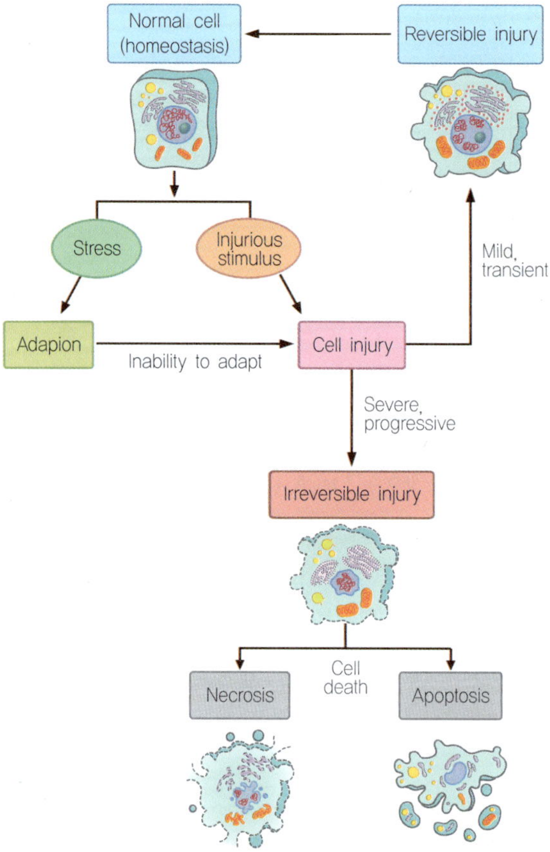

[그림 1-3] 손상에 대한 세포의 반응

출처 : https://exchange.scholarrx.com/brick/cell-injury-adaptation-and-death

세포의 손상을 유발할 수 있는 원인들은 다음과 같다.

1) 산소 결핍

세포나 조직으로 산소의 공급이 줄어든 상태를 저산소증(hypoxia)이라고 한다. 더 구분하자면 조직(tissue)으로 전달되는 산소가 충분하지 않거나, 전달된 산소를 세포가 대사하지 못해 혐기 대사(anaerobic metabolism)가 이루어지는 상태를 말한다. 저산소증은 가장 흔하지만 가장 중요한 세포 손상의 원인이며, 심혈관계 부전, 호흡기계 부전, 혈관 관류 이상, 적혈구의 산소 전달 능력 이상, 세포 내 호흡 효소 기능 이상 등의 다양한 이유로 세포 손상이 발생한다.

2) 물리적 요인

세포 손상의 물리적 요인으로, 물리적 손상, 극한의 기온, 방사선, 전기 충격 등이 있다. 이러한 물리적 요인은 세포에 직접적인 손상을 줄 수 있지만 그 외에 세포로 들어오는 혈류에 영향을 주는 방법으로도 세포에 손상을 준다.

적당한 고온은 혈관을 확장시키고 혈류를 증가시키지만, 과도한 고온은 세포 단백질과 효소를 불활성화한다. 적당한 저온은 혈관을 수축시키지만, 과도한 저온은 세포를 얼리고 얼음 결정이 세포막을 손상시킨다.

3) 감염성 병원체

감염성 병원체는 다른 세포 손상의 원인들과 달리 조직이나 세포에 침입하여 증식하는 특징이 있으며, 핵산이 없는 단백질(프라이온), 미생물(세균, 바이러스), 기생충 등 그 종류와 크기가 다양하고, 그에 따라 세포 손상을 유발하는 기전 또한 다양하다.

간략하게 프라이온은 주변 단백질의 구조변형을 유도해서 복제 및 전파가 된다. 바이러스는 숙주세포의 DNA 혹은 RNA 합성 기전을 이용하여 바이러스의 증식을 유도하고 염증반응을 유발하여 세포 손상을 유발한다. 세균은 염증반응을 유발하거나 독소를 생성하여 세포 손상을 유발하고, 기생충은 숙주의 영양분을 빼앗아 숙주에게 영향을 준다.

4) 영양 불균형

영양분의 부족, 불균형, 과다 모두 세포 손상을 유발한다. 동물에서 일시적인 영양분이나 칼로리의 부족은 비축했던 당, 단백질, 지방 등을 분해하여 적응할 수 있지만 그 기간이 길어지면 세포가 이용할 에너지원이 없어 세포 위축(atrophy)의 손상을 입게 된다. 과도한 영양분이나 칼로리는 세포 내 당과 지방의 축적이 많아져 대사 장애가 발생하며 비만으로 인한 합병증 위험이 있다.

영양분이나 칼로리 외에도 많은 영양소들이 동물에게 필수적이며, 대표적으로 비타민, 필수 지방산, 필수 아미노산, 무기질 등이 미량이지만 동물의 생존에 필수적이다. 이런 미세 영양소들은 동물별로 다른 요구량을 갖고 있고, 미량이지만 불균형 시 근육 위축, 면역력 저하, 대사 장애 등의 결과를 일으키므로, 동물별 요구 영양소들을 알고 있어야 한다(예: 고양이의 타우린, 가축에서의 셀레늄 등).

5) 과부하

세포는 부하(workload)에 적응하여 필요에 의해 세포 자체의 크기를 키우거나(hypertrophy, 비대), 세포의 숫자를 늘리는(hyperplasia, 과증식) 방법으로 늘어난 부하에 대응한다. 하지만 비대나 과증식의 범위를 넘어가거나 적응의 시간이 주어지지 않은 부하가 주어지면 세포는 변성이나 죽음을 맞이하게 된다.

반면, 세포에 부하가 주어지지 않거나, 필요가 없어지거나, 신경 혹은 호르몬의 영향을 받지 않으면 위축(atrophy)을 통해 세포의 크기를 줄이거나 세포자멸사(apoptosis)를 통해 불필요한 세포를 제거한다.

6) 화학물질, 약물, 독소

약물과 독소(toxin)를 포함하는 화학물질은 세포의 항상성을 변화시킬 수 있다. 치료 목적으로 쓰는 약물은 특정 세포(표적 세포)의 항상성을 변화시킴으로

그 효과를 보이며, 내성을 갖지 않거나 독성을 보이지 않는 범위에서 사용하는 것이 이상적이다. 만약 이로운 방향으로 세포의 항상성을 변화시키지 않거나 치료의 효과를 기대할 수 없는 화학물질은 독소로 산주한다. 이렇듯이 모든 대부분의 화학물질은 얼마나 표적 세포에 전달되느냐, 내성을 갖느냐, 독성을 보이는 농도 등에 따라 약물이 될 수도, 독소가 될 수도 있다.

화학물질은 수용체(receptor)에 결합하여 작용하며, 그 기능의 수행은 효소의 활성을 억제하거나 촉진하여 기능을 수행, 대사 경로를 변경하여 기능을 수행, 세포막 투과성 증대 등의 기전을 갖는다.

7) 노화

세포와 조직의 노화는 단백질, 지방, 핵산 등에 손상이 누적되며 발생한다. 이 노화에 의한 손상의 대부분은 반응 산소 종(reactive oxygen species, ROS), DNA의 변화, 세포의 노쇠기(cellular senescence) 등으로 발생한다.

세포가 분열하면 DNA 염색체 말단에 존재하는 텔로미어(telomere)가 소모되며, 만약 이 텔로미어가 모두 소모되면 세포의 분열은 이루어지지 않고 이를 통해 신체는 점점 늙어가지만, 세포가 무한히 증식하는 경우를 막는다. 하지만 세포가 노화해 가며 DNA에 이상이 생기면 세포의 무한한 분열을 막아 주는 기전에 이상이 생겨 이상적인 세포 증식이 발생하고 이것이 암 혹은 종양(cancer, neoplasia)이 된다.

〈표 1-2〉 세포 손상을 유발하는 원인

• 산소 결핍	• 과부하
• 물리적 요인	• 화학물질
• 감염성 병원체	• 노화
• 영양 불균형	

4. 급성 세포 팽창

세포 손상에 대한 첫 번째 반응은 급성 세포 팽창(acute cell swelling)이다. 만약 손상을 유발하는 자극이 너무 심하지 않거나 지속되지 않는다면 세포는 정상 상태로 회복하려 한다. 세포는 손상으로부터 세포의 항상성을 되찾는다면 형태학적으로, 또 기능적으로 정상 상태로 복구한다. 하지만 이 급성 세포 팽창은 가역적 및 비가역적 세포 손상 모두의 시작점이기에 급성 세포 팽창이 세포의 손상 상태를 유추하는 데 결정적인 단서가 될 수는 없다.

정상 세포의 나트륨-칼륨 펌프(sodium-potassium pump)는 ATP를 가수분해하여 에너지원으로 사용해 나트륨 이온 3개를 밖으로 내보내고 칼륨 이온 2개를 세포 안으로 들여보내는 역할을 한다. 이 능동적인(active) 과정을 통해 세포 안과 밖은 이온의 농도 차를 만들게 되어 세포 밖에는 나트륨 이온이 더 많이 존재하고, 세포 안에는 칼륨 이온이 더 많이 존재하게 된다.

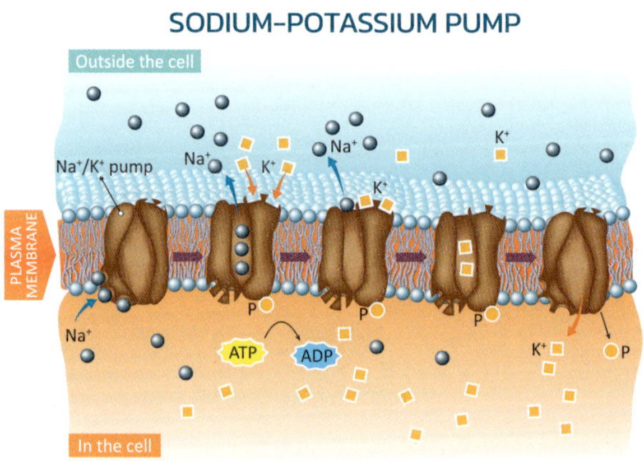

[그림 1-4] 세포막에 존재하는 나트륨-칼륨 펌프

출처: https://www.shutterstock.com/ko/image-vector/vector-illustration-example-active-transport-animal-2156998717

만약 이 능동적인 펌프에 이상이 생기면 세포 안과 밖의 이온 균형을 맞추기 위해 칼륨은 세포 밖으로, 나트륨 이온은 세포 안으로 이동하는 수동적인(passive) 과정이 발생하는데, 이 과정에서 나트륨과 함께 물이 세포 안으로 이동하게 된다. 그 결과 세포 내에 물이 차게 되어 수종 변성(hydropic degeneration)이 발생한다. 이것이 급성 세포 팽창의 기전이다.

5. 세포 죽음

생체는 계획된 세포 죽음(programmed cell death)의 일종으로, 생리학적 필요 때문에 세포를 제거하거나 주변 세포들을 보호하기 위해 손상된 세포를 제거하는 세포자멸사(apoptosis)의 기능을 가지고 있다. 특히, 손상된 세포가 죽으면서 해로운 물질을 세포 외부로 배출하거나 염증 물질이 모여드는 것을 막기 위해 손상된 세포가 죽기 전에 세포자멸사가 이루어져야 하므로, 세포자멸사는 대부분 세포 단위에서 발생한다. 즉, 대규모로 발생하는 일은 드물다. 괴사는 이런 세포 단위의 세포자멸사가 이루어지기에는 갑작스럽거나 대규모의 세포 손상이 발생할 때 관찰되며, 군(group)이나 구역(zone)을 이루며 발생한다. 어떠한 원인에서든 세포나 조직이 죽음에 이르게 되면서 ① 원인이 제거되지 않아 세포의 죽음이 지속됨, ② 죽은 세포로 인해 염증반응이 발생, ③ 죽은 세포에서 배출되는 해로운 물질로 인해 인접 세포가 영향을 받음, 등의 이유로 괴사 영역이 확장된다.

이 외에 자가포식(autophagy)이라는 형태의 세포 죽음이 존재하는데, 이는 주로 영양학적으로 결핍이 있을 때 생체를 보호하기 위해 불필요한 세포를 없애 그 내용물을 재활용하는 형태의 세포 죽음이다. 자기포식과 세포자멸사의 경계는 뚜렷하지 않으나, 두 형태의 세포 죽음 모두 계획된 세포 죽음이라는 것은 동일하다.

전통적으로 세포의 죽음은 세포자멸사, 괴사, 자가포식의 3가지로 분류되었으나, 최근 연구에서는 조절된 세포 죽음(regulated cell death)이라는 형태의 용어를 사용하여 의도적으로 세포의 죽음을 시작하거나 세포 죽음을 확장하는 기전들을 설명하고 있다. 각 형태의 세포 죽음은 세포 죽음을 유발하는 기전이 다르며, 대표적인 조절된 세포 죽음의 예시는 <표 1-3>에 정리하였다. 실제 연구된 각 세포 죽음의 기전은 복잡한 단계와 기전을 가지며, 수많은 단백질, 효소, 매개 인자 등이 관여된 종합적인 과정이다.

〈표 1-3〉 조절된 세포 죽음

구분	내용
Apoptosis	내인성: 미토콘드리아에 의해 시작되는 세포 죽음으로, Caspase-3이 주로 연관된 세포 죽음
	외인성: 세포막 수용체가 세포 외 환경 변화를 감지하여 시작되는 세포 죽음으로, Caspase-8이 주로 연관된 세포 죽음
Autophagy	세포가 포식되는 형태에 따라 Macro-, Micro-, Chaperone-mediated-로 나뉘며, 다른 세포 죽음에 비해 염증반응이 상대적으로 적은 형태의 세포 죽음
Entotic cell death	이웃한 세포가 문제가 되는 세포를 통째로 삼키는(entosis) 형태의 세포 죽음
Ferroptosis	철 이온에 의존하여 세포 내 과산화 지질이 쌓여 발생하는 형태의 세포 죽음
Immunogenic cell death	면역반응으로 이루어지는 세포 죽음
Lysosome-dependent cell death	카텝신(cathepsin)이 리소좀의 세포막 투과성을 증가시켜 리소좀 내 단백질 분해효소가 배출되어 세포 죽음을 유도
Mitochondrial permeability transition(MPT)-driven necrosis	Cyclophilin D가 세포 내 산화적 손상을 방지하는 미토콘드리아의 세포막 투과성을 증가시켜 산화적 손상 및 세포 생존에 필요한 효소들의 생산을 방해하여 세포 죽음을 유도
Necroptosis	괴사 형태를 보이지만 조절된 세포 죽음으로, 여러 염증 매개 인자, 단백질, 효소 등을 통한 세포 죽음을 유도되며 RIPK3*와 MLKL** 의존적으로 발생
Parthanatos	PARP-1***에 의해 시작되는 세포 죽음 기전으로, DNA 손상, 산화적 손상, 저산소증, 저혈당증에서 보이는 형태의 세포 죽음
Pyroptosis	주로 병원체 감염에서 관찰되는 세포 죽음 기전으로, 감염에 따른 염증 반응, 발열과 관련이 있으며, Capase-1이 연관된 세포 죽음

* RIPK3: Receptor-interacting serine/threonine-protein kinase 3

** MLKL: Mixed lineage kinase domain like pseudokinase

*** PARP-1: Poly(ADP-ribose) polymerase-1

6. 종창 괴사와 세포자멸사

종창 괴사(oncotic necrosis)는 앞서 서술한 대로 세포 손상의 첫 번째 난세인 세포 팽창에서 이어지는 괴사의 형태이다. 독성 물질이나 병원체에 의한 직접적인 세포의 손상 외에도 혈액의 관류 장애로 인한 저산소증(hypoxia) 혹은 허혈(ischemia) 또한 세포 손상을 유발할 수 있다. 저산소증 혹은 허혈로 인한 세포 손상의 기전은 ① 산소를 포함한 적혈구가 세포로 산소를 공급하지 못함, ② 에너지원으로 사용하는 포도당을 세포로 공급하지 못함, ③ 독성이 있는 세포 대사 산물(metabolite)을 처리해 주지 못함 등의 이유로 세포 손상이 이루어진다.

산소가 부족한 상태에서 세포는 혐기 대사를 하게 되며, 그 결과로 젖산(lactic acid)이 축적되어 세포 내 pH가 낮아져 세포 손상이 가속화된다. 복합적인 원인과 기전에 의해 세포 안과 밖의 이온 농도를 조절하는 펌프가 기능을 잃게 되고 세포 내로 물이 유입되어 세포가 팽창된다. 세포 손상의 원인이 미약하거나 짧은 시간에만 가해진다면 팽창된 세포는 항상성 유지를 위해 정상 상태로 복원을 시도하지만, 그렇지 않다면 세포는 비가역적(irreversible) 손상을 입어 죽음에 이르게 된다.

세포의 죽음이라는 개념에서 괴사는 세포자멸사와 비교되는데, <표 1-4>에 세포자멸사와 괴사의 간략한 차이를 정리하였다. 하지만 실제 환경에서 세포자멸사를 포함한 계획된 혹은 조절된 세포 죽음과 괴사를 분명하게 구분하기는 어려우며, 면역조직화학염색법(IHC), 웨스턴 블롯(Western blot), 중합효소연쇄반응(PCR) 등의 분자생물학적 검사를 통해 구분해야 한다.

〈표 1-4〉 세포자멸사와 괴사의 비교

세포자멸사(apoptosis)	괴사(necrosis)
계획된 혹은 조절된 세포 죽음(능동적)	예상치 못하고 조절되지 않은 세포 죽음(수동적)
내재성/외재성 원인에 의해 모두 발생 가능	주로 외재성 원인에 의해 발생
병리학적/생리학적 원인에 의해 모두 발생 가능	병리학적 원인에 의해 발생

세포자멸사(apoptosis)	괴사(necrosis)
신체의 이로움을 위한 세포 죽음	신체에 해가 되는 세포 죽음
수축된 형태의 세포(shrinkage)	팽창된 형태의 세포(swelling)
주변 세포에 영향을 끼치지 않거나 영향이 적음	주변 세포에 영향을 끼쳐 괴사 영역이 확장됨
주로 단일 세포에 발생	군(group)이나 구역(zone)에 걸쳐 발생
염증반응이 적거나 없음	염증반응을 유발함
세포막 수포(membrane blebbing) 형성	세포막은 비정형적이며 손상되거나 파열됨
세포 밖에서 해체된 세포 소기관들이 뭉친 세포자멸소체(apoptotic body) 관찰	해체된 세포 소기관들이 흩어져 있음
일정한 크기로 DNA가 쪼개짐	무작위 크기로 DNA가 쪼개짐

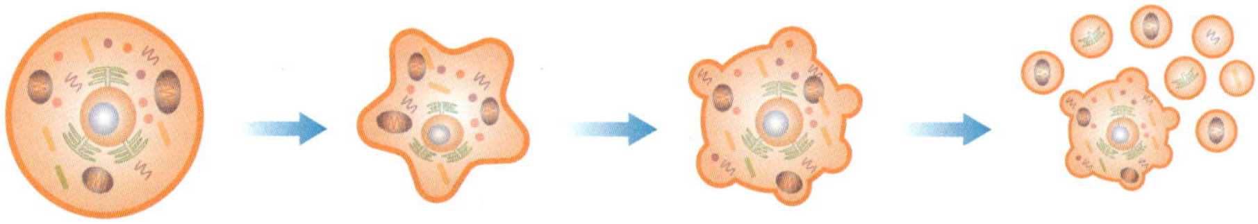

[그림 1-5] 세포자멸사의 과정, 세포막 수포와 세포자멸소체 관찰 가능

출처: https://www.shutterstock.com/ko/image-vector/apoptosis-programmed-cell-death-aging-process-2423467405

7. 종창 괴사의 형태

조직에서 괴사를 형태학적 특징에 따라 분류하는 것은 진단에 도움이 된다. 괴사는 주로 발생하는 조직, 괴사의 원인, 괴사 경과 시간 등에 따라 분류해 왔으며, 오랜 시간 괴사는 ① 응고 괴사(Coagulative necrosis), ② 건락 괴사(Caseous necrosis), ③ 액화 괴사(Liquefactive necrosis), ④ 괴저 괴사(Gangrenous necrosis)의 4가지 형태로 분류한다. 이 분류법은 절대적이지 않으며, 괴사가 진행됨에 따라 다른 형태의 괴사로 진행될 수 있음을 알아야 한다.

1) 응고 괴사

응고 괴사는 괴사 초기에 관찰되는 형태로, 죽은 세포나 조직의 구조가 보존된 형태이다. 일반적으로 세포가 괴사하면 세포 내 단백질 분해효소가 누출되고 세포 전체에 영향을 끼쳐 그 형태가 무너지게 된다. 하지만 응고 괴사는 단백질 분해효소를 포함한 세포 내 단백질이 변성(denature)되어 단백질 분해에 걸리는 시간이 지연되는 상태이다. 하지만 이런 단백질 분해 지연 효과는 핵산에는 적용되지 않는다. 그렇기에 응고 괴사를 겪는 세포는 뚜렷하고 정상으로 보이는 윤곽을 갖지만, 핵은 영향을 받아 핵농축, 핵융해, 핵붕괴 등의 단계로 관찰된다. 모든 장기에서 발생할 수 있지만 간, 신장, 근육에서 자주 관찰되며, 뇌를 포함한 신경계에서는 관찰되지 않거나 매우 짧은 시간 동안만 관찰된다.

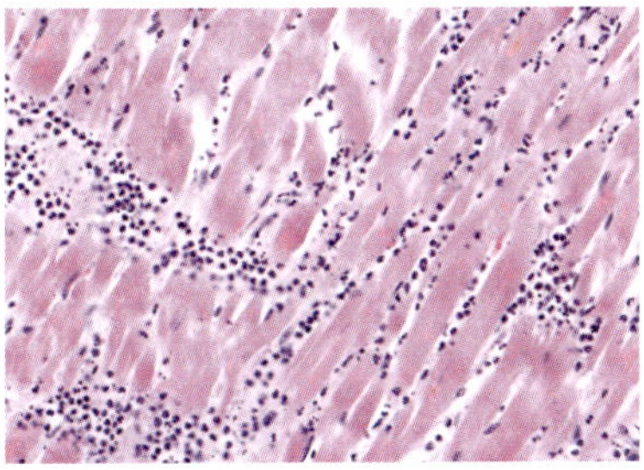

염증세포가 들어차 있으며, 심근은 응고 괴사가 진행되어 윤곽은 유지되지만 핵이 관찰되지 않는다.

[그림 1-6] 급성 심근 경색에서 관찰되는 심근의 응고 괴사

출처: https://commons.wikimedia.org/wiki/File:Acute_myocardial_infarction_with_coagulative_necrosis_%284%29.JPG

2) 건락 괴사

건락(乾酪)은 치즈라는 뜻으로, 괴사 부위가 마치 치즈 같은 형태를 띤다고 하여 붙여진 이름이며, '치즈 괴사'라고도 불린다. 응고 괴사와 비교하여 건락 괴사는 더 오래된 괴사 병변이며, 세포의 윤곽과 구조를 완전히 잃은 형태이다. 현미경으로 관찰 시 건락 괴사는 무정형(amorphous)을 가진다. 건락 괴사가 가장 흔하게 관찰되는 형태는 육아종(granuloma)의 형태이다. 육아종이란 만성 염

증의 한 종류로, 신체가 처리할 수 없는 병원체나 이물질을 격리하기 위해 병원체나 이물질 주변을 염증세포로 둘러싸는 형태의 병변이다. 건락 괴사가 관찰되는 육아종은 주로 결핵균(*Mycobacterium* spp.) 감염으로 형성된 육아종 내부에서 관찰된다.

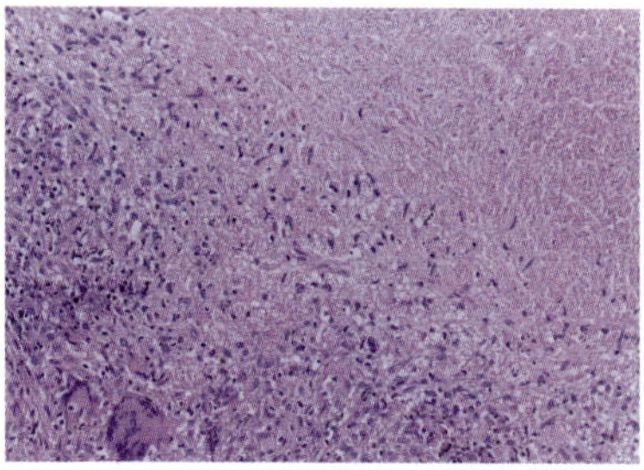

우측 상단에서 건락 괴사가 관찰되며, 좌측 하단에는 결핵균이 포함된 건락 괴사 영역을 둘러 싼 염증세포의 층이 관찰된다.

[그림 1-7] 결핵균에 감염된 림프절에서 형성된 육아종

출처 : https://commons.wikimedia.org/wiki/File:Tuberculous_lymph_node_with_caseating_granuloma_40X.jpg

3) 액화 괴사

액화 괴사는 세포가 녹아내려 괴사 조직이 액상으로 변화된 상태이다. 괴사 조직은 완전히 가수분해되고 염증반응에 의한 농(pus)과 액화된 조직이 혼합되어 관찰된다. 액화 괴사는 뇌와 척수를 포함한 신경계에서 괴사의 마지막 단계에 주로 관찰된다. 신경계에서 주로 관찰되는 이유는 신경계에는 조직의 구조를 지지해 줄 수 있는 섬유성 조직이 부족하고 지방이 풍부하기 때문이다.

4) 괴저 괴사

단순히 '괴저'라고도 불리는 괴저 괴사는 임상적으로 허혈(ischemia)에 따른 괴사를 말하며, 특히 발가락과 같은 사지 말단에 주로 발생한다. 괴저의 원인은 동맥경화 등과 같이 혈류가 사지 말단에 미치기 어려운 심혈관계 질환, 외상, 세균 감염 등이 있다. 원인에 따라 건성(dry), 습성(wet), 가스(gas) 괴저 괴사로

분류한다.

건성 괴저는 응고 괴사와 같은 형태로 관찰되며, 주로 말초 동맥 질환으로 인한 허혈성 병변에서 진행된다. 죽상동맥경화증(atherosclerosis), 고콜레스테롤, 당뇨병, 흡연 등의 원인으로도 발생하며, 괴저 발생 부위는 검게 변색하고 시간이 지나면 스스로 절단되어 떨어져 나간다. 대부분 감염과 연관되지 않은 형태의 괴저이다.

습성 괴저는 건성 괴저와 달리 주로 세균 감염으로 발생한다. 패혈증 가능성이 높기에 예후가 나쁘며, 부종으로 인해 혈류가 원활하지 않아 부패하기 쉽다.

가스 괴저는 가스 생성균의 감염으로 발생하며, 대표적으로 가스괴저균이라 불리는 *Clostridium perfringens* 감염이 있다. 가스괴저균은 혐기성 세균으로 주로 근육에 감염되어 가스를 만들며 독소를 생산하고 증식하여 전신에 영향을 미친다.

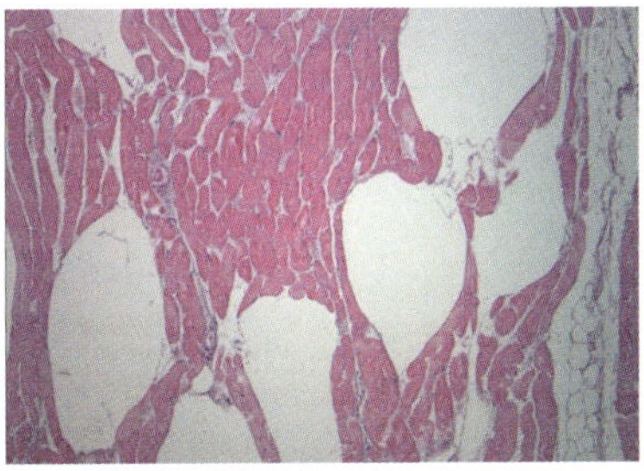

근육 다발 사이로 가스괴저균에 의해 발생한 가스가 관찰된다.

[그림 1-8] 근육에서 관찰되는 가스 괴저

출처 : https://commons.wikimedia.org/wiki/File:Gas_gangrene_pathology_slide.jpg

8. 만성적 손상에 대한 세포의 변화

단시간에 죽음이나 비가역적 변화를 일으킬 정도의 손상이나 자극이 아닌 이상 세포는 살아남는다. 손상이나 자극이 지속으로 주어지는 만성적인 상황에서도 세포는 정상 상태, 즉 항상성 유지를 위해 노력한다. 하지만 정상으로 돌아가기 힘든 상황에서 세포는 만성적인 손상이나 자극에 적응(adaptation)한다.

이런 자극에는 두 가지 형태가 있는데, 첫 번째는 세포의 내부나 외부에 물질들을 축적하는 것이다. 대사 작용에 이상이 생긴 세포는 이를 상쇄하고자 세포 내부에 지방, 단백질, 글리코겐, 봉입체 등을 축적하여 손상에 의한 대사 이상을 처리하려 한다. 혹은 세포 외부에 아밀로이드, 섬유소, 콜레스테롤, 지방과 같은 해로운 물질을 축적한다. 보통 이 과정은 세포의 손상을 보전하려는 이로운 효과를 제공하지만, 그 정도에 따라 해로운 작용을 하며 오히려 세포 죽음을 가속할 수 있다.

두 번째 형태는 세포의 모양, 수, 기능 등을 변화시키는 것이다. 여기에는 5가지 형태가 존재하는데, ① 위축(atrophy), ② 비대(hypertrophy), ③ 과증식(hyperplasia), ④ 화생(metaplasia), ⑤ 이형성(dysplasia)이 있다.

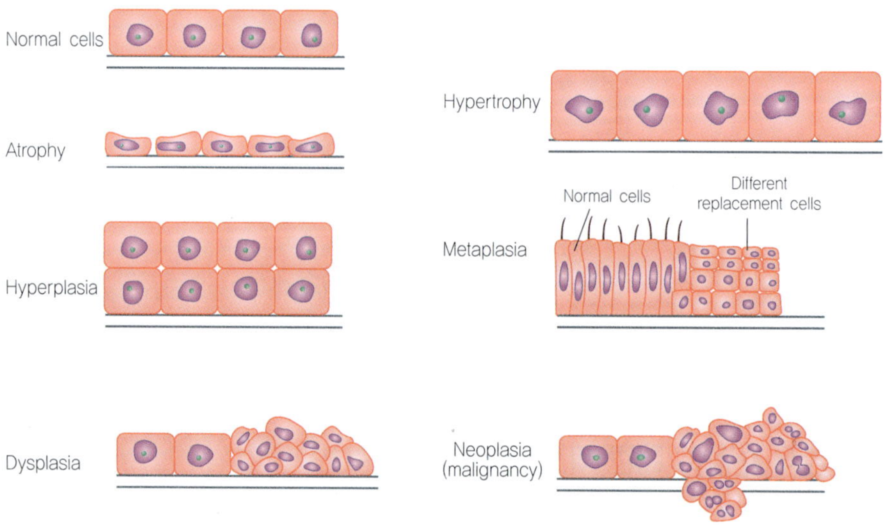

[그림 1-9] 세포 손상에 따른 세포의 적응 형태

출처: https://yamyam-yam.tistory.com/9

위축은 세포의 크기나 수가 작아지거나 감소하는 것이다. 위축은 영양 부족, 성장 호르몬 부족, 부하 감소, 신경 차단 등의 이유로 발생한다. 위축의 결과로 조직이나 기관의 크기는 작아지게 되는데, 비슷한 형태를 띠는 형성 부선(hypoplasia)과는 구분해야 한다. 위축은 정상 상태에서 생리학적 혹은 병리학적 이유로 크기와 수가 감소하는 데 반해, 형성 부전은 애초에 정상 크기나 수로 발달하지 않은 병리학적 상태이다.

비대는 세포의 크기가 커지는 것이다. 세포 손상에 따른 세포 팽창(swelling)과 다르게 세포 내 소기관 또한 크기가 커지므로 구분할 수 있다. 가장 뚜렷하게 세포 비대를 관찰할 수 있는 예시는 근육이며, 부하가 늘어남에 따라 하나의 부하를 감당하기 위해 근섬유가 비대해진다.

과증식은 세포의 숫자가 늘어나는 것이다. 이는 호르몬, 염증, 외부의 자극 등에 의해 발생하며, 과증식을 유도할 수 있는 원인이 제거되면 과증식이 일어나지 않는다. 과증식이 일어나기 위해서는 해당 세포가 분열할 수 있는 세포여야 한다. 최종 분화 세포(terminally differentiated cell) 혹은 분열 후 세포(postmitotic cell)라 불리는 세포들은 손상이나 자극이 주어져도 과증식하지 않으며, 대표적으로 근육, 신경세포 등이 있다. 단순히 세포의 숫자가 늘어난 상황이므로 세포 개개의 형태는 정상 세포와 차이가 없다. 병리학적으로 과증식 상태가 지속되면 종양(neoplasia)이나 암(cancer)이 될 수 있다.

화생은 이미 분화가 끝난 세포나 조직이 다른 조직으로 변화하는 것이다. 생리학적 혹은 병리학적 원인 모두에 의해 발생할 수 있다. 생리학적으로 발생하는 화생은 해당 위치의 세포가 환경에 버틸 수 없을 때 발생하며, 대표적 예시로 역류성 식도염에서 위산에 대한 저항성을 갖기 위해 기존 편평상피에서 원주상피로 화생이 일어나거나, 흡연자에서 호흡기 보호를 위해 기존 거짓중층 원주상피가 편평상피로 화생이 일어나는 것이 있다. 좁은 의미에서 화생은 같은 기원 혹은 계열 세포 내에서의 변화만 인정하며, 상피세포에서 상피세포로, 간엽세포에서 간엽세포로의 변화가 화생을 의미한다. 화생 자체는 암이나 종양으로 간주하지 않지만, 암이나 종양으로 갈 수 있는 전 단계로 인식된다.

이형성은 어떠한 형태로든 비정상적인 세포의 성장 및 분화를 말한다. 화생과 다르게 이형성은 다른 기원 혹은 계열 세포로도 분화가 될 수 있다. 또한 화생과 다르게 이형성된 세포는 성숙이나 분화(differentiation)도가 완전하지 않아 미성숙 혹은 미분화 상태의 세포가 관찰된다. 문헌에 따라 다르지만, 이형성 자체는 암이나 종양으로 간주하지 않으며, 만약 이형성된 세포 집단의 성숙도나 분화도가 완전하지 않으면 암이나 종양의 전 단계로 인식된다.

chapter 02

심혈관계 질환

1. 개요

순환기계(Circulatory system)는 산소 및 이산화탄소와 같은 호흡 물질, 소화에서 흡수된 영양물질, 요소와 같은 대사 산물의 이동을 돕는 운반 기능을 담당한다. 부가적으로 혈류를 통한 호르몬 및 신경전달물질의 운반을 통한 화학신호의 전달 및 체심부의 중심온도를 체표면으로 전달하여 체온을 조절하는 기능이 있다. 또한 외부로부터 감염 및 장상에 내한 방어기진으로 면역반응 및 응고작용의 기능을 갖는다. 순환계는 심혈관계(Cardiovascular system)와 림프계(Lymphatic system)로 구성된다. 심혈관계는 심장이 심근의 이완 및 수축을 통해 펌프로서의 기능을 수행하여 혈관으로 혈액의 흐름을 일으키며 폐쇄형 순환계를 이루고 있다. 심혈관계의 어느 한 부분에 변화가 생기면 다른 부분에도 영향을 미치게 된다. 본 단원에서는 심혈관계에 관해 다루도록 한다.

2. 심혈관계의 해부생리학

1) 심장의 구조

심장은 섬유성 주머니인 심막(pericardium)에 싸여 있는 뒤집어진 원뿔 모양의 근육 조직으로, 흉곽 안의 횡격막 위, 양쪽 폐 사이에서 왼쪽으로 치우쳐 5번 흉추(T5)에 근접해 있다. 심장바닥(base)에 동맥과 정맥이 연속해 있으며, 반대편의 뾰족한 부분을 심첨(apex)이라고 한다. 심막은 내장쪽 심막(visceral pericardium)과 벽쪽 심막(parietal pericardium)으로 구성되어 있고, 심낭막안(pericardial cavity)에는 수양성 윤활액인 심장막액(pericardial fluid)이 있어 심장이 박동할 때 심막과의 마찰을 방지한다. 심장은 근육과 혈관 및 신경으로 구성된 심장근육층(myocardium)과 혈액과 접촉하는 혈관내피세포(endothelium)로 덮여 있는 심장속막(endocardium)으로 구성된다.

동물이 진화됨에 따라 심방 및 심실 수가 달라지는데, 어류는 1심방 1심실, 양서류는 2심방 1심실, 파충류는 불완전 2심방 2심실, 포유류는 2심방 2심실을 가지고 있다. 포유류의 심장은 심장중격(septum)을 중심으로 좌우로 나뉘고, 방실판막(atrioventricular valve)을 따라 심방(atrium)과 심실(ventricle)로 나뉘어 2심방 2심실을 구성한다. 우측 방실판막은 3개의 판으로 구성되어 삼첨판(tricuspid)이라고 하며, 왼쪽 방실판막은 2개의 판으로 구성되어 이첨판(bicuspid) 또는 승모판(mitral valve)이라고 한다. 심실벽의 유두근(꼭지근, papillary muscle)에는 섬유성 가닥인 건삭(힘줄끈, chodae tendinae)이 방실판막과 연결되어 있다. 심방과 심실 사이에 판막이 존재하듯이 우심실과 폐동맥 사이에는 폐동맥판막(pulmonary valve), 좌심실과 대동맥 사이에는 대동맥판막(aortic valve)이 존재하며, 이들 판막은 반달 모양으로 생겼다고 하여 반월판(semilunar valve)이라고 불린다. 좌심실 → 대동맥 → 말초조직 → 대정맥 → 우심방 회로를 대순환 또는 체순환(systemic circulation)이라고 하고, 우심실 → 폐동맥 → 폐 → 폐정맥 → 좌심방 회로를 소순환 또는 폐순환(pulmonary circulation)이라고 한다. 이 혈관계는 서로 직렬로 연결되어 하나의 폐쇄 순환 회로를 형성하고 있다.

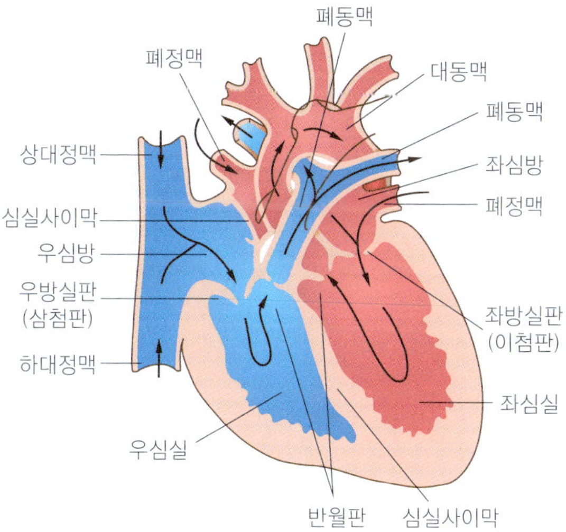

[그림 2-1] 심장의 단면도 및 판막 구조

출처: 수의생리학교수협의회 (2024). 수의생리학(7판). 서울: 라이프사이언스.

2) 심혈관계 질환의 병태생리

심장병과 심부전의 차이에 대해 알아야 한다. 심장병(heart disease)이란 심부전 발생 여부와 관계없이 심장에 구조적 이상이 나타난 것이며, 심부전(heart failure)은 심장의 기능부전이 유발된 병태생리학적 상태로, 조직 대사 요구량을 충족시키지 못하는 상태를 의미한다. 심부전은 전부하 및 후부하 증가에 의해 발생한다. 전부하(preload)란 수축에 앞서 심근 섬유가 늘어난 정도를 말하며, 이는 수축 전 심실 내의 혈액량에 비례한다. 즉, 심장 전부하는 정맥 환류량에 비례한다. 후부하(afterload)란 수축 시에 근육에 가해지는 힘의 정도를 말한다. 즉, 심장이 혈액을 박출하기 위해 심실이 견뎌내야 하는 혈압을 의미한다.

(1) 혈량 과부하(volume overload)

심질환에 의해 혈량 과부하가 유발되면 심실로 되돌아오는 정맥 환류량이 증가하고 그에 따라 전부하가 증가하여 심근세포가 이완기 때 신전되는 병리

현상이 나타난다. 이때 심장은 과량의 혈액을 박출하기 위해 심장 수축력을 증가시킨다. 만성적인 전부하의 증가는 심장의 편심성 종대(eccentric hypertrophy)를 유발하여 좌심실 용적을 증가시킨다. 이러한 혈량 과부하에 의해 이완기 충전압 상승이 만성적으로 일어나면 울혈성 심부전이 발생한다.

(2) 압력 과부하(pressure overload)

심질환에 의해 압력 과부하가 유발되면 수축기 심실벽 스트레스의 증가를 보상하기 위해 중심성 비대(concentric hypertrophy)가 일어나 심실벽의 두께가 증가한다. 이때 수축기와 이완기 장애가 주로 발생하며, 과부하가 심해질 경우 심근허혈과 섬유화가 유발되어 심실성 부정맥과 급사가 발생할 수 있다.

(3) 수축기 기능부전(systolic dysfunction)

심장 수축력 저하로 인해 발생한다. 만성적인 수축기 심근 부전에 대한 보상기전으로 편심성 심근 종대가 발생하여 심실 내강이 넓어지고 얇아지면서 심근 수축력이 저하된다. 이에 따라 일회박출량(stroke volume)과 심박출량(cardiac output)이 증가한다. 하지만 말기에 가면 이러한 보상작용으로도 심박출량을 유지할 수 없어 결국 울혈성 심부전이 발생한다.

(4) 이완기 기능부전(diastolic dysfunction)

초기의 빠른 충전기(rapid filling)는 심근 이완력과 좌심방의 압력에 의해 영향을 받는다. 이러한 초기 이완기가 지연되는 현상이 이완기 기능장애의 주요한 소견이다. 수동적 이완 충전기는 이완기 중기와 말기에 일어나고 심근의 신전능력에 의해 영향을 받는다. 이러한 이완기 기능장애는 심실 충전압을 상승시켜 울혈성 심부전을 유발한다. 이러한 심질환의 수축기 기능은 보통 정상이다.

(5) 부정맥(arrhythmia)

심장에서 전기신호의 생성이나 전달에 이상이 생기거나, 혹은 비정상적인 전기신호가 발생할 경우, 정상적이고 규칙적인 수축이 계속되지 못하여 심장 박동이 비정상적으로 빨라지거나 늦어지거나 혹은 불규칙해지는데, 이를 부정맥이라고 한다. 지속성 빈맥성 부정맥(sustained tachyarrhythmias)은 심박출량을 감소시켜 환자에게 허약증이나 실신을 유발하며, 서맥성 부정맥(bradyarrhythmias)은 심박수 저하로 인해 심박출량을 감소시켜 임상증상을 유발한다.

3) 심부전

울혈성 심부전(congestive heart failure)은 정맥과 모세혈관의 정수압 증가 및 확장기 심방과 심실 내압의 증가로 인해 조직에 체액이 저류되는 부종(edema)이 발생한 것을 말한다. 이완기 혹은 수축기 기능부전을 유발하는 질병은 심장 충만압을 증가시킬 수 있으므로 울혈성 심부전을 유발할 수 있다.

심장병 진행에 따른 보상 기전은 저혈압에 의해 renin-angiotensin-aldosterone system(RAAS)이 활성화되어 나트륨과 수분이 저류되면 심장의 전부하(심실 충전압)가 증가된다. 이는 알도스테론과 항이뇨호르몬의 분비가 증가함에 따라 수분 저류가 증가되어 결국 심장 전부하가 증가하는 것이다. 또한 심박출량 감소로 인한 혈압의 저하로 인해 교감신경이 활성화된다. 혈압의 저하로 베타 교감신경이 활성화되어 심박수를 증가시키고 심근수축력이 증가된다. 또한 알파 교감신경이 활성화되어 동맥혈관이 수축하여 혈압을 상승시킨다. 하지만 1~3일 정도가 지나면 베타 교감신경의 흥분성이 감소되어 심박출량을 높이는 단기적 보상작용은 약해진다. 마지막으로 교감신경계와 RAAS 효과가 지속되면 혈액 용적을 증가시키고 심장으로의 정맥 환류량을 증가시켜 심장에 가해지는 부하가 계속 증가한다. 이러한 보상 능력은 편심성 비대에 의해 최대가 된다. 심실 충만압은 증가하기 시작하고 결국 부종이 유발되는 울혈성 심부전이 발생한다.

저박출성 심부전(low-output failure)은 심장 박출 저하로 인한 조직 관류량의 감소와 부적절한 조직의 산소포화도로 정의될 수 있다. 따라서 저박출부전이라는 용어는 말기의 근원성 수축기 기능부전에 의해 심장박출량이 극단적으로 감소된 경우에 나타나는 임상증상의 양상을 서술하는 데 일반적으로 사용된다.

3. 후천성 판막질환

1) 퇴행성 방실판막 변성

방실판막 변성은 판막이나 건삭에 점액성 증식(glycosaminoglycans)이 축적되고 섬유화가 일어난 상태를 말한다. 판막 변성으로 인해 판막의 폐쇄부전이 유발되어 방실판막을 통과하여 심실로 들어왔던 혈액의 일부가 심방으로 역류된다. 이는 다시 심실로 들어가는 정맥 환류량이 증가시켜 심실에 편심성 종대를 유발하고 궁극적으로 울혈성 심부전으로 진행하게 되는 퇴행성 판막질환이다. 판막 변성은 주로 이첨판에 발생하며, 삼첨판에서도 동시에 발생할 수 있다. 점액종성 판막 퇴행증(Myxomatous Valvular Degeneration, MVD), 만성 승모판 폐쇄부전(Chronic Mitral Valve insufficiency, CMVI), 퇴행성 판막질병(Degenerative Valvular Disease) 등 다양한 명칭으로 불린다.

점액성 변성이 일어나는 원인은 아직 정확하게 밝혀지지 않았다. 대표적 요인으로는 판막을 구성하는 결합조직에 이상이 발생하는 것이며, 세균감염과의 관련성은 보고되지 않았다. 뚜렷한 종 특이성이 있어 다유전형질의 특징을 가진다는 증거가 제시되었으며, 유전적 특이성이 있는 것으로 보인다. 개에서 가장 흔한 심장병 중 하나이며, 심장과 관련된 사망률이 가장 높은 질병이다. 하지만 고양이에서는 다소 드물다. 모든 품종에서 발생하지만, 특히 소형~중형의 노령견에서 흔하고 암컷보다 수컷의 발생률이 높다. 호발품종은 푸들, 치와와, 요크셔 테리어, 포메라니안, 닥스훈트, 카바리에 킹 찰스 스패니얼 등이 있다.

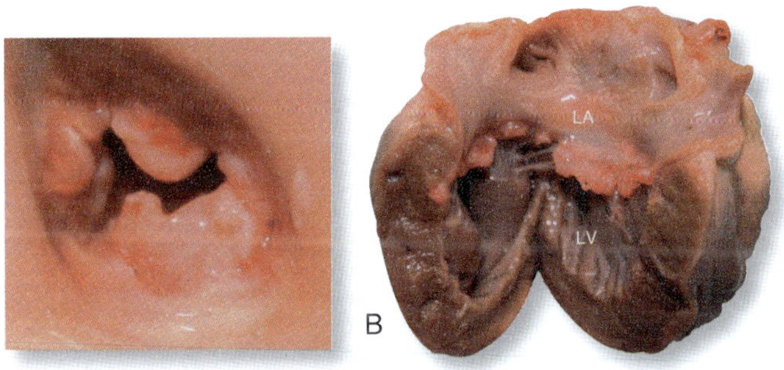

[그림 2-2] 퇴행성 판막질병의 이첨판 판막 변성

출처 : Textbook of Veterinary Internal Medicine, 8th, Ettinger, Elsevier

판막편(valve leaflet)에 점액다당류가 침착되면서 결절성으로 비틀리거나 비후되고 판막 cusps가 심방 쪽으로 말려들어가는 판막 돌출(valvular prolapse)이 특징이다. 이러한 이유로 판막은 비정상적인 움직임을 보이고, 비정상적인 판막의 위치로 인해 폐쇄부전이 발생하여 심방 쪽으로 혈액 역류(regurgitation)가 발생한다. 역류와 판막에 대한 스트레스 가중으로 판막에 대한 내피 손상이 발생하고 이는 섬유아세포 증식을 활성화시킨다. 결국 판막에 점액다당류의 침착이 더 심해지고, 섬유화가 더욱 활성화되면서 판막은 형태학적으로 변형이 심해지며 혈액 역류가 더욱 심해지는 악순환이 발생하게 된다. 승모판 역류는 좌심방압을 증가시키고, 좌심방 확장을 가져온다. 심실 확장은 속발성 판막 폐쇄부전을 유발하여 역류하는 혈액량을 더욱 증가시켜 좌심방과 좌심실에 용적 과부하를 가져온다. 이에 대한 보상작용으로 편심성 종대, 심박수 증가, 심혈관 기능에 대한 교감신경 및 RAAS 활성화가 일어난다. 질병이 더욱더 진행되면 보상작용으로 인한 혈역학적 변화를 감당할 수 없어 이에 따라 심박출량이 감소하여 정수압이 상승하면 울혈성 심부전이 발생하게 된다.

임상증상으로는 방실판 역류에 의해 청진상 심잡음(murmur), 심장비대로 인해 기관지를 압박하여 기침, 빈호흡, 호흡곤란 등의 증상 및 울혈성 심부전으로 인한 폐부종(pulmonary edema)으로 빈호흡, 호흡곤란, 좌위호흡 등을 보이며, 청진 시 폐수포음(crackle)을 들을 수 있다. 또한 비특이적 증상으로 기면(lethargy), 식욕저하, 운동불내성, 체중감소, 모세혈관 충만시간(capillary refill time) 지연, 및 심장 특이적인 실신, 복수(우심부전), 부정맥, 급사 등이 나타날 수 있다.

2) 감염성 심내막염

감염성 심내막염(Infective Endocarditis)은 심장 판막의 심내막으로 미생물이 침입하여 증식성 또는 미란성 병변을 초래한다. 특히 승모판과 대동맥판막이 가장 쉽게 감염된다. 감염성 심내막염의 악화 요인으로는 추간판척추염, 전립선염, 치주질환, 폐렴, 비뇨기계 감염, 농피증, 장기간 삽입된 중심정맥 카테터 등으로 인한 균혈증, 선천성 심장 이형성(대동맥하협착 등), 스테로이드 사용 등이 있으며 연쇄구균(*Streptococci*), 포도상구균(*Staphylococci*) 같은 그람 양성 세균감염이 가장 흔하다. 대장균(E.coli)과 같은 그람 음성 세균감염은 덜 흔하다. *Bartonella* 속의 세포 내 유기체가 개의 심내막염 원인체로 최근에 관심을 받고 있다. 개에서는 종종 발생하며 고양이에서는 드물다. 저먼 셰퍼드를 포함한 중장년의 중대형 품종 수컷에서 가장 많은 영향을 받는다.

염증성 또는 기계적 원인에 의해 이차적으로 심내막 표면 손상이 속발적으로 발생하면 응고인자(섬유소원, 섬유소, 혈소판 단백질, 피브로넥틴 등)가 활성화되어 응괴가 형성된다. 비감염성 혈전이 세균을 포착하여 판막에 군집을 형성하여 판막 감염으로 진행된다. 세균이 분비하는 효소 등으로 인해 판막이 손상될 수 있으며, 다양한 염증 과정 발생으로 판막편과 관련 구조들의 왜곡과 붕괴가 일어난다. 그로 인해 심한 승모판 또는 대동맥판막 부전 등이 좌심실 확장기압, 좌심방압, 폐정맥압을 증가시켜 좌심부전을 초래할 수 있다. 이환된 동물에서 세균을 억제하기 위한 항체들이 고농도로 나타날 수 있다. 이에 따라 IgM, IgG, 보체(complement) 등으로 구성되는 면역복합체가 발생하고, 면역복합체는 기저막에 침착되어 보체 활성을 유발하여 조직 손상을 초래한다. 면역매개성 사구체신염, 다발성 관절염 등이 이러한 면역반응에 의해 속발될 수 있다. 심내막염 병변으로부터의 혈전 및 색전 형성으로 인해 비장, 신장, 심장, 뇌,

전신동맥과 기타 장기에서 혈전색전증(thromboembolism)이 발생할 수 있다.

임상증상으로 파행, 기면, 식욕부진, 호흡 이상, 허약, 실신 및 심혈관계 이상으로 인한 심잡음, 부정맥, 호흡곤란, 기침, 폐부종 등의 울혈성 심부선이 발생할 수 있다.

4. 후천성 심근질환

1) 확장성 심근병증

확장성 심근병증(Dilated Cardiomyopathy, DCM)은 내인성 심근 장애로 인한 심근의 구조 또는 기능 변화의 결과로 발생하며, 진행성으로 심실의 확장 및 심근의 수축성이 소실되는 심근의 수축기 장애를 초래한다.

알려지지 않은 원인(특발성)에 의해 발생하나 특정 품종에서 확장성 심근병증의 이환율이 현저하게 높은 것으로 보아 유전성이 있는 것으로 보인다. 개 심근병증의 가장 흔한 형태이며, 고양이는 타우린 결핍으로 인한 속발성 외에는 드물다. 중장년(6~8세)의 대형 품종에서 가장 흔하고, 수컷에서 호발한다. 특히 도베르만 핀셔, 아이리시 울프 하운드, 그레이트 데인 등에서 소인이 있다. 심근병증이 있는 복서 품종의 경우 부정맥 유발성 우심실 심근병증(Arrhythmogenic Right Ventricular Cardiomyopathy, ARVC)이 주로 발생한다.

확장성 심근병증은 수축기 기능장애로 인해 일회박출량과 심박출량 감소를 야기한다. 감소된 심박출량은 신경호르몬 활성을 유발하여 교감신경 흥분과 RAAS를 활성화시킨다. 이에 대한 단기적 보상작용으로 혈압과 심박출량은 유지되지만, 장기적 보상작용으로 인한 심근의 섬유화, 전부하 증대로 인한 심실의 충전압 증가 등으로 혈역학적 변화를 감당할 수 없게 된다. 이에 따라 심박출량이 감소하여 정맥압의 이상으로 인해 울혈성 심부전이 발생하게 된다. 기계적 기능부전이 있는 개에서 심장 전도계의 변형 및 이상으로 인한 부정맥이 흔하다.

임상증상으로는 좌심부전으로 인한 폐부종, 우심부전으로 인한 복수, 흉수 등과 기침, 호흡곤란, 빈호흡, 복부팽만, 기력소실, 식욕부진, 운동불내성이 보일 수 있다. 근육 손상으로 인한 심실조기박동, 심실성빈맥, 심방세동 등의 부정맥, 실신, 급사 등이 나타난다.

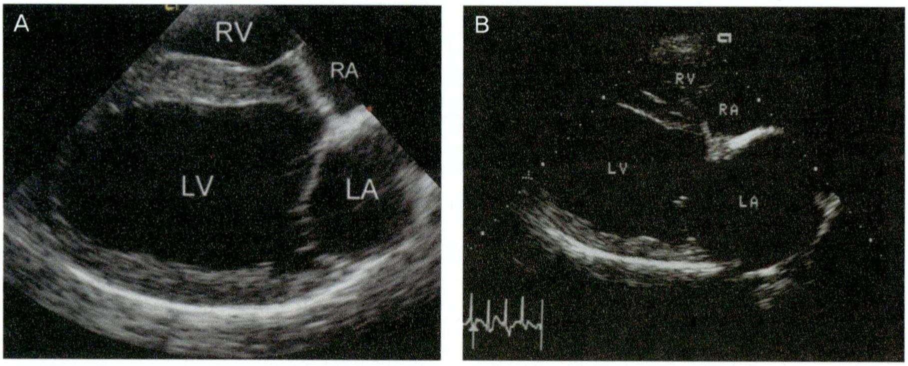

[그림 2-3] 확장성 심근병증의 초음파 사진(A: 정상, B: DCM)

출처: Manual of Canine and Feline Cardiology, 5th, Francis W.K, Elsevier

2) 비대성 심근병증

비대성 심근병증(Hypertrophic Cardiomyopathy, HCM)이란 유두근(papillary muscle)과 심근벽의 중심성 비대(concentric hypertrophy)를 특징으로 하는 좌심실 원발성 심근 질병이다. 진행성으로 좌심실의 중심성 비대(심근 두께 증가)로 인해 지연된 이완 기능, 심근의 유연성 소실 등으로 인한 비정상적인 이완기 장애를 유발한다.

대부분 병인론은 알려지지 않았지만(특발성), 일부 품종의 고양이에서 선천성 질환으로 알려져 있다. 고양이에서 가장 일반적으로 진단되는 심근질병이며 암컷에 비해 수컷에서 호발한다. 메인 쿤 고양이에서 단순 상염색체 우성 유전형질(simple autosomal dominant trait)에 의해 나타나며, 아메리카쇼트헤어에서 승모판의 수축기 전방 운동(Systolic Anterior Motion, SAM)이 관찰되며 역시

상염색체 우성 유전형질에 의한 선천성 질환으로 여겨진다. 그 외에 페르시안, 브리티시쇼트헤어, 노르웨이숲고양이, 렉돌 등의 품종에서 호발한다. 하지만 비대성 심근병증은 잡종고양이(domestic; mixed-breed)에서 가장 일반적인 형태로 발견된다.

심근 단백질의 근원섬유마디(sarcomere) 결손이 근원섬유 분절체의 기능부전에 원인이 되어 근세포의 과부하를 유도해 근세포 비대, 콜라겐 합성, 근세포 재배열(비정렬된 근원섬유) 등을 초래한다. 이에 따라 비대한 유두근 및 두꺼워진 좌심실 심근이 대칭적 또는 비대칭적으로 나타난다. 두꺼워진 심근으로 인해 혈류가 저하되어 심근허혈, 세포사, 대치 섬유증(replacement fibrosis) 등이 발생하여 방(chamber)의 강직성이 증가한다. 최종적 결과는 지연된 이완 기능, 심근의 유연성 소실 등의 비정상적인 이완 기능장애로 나타난다. 이완 기능이 악화됨에 따라 강직된 방은 확장기 심실과 좌심방의 압력을 증가시키며, 이에 따라 폐정맥압도 증가하게 되어 울혈성 심부전을 유발할 수 있다. 좌심방의 확장으로 인해 좌심방 또는 좌심이(left auricle)에서 혈전이 생길 수 있으며, 심실성 부정맥으로 인해 급사할 수 있다.

임상증상으로는 기능성 수축기 잡음 및 갤롭음(Gallop sound), 부정맥, 급사, 빈호흡, 호흡곤란, 수포성폐음, 동맥 혈전색전증으로 인한 파행 및 맥박결손을 발견할 수 있다.

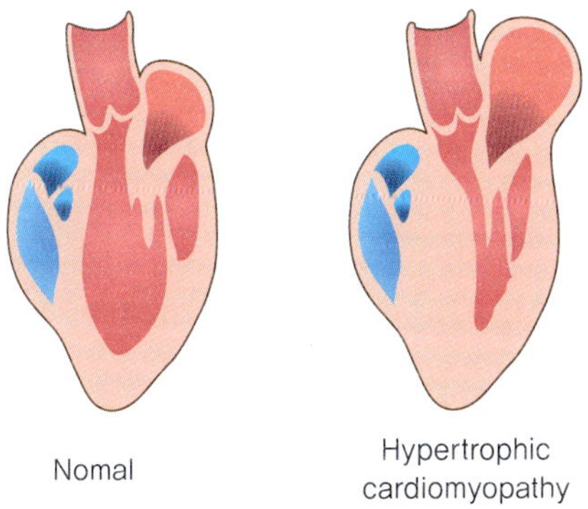

[그림 2-4] 비대성 심근병증의 심근 두께 변화 모식도

출처 : Textbook of Veterinary Internal Medicine, 8th, Ettinger, Elsevier

3) 동맥 혈전색전증

좌심방 확장을 유발하는 심각한 심장질환에서 혈전색전증(thromboembolism)이 잘 발생하며 비대성 심근병증이 있는 고양이에서 일반적으로 발생하는 심각한 합병증이다.

고양이 혈소판은 유전적으로 반응성이 높아 심근질환에 의한 내피세포 손상과 좌심방 확장에 따른 혈액 정체로 인해 좌심방 내에 혈전이 잘 형성된다. 작은 혈전색전은 국소적인 섬유소 용해 체계에 의해 빠르게 용해되고 제거되지만, 큰 혈전색전은 전신 순환계로 들어가 대동맥에서 갈라지는 말단부에서 주로 동맥 폐색을 일으키며, 혈전색전증을 발생시키게 된다. 비대성 심근병증을 가진 고양이의 10~20% 정도 혈전색전증이 발생하고, 혈전색전증에 이환된 대부분의 고양이(75%)는 중증도 이상의 좌심방 확장소견을 보였다.

전신적 동맥 혈전색전증은 대동맥 말단부에서 발생하며, 뒷다리로 분지되는 우측 부위에 안장 혈전(saddle thrombi)으로 주로 발생하여 뒷다리 통증과 불완전마비를 유발한다. 혈액성 아민류(serotonin, thromboxane)는 혈전으로부터 분비되며, 이는 혈관수축을 유발한다. 동맥 폐색을 치료하지 않고 그냥 둘 경우의 임상증상은 혈관의 폐색된 범위나 원발 혈관 또는 곁순환을 통해 자연적으로 재관류된 시간에 따라 다르게 나타난다. 이환된 다리는 허혈성 괴사에 의해 손상될 수 있으며, 독소혈증으로 인해 폐사할 수 있다. 말초신경 손상으로 영구마비가 될 수 있으며, 상황에 따라 다리의 전체 또는 일부 기능을 회복하기도 한다. 재관류 손상(reperfusion injury)은 혈전이 분해될 때 발생하며, 생명을 위협하는 급성 산증, 고칼륨혈증 등을 유발할 수 있다.

임상증상으로는 급성 부전마비가 주로 후지에서 관찰되며, 혈전색전증으로 인한 통증과 발톱이나 발바닥에 청색증이 관찰된다. 혈전이 유발된 다리에서 근위축이 관찰된다. 만성의 경우 혈전이 일어난 부위에서 다리가 괴사된다. 또한 심근병증으로 인한 심잡음, 울혈성 심부전으로 인한 빈호흡, 호흡곤란, 수포성폐음이 관찰될 수 있다.

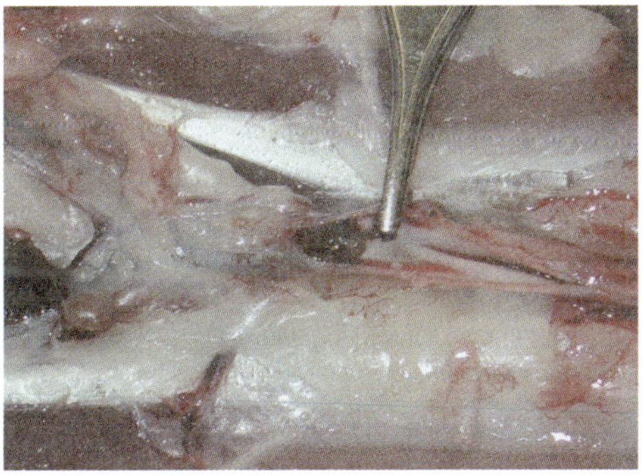

[그림 2-5] 대동맥 말단부에서 발생한 안장 혈전(saddle thrombi)

출처 : Small Animal Internal Medicine, 5th, Richard W.Nelson, Elsevier

5. 선천성 심장질환

1) 개요

선천성 심장질환(Congenital Heart Disease)은 태어나자마자 심장 또는 대형 혈관에서 발생한 해부학적 기형을 의미한다. 유전, 환경, 감염성, 영양결핍, 중독, 약물에 의한 기형 유발 등에 의해 발생하며, 보통 유전적인 소인 또는 임신 기간 중의 사건으로 인해 발생한다. 대다수의 증례들은 유전학적 문제로 보고 있지만, 정확한 발병기전이나 원인 유전자들은 거의 알려지지 않았다. 한 살 이하의 개와 고양이에서 발생하는 심혈관계 질환 대부분은 기형에서 비롯된다. 개에서는 4가지 유형의 가장 흔한 선천성 심장질환이 유전적 소인(complex trait)에 의해 유발되는 것으로 여겨진다(푸들의 동맥관개존증, 뉴펀들랜드의 대동맥밑협착증, 키스혼드의 팔로4징증, 비글의 폐동맥협착증). 개에서 선천성 심장질환의 발생률은 병원에 입원하는 1,000마리 개 중 7~8마리로 보고되었다. 고양이는 개에 비해 드물어 1,000마리 중 1마리 정도로 보고되었고, 고양이의 품종이나 성별 특이성은 보고되지 않았다. 임상증상으로는 심잡음, 성장 장애, 허탈, 실신, 운동불내성, 청색증, 경정맥 노장, 급사 등이 관찰된다.

2) 동맥관개존증

태아기 순환에서 동맥관은 태아의 폐를 통하지 않고 대동맥으로 혈액을 바로 공급하는 지름길 역할을 한다. 출생 후 여러 가지 요인에 의해 동맥관이 폐쇄되는데, 동맥관개존증(Patent Ductus Arteriosus, PDA)이란 이러한 동맥관이 폐쇄되지 않고 하행 대동맥과 주폐동맥 혹은 인접한 좌폐동맥을 연결하는 동맥관이 잔존하는 질병을 말한다.

대동맥에서 폐순환으로 혈액이 지속적으로 단락(좌-우 단락)되면 폐혈관의 혈액 과순환, 좌심계 혈량 과부하, 좌심 기능 저하를 통해 울혈성 좌심부전을 유발한다. 폐혈관 저항이 증가하여 전신 혈관의 저항을 초과하면 혈류는 폐동맥에서 대동맥으로 단락(우-좌 단락)된다. 임상증상은 단락 형성의 정도에 따라 중증도가 다르다.

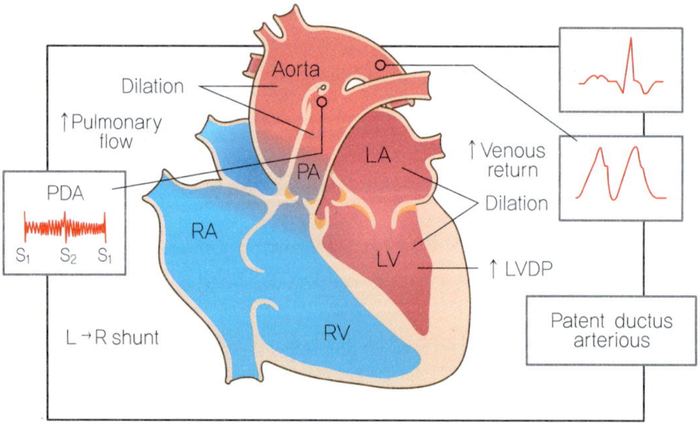

[그림 2-6] 동맥관개존증의 임상적 발생기전과 병태생리

출처: Manual of Canine and Feline Cardiology, 5th, Francis W.K, Elsevier

3) 대동맥 협착증

대동맥 협착증(Aortic Stenosis, AS)은 좌심실 유출로가 협착 또는 축소 등으로 인해 선천적으로 좁아져 있는 질환으로 대동맥 판막 아래쪽/판막/판막 위쪽에 협착이 발생하며, 판막 아래쪽(대동맥밑협착증, Subaortic Stenosis, SAS)이 개에서 가장 흔하게 발생하는 위치이다. 판막하협착증은 대동맥 반월판 아래에 위치한 섬유소띠 또는 고리가 섬유화로 고정되어 좌심실의 혈액 배출을 방해하는 기능적 폐쇄이다. 고정된 판막과 판막위협착증은 고양이에서 보고되었다.

좌심실 유출로 협착을 통과해 혈액을 박출해야 하기 때문에 수축기 압력이 상승해 좌심실에 압력 과부하가 발생한다. 그로 인해 좌심실의 만성적인 압력 과부하에 대한 반응으로 중심성 비대가 일어난다. 고속의 혈류는 협착부 상단에 와류를 형성하여 상행 대동맥을 확장시킨다. 좌심부전을 주로 일으키며, 대동맥/대동맥밑 협착증은 감염성 심내막염 발병 위험도를 증가시킨다.

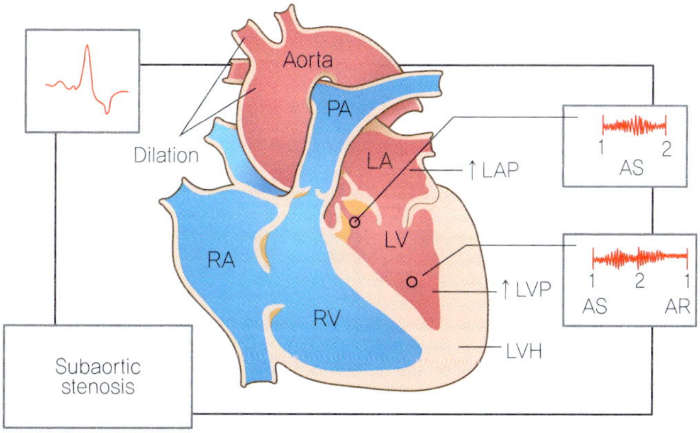

[그림 2-7] 대동맥밑협착증의 임상적 발생기전과 병태생리

출처: Manual of Canine and Feline Cardiology, 5th, Francis W.K, Elsevier

4) 폐동맥협착증

폐동맥협착증(Pulmonic Stenosis, PS)은 선천적으로 폐동맥 판막, 폐동맥 하부, 폐동맥 상부 지역의 조직이 좁아지는 것을 말하며 하부 및 상부 지역의 협착증은 드물다. 판막성 폐동맥협착증은 판막 비후, 판막 인접부의 융합 및 다양한 정도의 판막 저형성이 특징이다.

폐동맥으로 들어가는 혈류의 저항성이 증가하면서 우심실 압력 과부하가 발생한다. 이로 인하여 우심실에서 중심성 비대가 보상적으로 발생한다. 협착 부위를 지나는 고속의 혈류는 와류를 형성하고 협착 상단의 폐동맥 확장을 유발한다. 보상부전으로 우심부전이 발생한다.

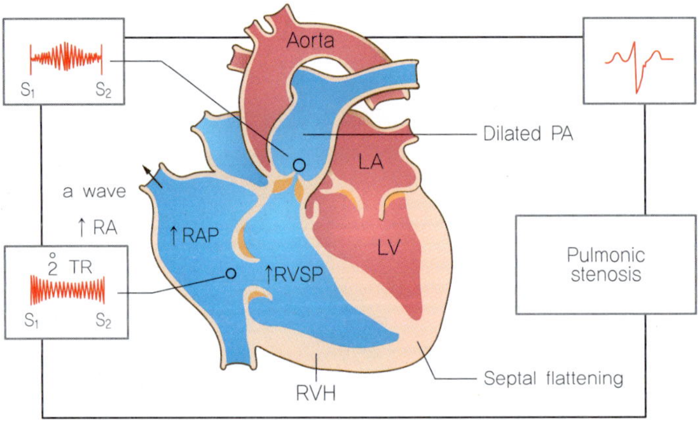

[그림 2-8] 폐동맥협착증의 임상적 발생기전과 병태생리

출처 : Manual of Canine and Feline Cardiology, 5th, Francis W.K, Elsevier

5) 심실중격결손

심실중격결손(Ventricular Septal Defect, VSD)은 좌심실과 우심실 사이의 중격에 구멍이 생겨 좌심실과 우심실 사이로 혈액이 흐르는 질환으로, 심실중격은 심첨(apex) 부위에서는 근육질로 시작해 대동맥 기시부에 가까운 심장 바닥(base) 부위에서는 막모양으로 가늘어진다. 중격결손은 심실중격 모든 부위에

서 발생이 가능하지만, 막모양 부위에서의 발생이 가장 빈번하다.

예후를 결정하는 두 가지 중요한 요소는 결손 부위의 크기와 심실의 상대적 압력(저항)이다. 정상 상태에서, 좌심실 수축기 압력이 우심실 수축기 압력보다 높아 혈액은 좌측에서 우측으로 단락(좌-우 단락)된다. 이 단락은 좌심실에 심한 혈량 과부하를 일으켜 좌심부전을 유발한다. 우심실 저항이 증가하여 좌심실 압력을 초과하는 지점에 이르면 혈류는 우-좌 단락을 일으키고 청색증 등의 임상증상을 유발할 수 있다.

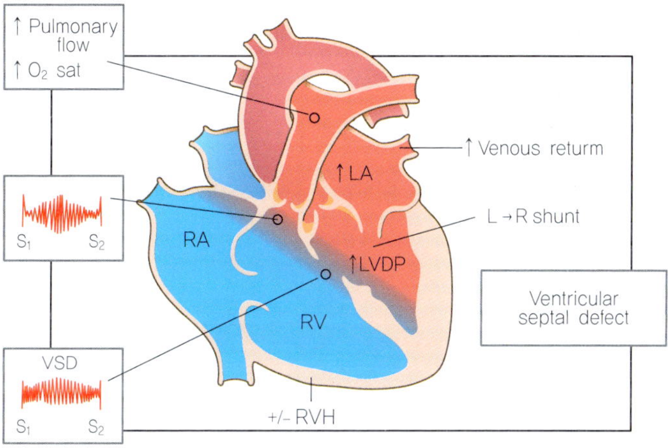

[그림 2-9] 심실중격결손의 임상적 발생기전과 병태생리

출처 : Manual of Canine and Feline Cardiology, 5th, Francis W.K, Elsevier

6) 심방중격결손(Atrial Septal Defect, ASD)

심방중격결손(Atrial Septal Defect, ASD)은 좌심방과 우심방 사이가 개통된 것을 말하며, 보통 혈류는 좌측에서 우측으로 흐른다. 난원공(foramen ovale)이 있는 septum secundum의 구멍이 너무 크거나, 이 구멍을 덮어 주는 septum primum의 길이가 너무 짧을 경우 심방중격결손이 발생한다.

좌-우 단락은 우심방과 우심실에 혈량 과부하를 유발한다. 폐에 혈액 과순환이 발생하며, 결손 부위가 큰 심방중격결손은 우심부전 원인이 되거나 폐성고

혈압(pulmonary hypertension)에 의한 폐혈관 손상의 원인이 된다. 폐성고혈압이나 우심실 내압을 상승시키는 질환이 병발하면 우-좌 단락이 발생할 수 있다.

7) 팔로4징증

팔로4징증(Tetralogy of Fallot)이란 폐동맥 협착, 심실중격결손, 대동맥 우측변위(dextropositioned aorta), 우심실 비대가 함께 발생한 복합 심장 기형으로 청색증을 유발하는 대표적인 선천성 심장질환으로, 일부 종에서는 유전적 소인이 있다.

혈류역학적 변화는 폐동맥 협착 정도와 함께 심실중격결손의 크기에 따라 다르다. 심실중격결손 부위의 혈류방향은 우심실 유출로의 폐색 정도와 전신혈관 저항에 따라 일차적으로는 좌측에서 우측으로 단락(좌-우 단락)된다. 폐동맥 협착에 의해 우심실 수축기 압력이 증가하면 혈류 방향은 우측에서 좌측으로 단락(우-좌 단락)된다. 우-좌 단락은 저산소증, 청색증, 속발성 적혈구 증가증을 유발한다.

8) 방실판막 이형성

방실판막 이형성(Atrioventricular Valvular Dysplasia)은 방실판막(이첨판, 삼첨판) 형성 장애를 의미하며, 판막 구조물인 유두근(papillary muscle) 기형, 너무 짧거나 길게 형성된 건삭인대(chordae tendinea), 비정상적인 판막소편(leaflet), 판막 접합부의 융합 같은 형태학적 기형에 의해 유발되는 선천적 질환이다.

판막 기형은 판막 역류나 협착, 좌심실 유출로 폐쇄 등의 혈류역학적 결과(판막기능부전)를 유발시킨다. 이로 인한 이첨판 역류가 심한 경우 심박출량 감소로 인해 좌심부전을 일으킬 수 있다. 확장된 좌심방은 심방세동과 같은 심방성 부정맥을 일으킬 수 있다. 삼첨판이 관련된 경우 전신적인 정맥 고혈압과 울혈성 우심부전이 발생할 수 있다. 삼첨판 이형성은 래브라도 리트리버에서 유전적 소인이 있는 것으로 알려져 있다.

9) 우측 대동맥궁 잔존증

우측 대동맥궁 잔존증(Persistent Right Aortic Arch, PRAA)은 태아 시기에 존재하는 우측의 제4대동맥궁이 출생 후에도 잔존하여 생기는 질환으로, 잔존한 제4대동맥궁이 식도를 조여 고형의 음식물이 식도가 조인 부분 밑으로 내려가지 못하여 발생한다.

어미의 젖을 먹는 시기에는 증상이 없을 수 있으며, 고형사료로 이유시키는 시기에 혈관륜으로 인해 음식물을 식도에서 위로 넘기지 못하고 토출하게 된다. 음식물이 계속 식도에 저류하게 됨으로써 후천적으로 거대식도를 유발하며, 이로 인해 식도에 저류된 음식물의 역류로 인해 오연성 폐렴이 발생한다. 대형 품종의 개에서 주로 발생한다.

6. 심장사상충증

1) 서론

심장사상충증(Heartworm Disease)은 모기가 서식하기 좋은 온대성 및 열대성 기후 지역에서 주로 발생한다. 이를 유발하는 심장사상충(*Dirofilaria immitis*)을 가진 모기가 숙주의 피를 흡혈할 때 전염시킨다. 질병 및 임상증상은 성충의 수에 따라 폐혈관계와 폐실질의 염증에 의해 발생한다.

2) 감염 생활 주기

심장사상충에 감염된 숙주의 혈액 내에서 암컷 성충의 알이 부화하여 제1기 유충(microfilaria, L1)이 혈액을 따라 순환한다. 중간숙주인 암컷 모기가 감염된 숙주를 흡혈할 때 L1이 섭식된다. L1은 모기의 체내에서 두 번 탈피(L1 → L2 → L3)하여 L3 유충으로 성장한다. L1이 L3로 성장하는 기간은 주위

기온에 따라 보통 1~2.5주가 걸린다. L3는 모기가 흡혈하는 동안 물린 상처를 통해 최종 숙주에 침입한다. L3는 약 100일 동안 피하조직과 혈관 부속조직을 통해 이주한다. 이때 2번 탈피(L3 → L4 → L5)가 이루어지며, L5는 감염 3~3.5개월 후 혈관계로 들어가고, 5~6개월 후 폐동맥에 위치한다. L5는 약 90일 동안 성숙하여, 감염 후 대략 180일경에 성충이 된다. 성숙한 심장사상충은 번식을 하고, 미세사상충(L1)을 혈류 내로 방출한다. 성충의 생존 기간은 개에서 3~5년 이상이다.

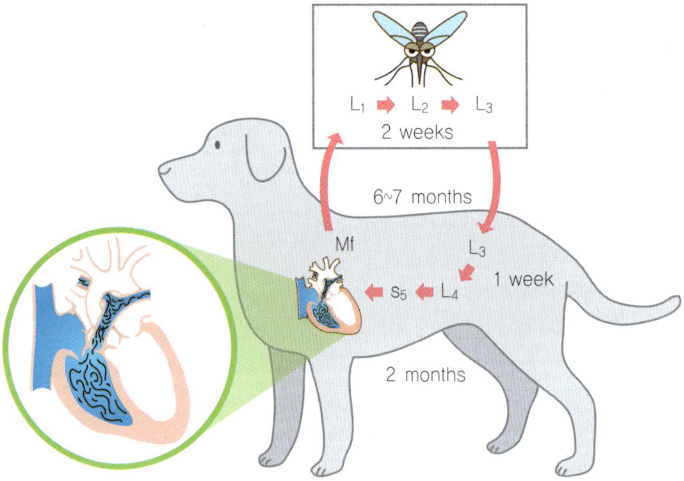

[그림 2-10] 심장사상충의 생활사

출처: Textbook of Veterinary Internal Medicine, 8th, Ettinger, Elsevier

3) *D.immitis* 내에서 *Wolbachia* spp.의 역할

Wolbachia spp.는 세포 내 공생을 하는 세균으로 심장사상충의 모든 생활사에서 수평전파가 가능하다. 번식기 암컷 심장사상충에 가장 많으며, *Wolbachia* spp.가 없으면 미세사상충 생산이 줄어들고 수정능력도 잃어버린다. *Wolbachia* spp.와 심장사상충에 의한 이차적인 염증 관계성은 명확하진 않지만, 연구에 따르면 *Wolbachia* spp.가 숙주의 면역반응에 영향을 주는 것으로 알려져 있다.

4) 병태생리

성숙한 심장사상충의 물리적 영향, L5와 성숙한 심장사상충으로부터 국소적/전신적인 영향을 나타내는 물질 분비 및 그들의 폐사와 그로 인한 면역반응으로 인해 발생한다. 폐동맥 혈관내피 손상과 혈관근층 증식 같은 병변은 국소부위 외상과 폐사한 심장사상충에 대한 혈소판의 작용과 관련이 있다. 또한 심장사상충에 의한 기계적 손상으로 인해 우심실비대, 삼첨판륜 확장, 폐성고혈압, 우심부전이 발생한다. 폐에 도달한 L5는 호산구성 염증을 일으키며, 실질조직의 병변으로 인해 모세혈관 섬유화 및 폐섬유증이 발생한다. 마지막으로 심장사상충 폐사에 의한 폐혈전색전증으로 인해 육아종이 이차적으로 형성된다. 미세사상충에 의한 항원 면역복합체가 신장 사구체 기저막에 축적되어 면역반응을 유발해 사구체 신염이 발생할 수 있다.

5) 심장사상충증 분류

사상충 존재량, 감염 기간, 심장사상충에 대한 숙주의 반응에 의해 결정된다.

- 1기 : HW-Ag 검사에서 약한 양성반응, 무증상 또는 경미한 임상증상
- 2기 : HW-Ag 검사에서 중증도 양성반응, 중증도의 임상증상, 실험실 검사 및 방사선상 이상
- 3기 : 울혈성 우심부전을 포함한 심한 임상증상과 방사선상 이상
- 대정맥 증후군(Caval Syndrome) : 성충이 우심방, 후대정맥, 간정맥으로 이동, 삼첨판륜에 존재하는 성충에 의해 삼첨판 폐쇄부전이 발생, 간울혈에 의한 적혈구 취약성 증가로 인한 적혈구 용해 및 혈뇨를 동반한 급성의 심각한 우심부전 증상

6) 고양이 심장사상충증

상대적으로 심장사상충 감염에 저항성이 있어 개보다 80% 이상 감염률이

낮고, 감염성의 유충이 성숙하는 숫자도 개보다 훨씬 적으며 잠복기 전 기간도 1~2개월 정도 더 소요된다. 고양이에서 성충의 생존 기간은 보통 2년을 넘기지 못하는 것으로 추정한다. L5가 감염과 관련된 거의 모든 증상의 원인이다. 미성숙한 L5 치사율은 개보다 높고, 따라서 초기 유충 사멸과 관련된 폐 염증이 고양이에서 더 많이 발생한다. 주된 임상증상은 심장이 아닌 호흡기 증상이다. 천식과 같은 증상이 일반적이고 기침, 간헐적인 호흡곤란 및 구토와 자연적인 심장사상충의 죽음으로 인한 혈전색전증과 그로 인한 급사는 개보다 흔하다.

7. 부정맥

부정맥(Cardiac Arrhythmia)이란 정상 동박동(sinus rhythm)이 아닌 변형된 심박동을 말한다. 정상 심박수에서 벗어나거나 심장 내의 비정상적인 위치에서 박동이 시작되는 것이다. 부정맥의 발병기전은 크게 충동 형성 장애와 충동 전도 장애로 나눈다. 부정맥의 임상적 결과는 심박출량 저하와 그에 따른 저혈압이다. 이로 인해 뇌의 혈액 순환량이 감소하면서 실신이나 장기 손상을 유발한다. 임상증상으로 허약/실신, 운동불내성, 심부전증, 급사 등이 발생할 수 있다.

1) 심방세동

심방세동(Atrial Fibrillation, AF)은 심방에서 유래한 다수의 충동이 무질서하게 수없이 방실결절로 전달되어 발생하는 부정맥으로, 조직화된 심방 수축이 존재하지 않고 따라서 심박출량은 감소하게 된다.

2) 심실세동

심실세동(Ventricular Fibrillation, VF)은 효과적인 심실의 수축이 없는 불규칙하고 산발적인 심장의 수축상태를 의미한다. 정확한 모양의 QRS 복합체가 완전히 소실되어 있고, 심음, 혈압 및 맥박이 없다. 심실세동으로 인한 환자의 부정맥을 성공적으로 제세동하지 못하면 사망하게 된다.

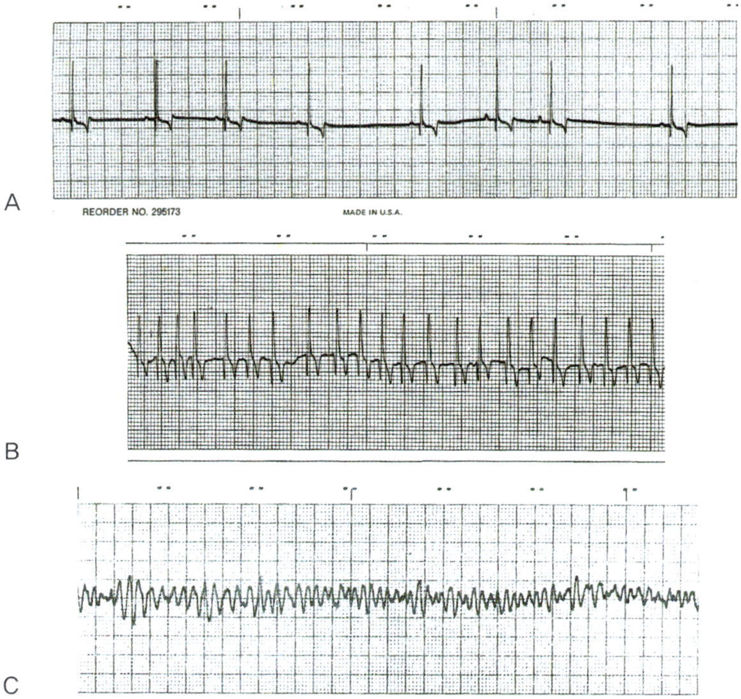

[그림 2-11] 부정맥의 심전도 사진(A: 정상, B: AF, C: VF)

출처: Small Animal Internal Medicine, 5th, Richard W.Nelson, Elsevier

8. 설치류 심혈관계 질병

1) 페럿

선천성 질병 보고는 거의 없지만, 후천성 심장병은 중년~노년(3세 이상)에서 비교적 흔하다.

주로 3가지의 심장병이 보고되는데 심근병증은 확장 및 비대 형태가 모두 보고된다. 확장된 형태는 수축기능 이상을 가지는 좌심실 확장을 가져오며 비대성 형태는 이완기능 이상을 가져오는 좌심실벽 비대를 가져온다. 판막심장병은 중년~노년 페럿에서 흔하며, 이첨판/삼첨판이 가장 흔한 원인이다. 마지막으로 심장사상충증이 발견되었으며 한 마리의 심장사상충이 존재해도 임상증상을 유발할 수 있다. 임상증상은 보통 우심과 관련되며 고양이와 비슷한 증상을 보인다.

2) 햄스터

심근병증과 심방혈전이 고령의 햄스터(1.5세 이상)에서 잘 발생한다. 대부분의 혈전증은 심장병에 이차적으로 발생한다.

3) 토끼

토끼의 심혈관계는 개와 고양이와는 다르다. 첫 번째로 삼첨판이 2개의 첨판만 가진다. 두 번째로 관상혈관을 위한 부행순환이 거의 없다. 마지막으로 대동맥 신경이 화학수용체가 아닌 압수용체에 의해 조절된다. 심근병증은 자이언트 품종에서 자주 나타난다. 선천적 심장병으로 심실중격결손, 이첨판/삼첨판 부전증이 보고되었다. 동맥경화는 거의 모든 품종의 토끼에서 발생한다.

9. 조류 심혈관계 질병

새의 심장은 체질량에 비해 포유류의 심장보다 크며, 심장은 빠른 탈분극을 위해 설계되어 빠른 심박수를 유발하는 중요한 요인이다. 대동맥궁은 포유류와 달리 오른쪽 아치에서 파생되며, 간문맥 시스템과 신장 문맥 시스템의 두 가지 중요한 문맥 시스템이 포함된다. 새의 심장은 고효율을 위해 설계되어 원발성 심장병은 거의 관찰되지 않으나 선천성 중격결손이 가장 흔히 볼 수 있는 원발성 심장질환이다. 보통 영양결핍, 전염병 등으로 인해 심장병이 발생한다. 세균성 패혈증으로 인한 심내막염, 심낭염과 심근염이 드물게 보고되었다. 고기를 위해 사육되는 닭에서는 심부전을 주로 볼 수 있다. 이는 빠르게 성장하는 큰 덩치로 인한 심부전 발생과 관련이 있다.

10. 파충류 심혈관계 질병

심장의 해부학적 구조(2심방 1심실)로 인해 단일 순환계일 것 같지만 실제로는 다른 동물들과 비슷하게 이중 순환계 기능을 한다. 변온 동물의 특징으로 인해 심장은 바람직한 최적 온도대(Preferred Optimal Temperature Zone, POTZ)에서 가장 효과적으로 기능한다. 심박수는 체온, 신체 사이즈, 대사율, 호흡수, 감각자극 등의 여러 변수에 의해 달라진다. 심박수는 활동적 호흡일 때 증가하고, 무호흡에서는 감소하는 경향이 있다. 여러 선천성 심장기형이 뱀에서 보고되었다. 흔하지 않지만 울혈성 심부전과 심근병증이 발생했다는 보고가 있다. 패혈성 심내막염이 그람 음성 세균 감염으로 인한 전신질환을 가진 동물에서 보고되었다. 식이성 결핍으로 인해 심혈관계에 영향을 크게 미친다. 저칼슘혈증, 비타민 E 결핍, 비타민 D3와 칼슘과다는 모두 심혈관계에 영향을 미칠 수 있다.

11. 돼지 심혈관계 질병

1) 선천성 심장 결함

신체 크기를 줄이기 위해 근친 교배로 인해 만들어진 미니 돼지는 결함이 발생할 가능성이 높아진다. 심방중격결손, 심실중격결손, 난원공개존증(patent ovale foramen)이 보고되었다.

2) 비대성 심근병증

고도로 근친 교배된 돼지 계통에서 발견되는 상염색체 우성 유전 돌연변이 결과이다. 비정상적인 심장 근육 섬유와 심장 근육 수축성 감소를 초래하여 심장벽이 두꺼워지고 심실 부피가 감소하여 심박출 시 폐색이 발생할 수 있다.

3) 멀버리 심장병

멀버리 심장병(Mulberry Heart Disease)은 비타민 E와 셀레늄 결핍(Vitamin E/Selenium Deficiency) 식단과 관련된 영양 근병증이다. 고지방식이로 사육하는 돼지는 이 질병에 걸리기 쉽다.

4) 세균성 및 바이러스성 심장병

돼지단독(erysipelas), 돼지연쇄상구균증(*Streptococcus suis*)은 심내막염, 심근염, 심낭염을 유발할 수 있다.

chapter 03

호흡기 질환

Diseases of Animals

1. 개요

호흡기계(Respiratory system)는 생명 유지와 직결되는 산소 공급 및 이산화탄소 배출을 담당하는 기관들의 집합체이다. 상부 호흡기계는 코, 비강, 부비동, 구강, 인두, 후두로 구성되며, 하부 호흡기계는 기관, 기관지, 기관지 가지, 폐포, 폐로 이루어진다. 호흡기계는 외부 공기를 흡입하여 산소를 폐로 운반하고, 이산화탄소를 배출하여 가스 교환을 수행하는 기능을 한다.

코(nose)는 호흡기의 시작이며, 기능은 다음과 같다. 첫째, 호흡기로 들어가는 공기를 따뜻하게 하고, 둘째, 유입되는 공기를 촉촉하게 한다. 셋째, 코털과 점막은 꽃가루나 먼지와 같은 공기 중 미립자 물질로부터 호흡기의 나머지 부분을 보호하는 역할을 한다. 넷째, 비갑개(nasal chonchae)의 점막 표면은 후각에 필요한 후각기관(olfactory organs)의 주된 역할을 한다. 연골중격(cartilage septum)은 왼쪽과 오른쪽을 분리하며, 비도(nasal passage)는 뒤쪽(caudally)의 비인두로 이어진다. 이곳에는 후두덮개(epiglottis)가 위치하는데, 이는 기관의 입구인 성문(glottis)을 덮는 다육질 덮개(fleshy flap)이다. 성대(vocal folds)도 여기에 있다.

기관은 공기가 동물의 외부에서 폐 내부로 이동하는 통로 역할을 하며, 개와 고양이에서 기관은 연질 결합 조직(soft connective tissue)에 의해 분리된 불완전한 C자 모양의 유리질 연골 고리(hyaline cartilage rings)로 구성된다. 각 유리질 고리(hyaline ring)의 끝은 근육에 연결되어 원을 완성한다. 기관은 심장 바로 앞에서 좌우 주기관지(mainstem bronchi)로 갈라지며, 기관지(bronchi)는 점점 더 작은 연골을 가지는 기도로 계속 분기된다. 기관지(bronchus)는 연골을 갖지 않는 세기관지(bronchiole)로 분지되며, 가장 작은 세기관지인 종말세기관지(terminal bronchioles)는 두 개 또는 그 이상의 호흡세기관지(respiratory bronchioles)로 분지되며, 호흡세기관지는 폐포관(alveolar ducts)으로 분지되고 다음은 폐포낭(alveolar sacs)으로 이어진다. 여기에서 가스 교환이 이루어진다.

폐포는 기저막(basement membrane)이 있는 단일 세포층의 편평상피(single-cell layer of squamous epithelium)로 이루어져 있으며, 호흡막(respiratory membrane)의 절반을 차지한다. 폐포를 둘러싼 그물 모양의 모세혈관은 그 막의 두 번째 층을 형성하며, 폐포에서 산소는 호흡막을 가로질러 모세혈관으로 확산되고, 이산화탄소는 혈액에서 폐포로 반대 방향으로 확산된다. 호흡하는 동안 가슴이 팽창 및 수축함에 따라 공기가 호흡기로 빨려 들어가 주변으로 밀려난다.

공기를 폐 안팎으로 이동시키는 능력이나 폐포에서 가스를 확산시키는 능력을 저해하는 모든 것은 신체의 모든 기관계에 심각한 영향을 미친다. 본 단원에서는 코-비강-부비동-인두-후두, 기관-기관지-기관지 가지-폐로 이루어진 호흡기계에 관하여 다루며, 호흡을 돕는 관련 근육과 신경계는 각각 근골격계와 신경계 단원에서 다루도록 한다.

2. 호흡기의 해부학적 구조

호흡기계의 해부학적 구조는 종마다 현저하게 다르며, 이로 인해 호흡기 질환의 발생원인에 영향을 미친다. 예를 들어, 인간, 돼지, 개, 고양이, 말 및 반추동물인 소와 양 등은 각각의 해부학적 구조와 생리학적 차이로 인해 특정 질병에 대한 감수성이 다르다.

저산소증은 정상적인 대사기능을 유지하기에 산소가 부족한 상태로, 동맥 산소가 60mmHg 이하일 때 정의된다. 저산소증이 있는 동물은 호흡곤란 증상을 보이며, 이는 혈액의 산소 운반 능력 감소, 저관류, 저산소증, 조직이 이용 가능한 산소를 사용할 수 없는 경우 등에서 발생한다.

환기 제어의 주요 센터는 호흡 제어 센터, 중추 화학 수용체, 말초 화학 수용체, 폐 기계 수용체/감각 신경 등으로 구성되어 있다. 뇌 저산소증이 발생하면 신경 활동의 저하로 인해 호흡 기능이 더욱 감소할 수 있으며, 만성 저산소증에서도 적혈구 생성이 자극되지만 종에 따라 그 정도가 다르다. 이러한 다양한 해부학적 및 생리학적 차이는 호흡기 질환의 발생과 관련된 중요한 요소로 작용한다.

1) 코

코(nose)는 대부분의 동물에서 첫 번째로 공기가 들어오는 구조물이다. 코는 외부로부터 공기를 받아 비강으로 보내는 역할을 하며, 점막으로 구성되어 있어 공기 중의 먼지와 병원체를 차단하는 중요한 역할을 한다. 코털은 흡입된 공기에서 큰 입자를 걸러내는 필터의 기능을 한다.

2) 비강

비강(nasal cavity)은 코로부터 들어오는 공기를 체내로 전달하는 통로이다. 비강 내부는 점막이 있어 공기를 덥히고, 가습하며, 먼지와 병원체를 제거하는 필터 역할을 한다. 비강 내에는 후각 세포가 존재하여 후각 기능도 수행한다. 비강은 비중격부(septum)에 의해 좌우로 나뉘며, 각 비강에는 세 개의 코선반(turbinate)이 있어 비강 점막의 면적을 넓혀 준다.

3) 인두

인두(pharynx)는 비강과 구강으로부터 공기와 음식물이 동시에 지나는 통로이다. 인두는 공기를 후두로 보내고 음식물을 식도로 보내는 분기점 역할을 하며, 삼키는 과정을 통해 음식물은 인두에서 식도로 보내지며, 이는 흡인성 질환 발생을 방지하기 위한 중요한 과정이다.

4) 후두

후두(larynx)는 호흡기계에서 중요한 역할을 수행하는 장기로, 소리를 내는 발성기관으로 기능한다. 후두는 기관과 인두 사이에 위치하며, 후두덮개(epiglottis)가 있어 음식물이나 액체가 후두로 들어가지 않도록 보호한다. 후두에는 성대(vocal cords)가 있어 발성을 가능하게 한다.

5) 기관

기관(trachea)은 후두에서 이어져 공기를 기관지로 전달하는 역할을 한다. 기관은 원형의 연골로 구성되어 있어 탄력성과 안정성을 제공하며, 공기의 자유로운 흐름을 보장한다. 기관 내부는 섬모와 점액으로 덮여 있어 특별한 보호 역할을 하며, 점액은 미세입자와 병원체를 포획하여 호흡기 질병을 예방한다.

6) 기관지

기관지는 좌우로 나뉜 두 개의 주기관지(main bronchi)로 시작하며, 주기관지는 폐로 들어가고 더 작은 이차기관지(secondary bronchi)와 삼차기관지(tertiary bronchi)로 나누어진다. 기관지는 점차 얇아지며 단면적이 넓어져 폐포(alveoli)로 이어진다. 각 기관지 가지는 연골로 구성되어 공기의 원활한 이동을 촉진한다.

7) 폐

폐는 상·하엽으로 나뉜 호흡기계의 주요 기관으로, 가스 교환을 수행하는 폐포를 포함하고 있다. 폐포는 포도송이 모양의 주머니 구조로 되어 있으며, 여기서 산소와 이산화탄소가 혈액과 교환된다. 폐는 흉막(pleura)으로 둘러싸여 있으며, 흉막액이 있어 흉벽과의 마찰을 줄인다.

8) 폐포

폐포(alveoli)는 폐의 가스 교환이 이루어지는 미세한 구조물이다. 각 폐포는 혈액에서 산소를 흡수하고, 이산화탄소를 배출하는 얇은 막으로 구성되어 있다. 폐포 내에는 모세혈관이 밀집해 있어 효율적인 가스 교환을 가능하게 한다. 흡입된 공기 중 입자는 코로 들어가 비강 통로의 점막을 따라 침전되며, 섬모는 이러한 입자를 점막 장벽을 따라 인두로 옮겨 삼키거나 뱉어낸다. 작은 입자는 흡입 시 걸러지지 않을 수 있으며, 폐포에 침전되어 대식세포에 의해 식세포작용을 받을 수 있다.

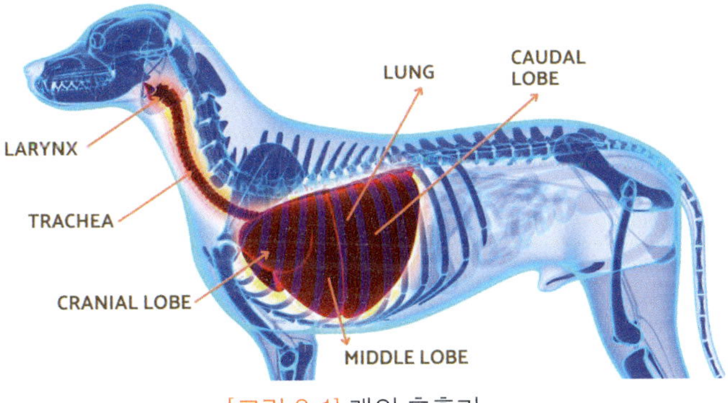

[그림 3-1] 개의 호흡기

출처: :https://www.animalwised.com/the-dog-respiratory-system-anatomy-4664.html

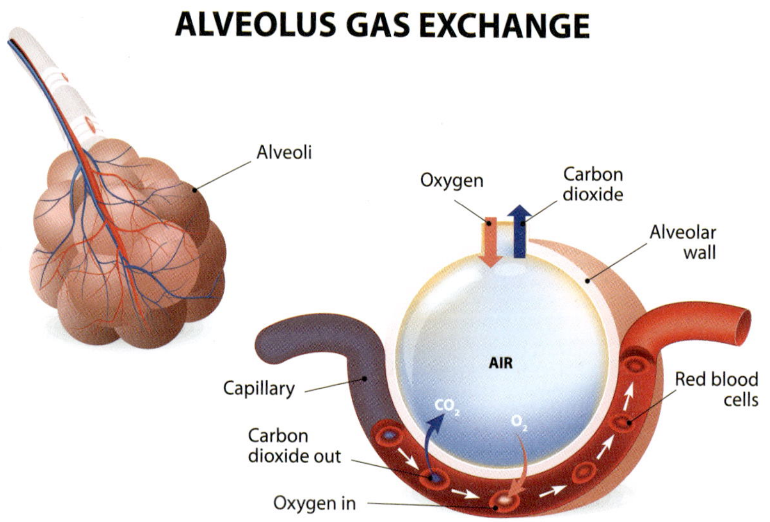

[그림 3-2] 폐포와 가스교환

출처: https://www.istockphoto.com/kr/%EB%B2%A1%ED%84%B0/alveolus-%EA%B0%80%EC%8A%A4-%EA%B5%90%ED%99%98-gm530484347-54483670

3. 호흡기 질환의 임상적 징후 및 원인

〈표 3-1〉 호흡기 질환에 따른 임상증후

구분	내용
비강 분비물	점막이나 비강 손상의 정도에 따라 장액성, 카타르성, 화농성 또는 출혈성 분비물이 발생할 수 있으며, 호중구(화농성) 또는 혈액(출혈) 포함 정상적 분비물 증가도 가능하다.
비출혈	혈관 파열(예: 말의 후두낭 진균 감염, 운동으로 인한 폐출혈)이나 비강 내 진균 감염, 신생물, 전신 응고병, 혈관염, 혈소판 감소증, 고혈압, 비강 외상과 관련될 수 있다.
객혈	기침으로 피가 나오는 객혈은 만성 폐농양이 있는 소의 폐에서 폐동맥류가 파열된 후에 발생할 수 있으며, 폴립, 신생물, 육아종, 외상, 혈소판 감소증, 독소로 인해 발생이 가능하다.
호흡곤란	호흡 속도와 깊이가 증가하며, 질병의 징후이기도 하고 격렬한 운동 후에도 발생할 수 있다. 힘겨운 흡입은 상부 기도 폐쇄를, 힘겨운 호기는 폐쇄성 질환을 나타낸다.
기타 반응	호흡기 질환과 관련된 기타 반응에는 기침, 맑은 비강 삼출물, 웅얼거림과 함께 얕은 호흡이 포함되며, 종종 흉막염으로 인한 통증과 관련이 있다.

4. 일반적인 호흡기 질병의 진단 및 평가방법

호흡기 질환은 소동물 의학에서 흔히 발생하며, 진단과 치료에 어려움을 동반하는 경우가 많다. 소동물 의학에서 호흡곤란의 일반적인 원인으로는 폐 실질 질환과 외상이 있다. 폐 실질 질환의 흔한 원인으로는 감염성(세균성, 진균성, 바이러스성, 원충성, 기생충성 또는 리케차), 염증성 또는 신생물성(원발성 또는 전이성)이 있다. 일반적인 외상 사례로는 자동차 사고(예: 차량에 치임), 다른 동물과의 상호작용, 인간과의 상호작용, 높은 장소에서의 낙상, 총상, 칼상 및 막대기 등에 의한 자상 등이 있다. 신속한 환자 평가와 치료를 위해 신체검사 및 진단 테스트를 사용하여 근본 원인을 파악하는 것이 필수적이다.

초기 평가는 원인에 관계없이 호흡곤란 환자의 초기 평가는 자세한 병력 및 환자의 호흡 패턴에 대한 시각적 검사로 시작해야 한다. 환자에게 손과 청진기를 대기 전에 호흡 패턴과 환자의 편안함을 관찰하는 것만으로도 중요한 단서를 제공하고 호흡기 질환의 원인을 상부 기도, 하부 기도, 폐 실질, 흉막 공간 또는 흉벽 중 어디로 국한할 수 있는지 판단하는 데 도움이 될 수 있다.

〈표 3-2〉 ABCD의 평가방법

구분	내용
Airway(기도)	• 환자의 기도가 열려 있는가? • 상부 기도 또는 하부 기도의 비정상 여부는?
Breathing(호흡)	• 느리고 힘든 호흡 패턴인가? • 흡입음이 증가했거나 천명음이 있는가?
Circulation(순환)	• 심박수에 이상이 있는가? • 점막이 비정상적인 색을 띠고 있으며, 내부 또는 외부 출혈의 증거가 있는가? • 맥박이 약한가? • 사지의 온도가 낮은가?
Disability(장애)	• 두부 외상 또는 다른 신경 손상의 증거가 있는가?

5. 상부 호흡기 질병

상부 호흡기 질병에는 비염(rhinitis), 비강 종양(nasal tumors), 비출혈(epistaxis), 부비동염(sinusitis), 편도선염(tonsillitis) 및 후두염(laryngitis)이 있다. 상부 호흡기 질병은 개와 고양이에서 인간만큼 흔하지는 않지만 여전히 임상적으로 나타나며, 보호자에게 걱정을 끼칠 수 있다.

1) 비염

비염(Rhinitis)의 임상증상으로는 장액성(serous), 점액성(mucoid) 또는 점액화농성(mucopurulent) 콧물, 재채기(sneezing), 기침(coughing), 발로 코 긁기(pawing at nose), 콧구멍에 가피(encrustation)를 형성하며, 일반적으로 단일 질병으로 나타나는 경우는 거의 없다. 진단은 임상증상 및 배양 결과에서 포도상구균(*Staphylococcus*)이 분리될 수 있다. 치료 방법은 콧구멍을 부드럽게 닦고 진정연고(soothing ointment) 도포, 필요한 경우 전신 항생제와 항히스타민제(Antihistamine) 투여, 혈관수축제(vasoconstrictive drug)를 사용하여 비강을 청소한다. 예를 들어, 페닐에프린(Neo-Synephrine) 점적약을 각 콧구멍에 매일 3~4회 점적한다.

[그림 3-3] 비염

출처 : https://www.petcoach.co/dog/condition/rhinitis/

2) 비강 종양

비강 종양(Nasal Tumors)의 임상증상은 치료에 반응하지 않는 편측 점액성(unilateral mucoid) 콧물, 비출혈, 재채기(흔하지 않음)이며, 진단은 종양 위치를 파악하기 위한 방사선 촬영(radiograph), 컴퓨터단층 촬영(computed tomography, CT), 자기공명영상(magnetic resonance imaging, MRI), 내시경(endoscopy), 생검이 있다. 치료 방법은 외과 수술로 제거(수술은 일반적으로 임시방편임)하며, 종양은 일반적으로 재발하는 경우가 많다.

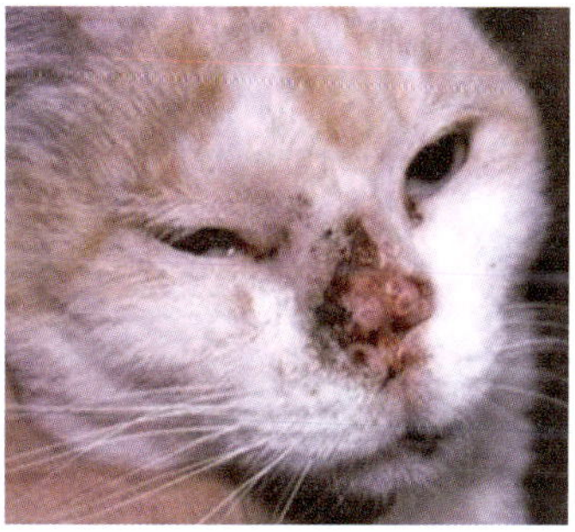

[그림 3-4] 비강 종양

출처: https://veterinarypartner.vin.com/default.aspx?pid=19239&id=4952685

3) 비출혈

임상증상은 코에서 출혈(Epistaxis, 편측 또는 양측일 수 있음), 일반적으로 외상, 이물질(foreign object), 종양과 관련되며, 비강에서 채취한 신선한 혈액으로 진단한다. 치료는 비강 내 정확한 출혈 부위 파악, 지혈(비강에 혈관수축제 주입, 출혈부위 압박 가능 시 수행, 비타민 K 요법-응고 문제인 경우 적용)이다.

4) 부비동염

부비동염(Sinusitis)은 일반적으로 전두동(frontal sinus) 또는 상악동(maxillary sinus)과 관련되며, 해당 부위에 고름이 모여 부비동이 부어오르는 질병이다. 특히, 개에서 이 문제의 가장 흔한 원인은 치근 농양(tooth root abscess)이다. 임상증상은 충치(bad tooth) 쪽 눈 아래 부기, 편측성 콧물이며, 진단은 비강 및 구강 검사, 뼈의 흡수를 확인하기 위한 방사선 촬영, 모든 누관(fistula tract)의 배양 및 감수성 검사이다. 치료는 항생제(배양 및 감수성 결과 기준), 배액(drainage) 촉진을 위해 감염치아 제거, 소독제(antiseptic solution)로 누관 세척(flushing of fistula tract)이 있다.

5) 편도염

편도염(Tonsillitis)은 세균이나 바이러스에 의해 편도가 염증을 일으키는 질환이다. 편도선(tonsil)은 호흡기의 '파수꾼(sentinels)'으로, 하부 호흡기도에 림프구 보호를 제공한다. 감염체에 의해 침범되면 편도선 비대(tonsils hypertrophy)로 인해 삼키기 어렵고 인후통(sore throat)이 발생하며, 편도선 종양은 개와 고양이에서 흔하다. 임상증상은 식욕부진, 침 분비 증가, 입을 벌릴 때 통증이며, 진단은 육안검사(visual examination)에서 붓고 염증이 있는 편도선 관찰, 점액(mucus)이나 고름(pus)으로 덮인 경우 또는 표면에 농양(abscess)이 관찰된다. 치료는 전신 항생제, 부드러운 식사 또는 유동식(soft or liquid diet), 통증 완화 약물인 비스테로이드성 항염증제(NSAIDs) 투여, 만성감염 또는 종양의 경우 외과적 제거가 있다.

6) 후두염

후두염(Laryngitis)의 가장 흔한 원인은 과도한 짖음(excessive barking), 울부짖음(howling), 야옹소리(meowing)이지만, 호흡기의 높은 곳(high in the respiratory tract)에서 발생한 감염이 후두(larynx)까지 퍼져 목소리를 잃을 수도 있다. 임상증상은 음성 손실 또는 음성 변화, 기침, 목구멍 뒤쪽의 점액 농도 증가이며, 음성 변화 이력이 있는 모든 동물을 주의해서 다루어야 한다. 광견병도 음성 변화를 일으킬 수 있다. 병력 청취, 신체검사에서 목 안의 붉어짐과 염증으로 진단하며, 치료는 짖거나 야옹거리는 것을 제한, 항생제(감염이 증상의 일부인 경우), 항염증제[글루코코르티코이드(Glucocorticoid) 매일 투여 후 7일 뒤 감량]이다. 상부 호흡기 질병은 일반적으로 자연치유(self-limiting)된다. 비강(nasal cavity)과 편도선(tonsil)의 종양 중 가장 흔한 것은 편평상피세포암(squamous cell carcinoma)이다. 대부분의 경우 치료는 동물을 더 편안하게 만드는 것을 목표로 한다. 감염의 경우 몇 주 동안 항생제가 필요할 수 있다.

7) 단두기도증후군

단두기도증후군(Brachycephalic Airway Syndrome)은 단두개 호흡 증후군, 단두개 증후군 또는 선천성 폐쇄성 상부 기도 질환으로도 알려져 있다. 단두기도증후군은 시츄, 불도그, 페키니즈, 퍼그 등 주둥이가 짧은 견종에서 관찰되는 흔한 질병이다. 주요 상부 기도 이상의 원인은 다음과 같다. 비정상적으로 좁거나 작은 콧구멍으로 공기의 흐름이 제한되고, 흡입된 공기를 가습하고 따뜻하게 하는 역할을 하는 비갑개가 확장되어 기류 방해를 일으키기 때문이다. 또한 연구개가 너무 길어져 기관 입구가 부분적으로 막히고, 만성적인 스트레스로 인해 후두 연골이 정상적으로 열리지 않아 공기 흐름이 제한될 경우 다발할 수 있다. 특히, 후두낭이 외반되거나, 기관의 직경이 정상보다 작을 경우도 원인이 될 수 있다.

〈표 3-3〉 단두기도증후군의 원인

구분	내용
협착성 콧구멍	비정상적으로 좁거나 작은 콧구멍으로 공기의 흐름이 제한
확장된 비인두 비갑개	흡입된 공기를 가습하고 따뜻하게 하는 역할을 하는 비갑개가 확장되어 기류 방해
길쭉한 연구개	연구개가 너무 길어져 기관 입구가 부분적으로 막힘
후두 손상	만성적 스트레스로 인해 후두 연골이 정상적으로 열리지 않아 공기 흐름이 제한
외반된 후두낭	후두낭이 외반되어 기도 흐름을 방해
저형성 기관	기관의 직경이 정상보다 작음

단두기도증후군은 폐의 변화, 기관지 손상, 위식도 역류 및 만성 위염 등 위장관의 변화와 관련이 있다. 기관지 손상은 기도가 약해져 막힘이 발생하는 상태를 의미하며, 위식도 역류는 장액이 식도로 역류하는 상태를 나타낸다. 상부 기도 이상은 기도 저항을 증가시켜 흡입에 필요한 노력을 증가시킨다. 경미한 경우에는 운동 시 호흡이 시끄럽고, 흥분 시 코를 골며, 편안할 때도 코를 골 수 있다. 심각한 경우에는 기도 소음이 더 심하고, 운동 후 쉽게 피곤해지며, 쓰러

지거나 기절할 수 있다. 추가적인 증상으로는 기침, 딸꾹질 및 구토가 있으며, 더운 날씨에 증상이 악화될 수 있다.

단두기도증후군의 진단은 반려견의 품종, 임상적 징후 및 신체검사 결과에 따라 진단된다. 협착성 비강은 시각 검사로 진단할 수 있으며, 연장된 연조개 및 외반된 후두낭은 강력한 진정제나 전신 마취가 필요하다. 비만은 증상을 악화시키므로 체중 감량이 중요하다. 치료는 증상이 경미한 경우 운동 수준 조절, 덥거나 습한 환경 피하기, 스트레스 예방 등을 통해 관리할 수 있다. 코르티코스테로이드, 비스테로이드성 항염제(NSAID), 산소 요법은 단기적인 완화에 유용하다. 해부학적 이상이 호흡을 방해할 경우 수술이 필요하다.

협착된 콧구멍은 조직 쐐기 모양을 제거하여 교정할 수 있으며, 길쭉한 연조개는 정상 길이로 단축할 수 있다. 수술 후 예후는 해부학적 이상과 치료 시점에 따라 달라지며, 수술적 교정이 조기에 이루어질수록 좋은 결과를 나타낸다. 수술 후 초기에는 부기가 있을 수 있으므로 면밀한 모니터링이 필요하다.

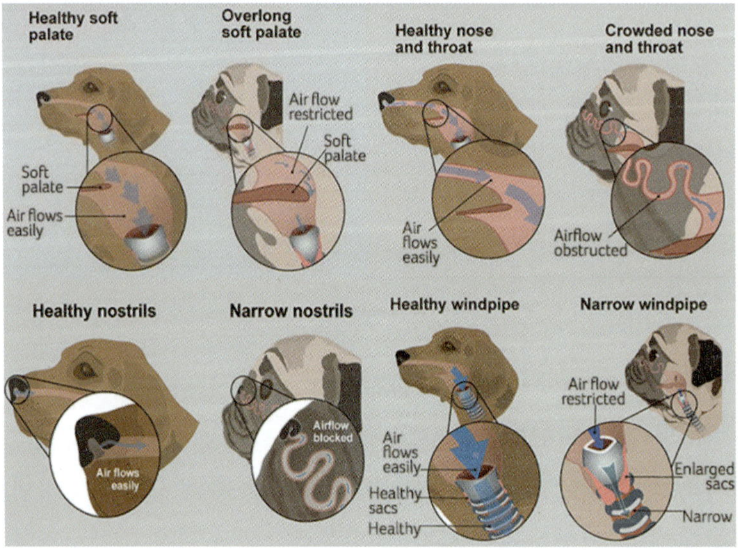

[그림 3-5] 단두종 증후군의 원인

출처: https://www.pdsa.org.uk/pet-help-and-advice/pet-health-hub/conditions/boas-breathing-problems-in-flat-faced-dogs

8) 후두 마비

후두 마비는 호흡곤란을 초래하는 질병으로, 초기에는 경미하지만 시간이 지남에 따라 점진적으로 증상이 악화된다. 특히, 나이가 많고 대형견에서 더 흔히 발생하며, 이로 인해 의학적 응급 상황으로 발전할 수 있다. 초기 단계의 경미한 후두 마비는 관리로 조절할 수 있으나, 호흡 기능에 심각한 영향을 미치는 경우에는 수술을 통해 개선을 도모할 수 있다. 수술은 후두의 기능 복원에는 기여하지 않지만, 개체의 전반적인 삶의 질을 향상시키는 데 도움이 된다.

후두 마비의 원인은 후두를 조절하는 신경의 기능 상실로 인해 발생한다. 후두는 일반적으로 공기를 흡입하기 위해 열리고, 음식이나 물의 흡입을 방지하기 위해 닫히는 역할을 한다. 후두 마비가 발생하면 후두의 기능이 저하되어 기도가 좁아지고, 이로 인해 호흡이 극도로 힘들어지는 현상으로 진행된다.

후두 마비는 종종 노령성 후두 마비 및 다발성신경병증(Geriatric onset laryngeal paralysis and polyneuropathy, GOLPP)의 일환으로 관찰된다. 이 질환의 원인은 완전히 규명되지 않았으나, 유전적 요인이 관련되어 있다고 여겨진다. 후두 마비는 다발성신경병증의 조기 증상으로 나타나며, 식도 또한 초기 단계에서 영향을 받을 수 있다. 식도 기능 장애는 음식과 물의 삼키기 어려움을 초래하여 흡인성 폐렴 등의 폐 감염을 유발할 위험을 증가시킨다. 후두 마비는 목 부위의 외상이나 종양으로도 유발될 수 있으며, 선천적인 질환으로 인해 생후 3개월 된 개에서도 발생할 수 있다. 후두 마비는 다양한 개 품종에서 발생할 수 있으나, 특히 래브라도 리트리버에서 가장 흔하게 발견된다. 선천적 후두 마비는 부비에 데 플랑드르, 달마시안, 시베리안 허스키, 로트바일러, 아메리칸 스태퍼드셔 테리어 및 블랙 러시안 테리어에서도 발견된다.

후두 마비의 증상은 질병의 진행 정도에 따라 상이하다. 흥분, 스트레스, 운동, 혹은 고온과 습한 환경에 노출될 경우 호흡이 갑작스럽게 악화되며, 이로 인해 의학적 응급상황이 발생할 수 있다. 다발성신경병증은 시간이 지남에 따라 근육 약화와 운동 조정 능력 저하를 초래할 수 있다. 일반적인 임상증상은 시끄럽거나 쉰 호흡, 과다한 헐떡거림, 기침, 헛구역질, 구토, 운동성, 짖는 소리의 변화, 호흡곤란, 혀와 잇몸의 청색증이다.

후두 마비의 진단과 치료는 진정제를 사용하여 후두를 직관적으로 검사함으로써 진단된다. 수의사는 철저한 신체 및 신경학적 검사를 시행하며, 필요에 따라 흉부 및 목 부위의 X-ray를 추천할 수 있다. 선천적 후두 마비에 대한 유전적 소질을 가진 품종에 대해서는 DNA 검사도 시행될 수 있다. 후두 마비를 완전히 치료할 수 있는 방법은 존재하지 않지만, 경미한 경우에는 초기 단계에서 스트레스 감소, 항불안제 사용, 운동 제한, 고온 및 습한 환경의 노출 제한, 목 칼라를 하네스로 교체, 체중감소, 근육량 유지를 위한 물리치료가 있다.

흡인성 폐렴이 발생하는 경우 항생제로 치료할 수 있으며, 호흡기 응급 상황이 발생했을 경우 산소 공급, 과열 관리, 정맥 주사 및 스트레스 완화 약물이 필요할 수 있다. 후두 마비에 대한 가장 일반적인 수술인 '타이백' 시술은 후두를 열어 호흡 개선을 돕는다. 이 수술은 후두의 기능을 회복시키지는 않지만, 호흡기 응급 상황을 예방하고 삶의 질을 향상시키는 데 기여할 수 있다.

흡인성 폐렴은 후두 마비 수술 후 일반적인 합병증으로 발생할 수 있으며, 수술을 받지 않은 개에서도 나타날 수 있다. 수술 후 개의 행동 조정을 통해 흡인성 폐렴을 예방할 수 있다. 예를 들어, 수영을 피하고, 음식과 물을 조금씩 주는 방법이 있다. 식욕저하, 혼수상태, 발열, 지속적인 기침, 비강 분비물과 같이 흡인성 폐렴의 징후가 나타날 경우, 즉시 수의사의 진단이 필요하다.

6. 하부 호흡기 질병

하부 호흡기와 관련된 질병은 상부 호흡기의 질병보다 임상적으로 더 심각한 의미가 있다. 하부 호흡기 질병의 예로는 기관지염(tracheobronchitis), 기관 허탈(collapsing trachea), 고양이 천식(feline asthma), 고양이 바이러스 호흡기 감염(feline viral respiratory infections), 폐렴(pneumonia), 심장사상충 질병

(heartworm disease, 고양이), 종양(neoplasia), 폐부종(pulmonary edema), 혈흉(hemothorax) 또는 기흉(pneumothorax)이 있다.

1) 기관 허탈

기관 허탈(collapsing trachea)은 만성 기침을 유발하는 진행성 질환으로, 주로 요크셔 테리어, 포메라니안, 토이 푸들 등 중년 이상의 소형견에서 흔히 발생한다. 기관 허탈에 대한 확실한 치료법은 존재하지 않지만, 지속적인 의학적 관리로 임상증상과 삶의 질을 개선할 수 있다. 이 상태는 시간이 경과함에 따라 악화될 수 있으며, 심각한 경우에는 수술적 개입이 필요한 호흡기 응급 상황으로 발전할 수 있다. 기관은 C자 형태의 연골 고리로 지지되는 유연한 튜브로, 호흡 시 기도를 개방하고 비정상적인 움직임으로 인해 기도를 보호하는 역할을 한다. 기관 허탈은 이러한 연골 고리가 약화되어 평평해지고, 그 결과 기도가 좁아지는 현상으로 발생한다. 근본 원인은 명확히 규명되지 않았으나, 소형견에서 이 질환이 빈번하게 나타나는 점으로 미루어 볼 때 유전적 요인에 여지가 있다고 추정된다. 기관 허탈은 기관의 길이를 따라, 하나 이상의 구역에서 발생할 수 있으며, 심각한 경우에는 하부 기도인 기관지로 확장될 수 있다. 여러 환경적 요인, 예를 들면 스트레스, 흥분, 신체 활동, 높은 온도 및 습도, 흡입 자극물(예: 연기) 또는 목에 가해지는 압력 등이 기침을 악화시킬 수 있다. 만성적인 기도 염증은 지속적인 기침을 유발하며, 이로 인해 개는 폐 감염에 걸릴 위험이 증가한다.

기관 허탈의 주요 징후는 지속적이고 거칠며 건조한 기침으로, 종종 '거위 울음소리'라고도 표현된다. 증상은 흡입 시 쌕쌕거림으로 진행될 수 있으며, 심각한 경우 호흡곤란, 혀와 잇몸의 청색증, 실신 등의 증상이 나타난다. 이러한 심각한 증상은 호흡기 응급 상황을 나타내며 즉각적인 수의학적 치료가 필요하다. 비만, 심장병, 기타 기도 질환 등 동반된 병적 상태는 이러한 심각한 증상을 더욱 악화시킬 수 있다.

진단 과정에서는 수의사가 신체검사를 실시하고 개의 전반적인 건강 상태를 평가하기 위해 혈액검사를 권장한다. 기관 허탈이 있는 개체의 목을 만져 보면 기침을 유발할 수 있지만, 확정적인 진단을 위해서는 다음과 같은 영상검사가 필요할 수 있다. X-ray는 기관 허탈 또는 기침의 다른 원인을 진단하는 데 도움을 줄 수 있으나, 항상 기관 허탈을 포착하지는 않는다. 기관지경 검사는 개체가 전신 마취 상태에 있을 때 광섬유 카메라를 이용하여 기관 및 기도를 시각화하는 검사이며, 이 과정에서 감염 여부를 판단하기 위해 체액 샘플을 수집할 수도 있다.

치료 방법은 기침 억제제, 진정제 또는 항불안제, 코르티코스테로이드, 기관지 확장제, 감염 발생 시 항생제, 호흡기 응급 상황이 발생한 경우 수의사의 즉각적인 치료와 산소 요법, 위에 나열된 약물이 필수적이다. 비만이나 심장병 등의 기저 질환도 동시에 관리해야 한다. 생활 방식의 조정에는 목 칼라를 하네스로 교체하고, 담배 연기와 같은 호흡기 자극 물질을 피하며, 덥고 습한 환경을 피하는 것이 포함된다.

의학적 관리에 반응하지 않거나 호흡기 응급 상황이 나타나는 경우 수술적 절차를 고려할 수 있다. 이 절차에는 허탈을 방지하기 위해 기관 내에 스텐트를 삽입하는 것이 포함된다. 기관 스텐트 삽입은 잠재적인 위험 요소를 동반하고, 수술 후에도 지속적인 의학적 관리가 필요하다.

기관 허탈이 있는 대부분의 개는 평생 진행성 징후를 계속 경험하게 된다. 기관 허탈의 예후는 질병의 심각성과 개가 의학적 관리에 어떻게 반응하는지에 따라 달라진다. 현재 치료법은 존재하지 않지만, 특히 경미한 질환을 가진 많은 개체는 의학적 관리에 긍정적인 반응을 보인다. 일부 개체는 궁극적으로 의학적 치료에 반응하지 않아 추가적인 수술이나 개입이 필요할 수 있으며, 수술은 지속적인 의학적 관리를 대체하지는 않지만 호흡기 응급 상황 예방에 도움이 될 수 있다. 심장병과 같은 동반된 기저 질환이 있는 경우, 장기적으로 예후가 나빠질 수 있다.

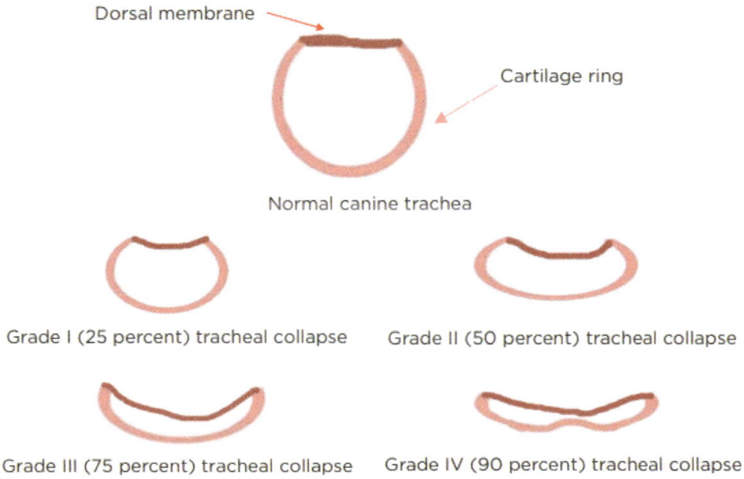

[그림 3-6] 기관 허탈의 정도

출처 : https://vhc.missouri.edu/wp-content/uploads/2023/08/TrachealCollapse2019.pdf

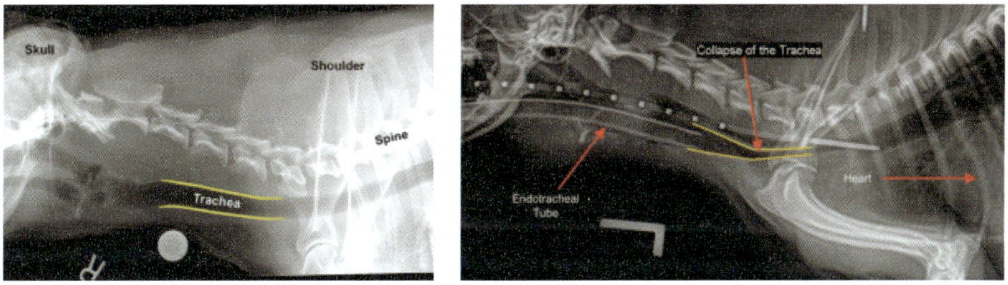

[그림 3-7] 방사선 촬영을 통한 기관 허탈 사진

출처 : https://vhc.missouri.edu/wp-content/uploads/2023/08/TrachealCollapse2019.pdf

2) 켄넬 코프

켄넬 코프(Kennel Cough)는 개의 전염성 기관지염으로, 주로 '내 개의 목에 뭔가 걸린 것 같다'는 식으로 표현되는 거칠고 굵은 기침이 특징이다. 이 질환은 경미한 경우에는 자발적인 회복이 가능하고, 치료를 필요로 하지 않을 정도로 짧은 기간 지속되지만, 어떤 감염원과 환자의 면역 강도에 따라 생명에 위협적인 폐렴으로 발전할 수 있다. 일반적으로 합병증이 없는 켄넬 코프는 1~2주 동안 지속되며, 열이나 무기력증 없이 잦은 기침 발작을 동반할 수 있다. 켄넬 코프에서 기침의 원인은 여러 유기체에 의해 발생할 수 있다. 단일 유기체가 원인이 되는 경우는 드물며, 보르데텔라 브론키셉티카(*Bordetella bronchiseptica*), 파라인플루엔자 바이러스, 아데노바이러스 2형, 개 전염병 바이러스, 개 인플루엔자 바이러스, 개 헤르페스바이러스(특히 아기 강아지에서), 마이코플라스마 카니스, 개 레오 바이러스, 개 호흡기 코로나바이러스 등이 복합감염되어 발생한다. 보통 합병증이 없는 경우에는 보르데텔라 브론키셉티카의 감염과 함께 파라인플루엔자 또는 아데노바이러스 2형 감염이 조합되어 나타난다. 디스템퍼 바이러스, 마이코플라스마 종 또는 개 인플루엔자 감염은 폐렴으로 진행될 위험이 더 크며, 이는 충분히 어리거나 스트레스를 받거나 약한 개체에서 쉽게 발생한다.

기침의 특성을 인식하는 것은 매우 중요하다. 기침은 일반적으로 명확하게 들리지만, 역재채기라는 또 다른 소음도 있으며, 이는 종종 기침이나 다른 호흡곤란으로 오해를 받을 수 있다. 역재채기는 후비강의 분비물이나 목의 간지럼에 기인하며, 특히 소형견에서 흔히 발생하는 정상적인 현상이다. 기침은 건조하거나 생산적일 수 있으며, 이 경우 구토 또는 거품이 있는 점액이 동반될 수 있다.

켄넬 코프는 감염된 개의 호흡기 분비물에 포함된 감염성 세균 및 바이러스가 건강한 개에 전파되는 방식으로 발생한다. 이 분비물은 에어로졸화되어 공기 중에 떠다니다가 다른 개체에 의해 흡입될 수 있다. 혼잡한 주거 공간과 좋지 않은 환기는 감염 확산에 중요한 요인이다. 또한 감염원은 장난감, 음식 그릇 또는 기타 접촉 물체를 통해서도 전파될 수 있다.

정상적인 호흡기는 감염원에 대한 상당한 방어 체계를 갖추고 있으며, 이 중 하나가 점액선모 에스컬레이터이다. 이는 호흡 기관을 덮고 있는 세포에서 섬모가 움직여 점액층과 상호작용한다. 섬모는 점액층을 통해 움직이며, 기침이나 삼키기를 통해 이물질을 제거하는 역할을 한다. 그러나 환경 내 스트레스, 혼잡한 환경, 먼지에의 과다 노출, 담배 연기, 감염원, 저온 환경, 불량한 환기 등에 의해 증상이 악화될 수 있다. 이러한 상태가 지속되면 보르데텔라 브론키셉티카와 같은 박테리아가 제대로 제거되지 않고 기도로 침투하게 된다.

진단은 기침, 식욕부진, 열 또는 무기력증이 있는 개는 폐렴 여부를 평가받아야 한다. 일반적으로 개체의 노출 병력과 일반적인 검사 결과가 진단에 충분한 정보를 제공한다. 방사선 검사는 기관지염을 확인하고 복잡한 폐렴의 유무를 평가하는 데 유용하다. 최근에는 PCR(중합효소 연쇄 반응) 패널을 사용하여, 실험실에서 대부분의 켄넬 코프 감염원을 검출할 수 있게 되었다. 이러한 정보는 치료 계획을 세우고, 예상 결과를 이해하는 데 도움을 준다.

치료는 합병증을 동반하지 않는 경우, 자연적으로 회복되는 경향이 있다. 기침 억제제는 치료 기간 동안 개체의 편안함을 개선할 수 있으며, 대부분의 경우 1주 이내에 개선된다. 그러나 일부 감염원은 보다 심각한 상태를 초래할 수 있으며, 이로 인해 폐렴이 발생할 위험이 있다. 이러한 이유로, 항생제가 종종 예방적 차원에서 처방된다. 합병증이 없는 경우 발열이나 식욕부진이 나타나지 않으며, 오히려 일반적으로 건강한 상태를 유지한다. 반면, 폐렴의 징후가 있는 개체는 더 심각한 증상을 보인다.

백신은 보르데텔라 브론키셉티카, 개 아데노바이러스 2형, 개 파라인플루엔자 바이러스, 개 디스템퍼, 개 인플루엔자에 대해 실시할 수 있다. 그러나 개 기침 복합체의 다른 구성원에 의한 감염은 예방할 수 없다. 아데노바이러스 2형, 파라인플루엔자, 개 디스템퍼에 대한 백신은 일반적으로 기본 강아지 시리즈와 후속 부스터에 포함된다. 보르데텔라 브론키셉티카에 대해서는 별도의 주사나 비강 백신으로 접종할 수 있다. 비강 백신은 생후 3주부터 접종 가능하며, 일반적으로 12~13개월 정도 면역성을 제공한다. 이에 비해 경구 백신은 강아지의 생후 8주부터 접종 가능하며, 매년 보강되어야 한다.

켄넬 코프는 대개 자가치유 경향이 있으며, 치료 후 1주일 이내에 호전되지 않으면 치료 방법을 개선시켜야 한다. 호전이 없을 경우, 다른 기저 질환의 가능성을 염두하여 진단하며, 기관 손상, 비감염성 기관지염 또는 심부전과 관련될 수 있다. 수의사와의 상담을 통해 추가적인 정보를 얻고 적절한 관리 방안을 모색하는 것이 중요하다.

3) 고양이 기관지 천식

고양이 천식은 상당수의 고양이에게 영향을 미치며, 종종 기관지염과 관련하여 발생한다. 천식은 기도의 급성 또는 만성 염증으로 발생하며, 다양한 유해 자극에 대한 반응성 증가, 기도의 협착 및 수축, 기도 내 염증 세포의 침착이 원인이 될 수 있다. 천식과 기관지염은 보통 동일한 증후군 내의 두 가지 부분으로 간주되며, 이를 만성 폐쇄성 폐질환(Chronic Obstructive Pulmonary Disease, COPD)이라고도 한다.

고양이의 기도가 특정 자극에 민감하다면, 이러한 물질에 노출될 경우 면역 반응으로 염증이 유발되고, 이는 기관지 경련, 점액 생성의 증가 및 기도의 점액 축적을 초래할 수 있다. 기도에서 점액을 제거하지 못할 경우, 기도가 막히고 이차 호흡기 감염이 발생할 가능성이 증가한다. 만성 기도 폐쇄는 폐포라고 불리는 폐의 작은 기낭 안에 공기가 갇히게 하여 과팽창과 폐 손상을 일으킬 수 있다.

천식 및 기관지염은 일반적으로 2세부터 8세 사이의 고양이에서 가장 흔하게 나타나며, 특정 품종인 샴 고양이가 더욱 높은 위험군에 속하는 것으로 알려져 있다. 또한 과체중 및 비만 고양이의 경우 만성 호흡기 질환에 걸릴 위험이 증가하며, 치과 질환 또한 박테리아가 입에서 폐로 이동할 가능성을 높여 심각한 이차 감염을 초래할 수 있다.

고양이 천식 및 기관지염의 염증 원인은 명확하게 규명되지 않았으나, 여러 자극물이 염증을 유발하고 증상을 악화시킬 수 있다. 일반적인 자극물로는 고양이 모래의 먼지, 담배 연기, 향수, 헤어스프레이, 카펫 세척제, 공기 청정제, 향이 나는 세탁 세제 및 섬유 유연제, 에센셜 오일 디퓨저 및 디퓨저 등이 있다.

고양이 천식과 기관지염의 다양한 증상은 기침, 호흡곤란, 입을 벌리고 호흡하는 현상이 있다. 기침의 원인이 비교적 적기 때문에, 이 증상의 발생은 중요한 임상적 발견이다. 고양이가 기침을 할 때에는 일반적으로 목을 앞으로 뻗은 자세를 취하며, 가까이에서 들릴 정도로 쌕쌕거리는 소리를 내기도 한다. 질병이 진행됨에 따라 고양이는 에너지가 감소하고 호흡이 더욱 곤란해지며, 후기 단계에는 잇몸의 청색증이 관찰될 수 있다. 천식이나 만성 기관지염을 앓고 있는 고양이는 대개 발열이 없고 식욕은 정상이다.

고양이의 천식과 기관지염을 진단하려면 호흡기 증상을 유발할 수 있는 다른 질병들을 배제해야 한다. 이러한 질환으로는 감염성 폐렴(진균성, 박테리아성 또는 기생충성), 고양이 심장사상충증, 원발성 폐 기생충, 암(폐 종양 또는 전신의 다른 부위에서 폐로 전이된 암)이 포함된다. 진단검사로는 완전 혈구 수(CBC), 혈액 화학 검사, 대변 검사 및 요분석이 있으며, 이는 고양이의 전반적인 건강 상태를 평가하고 잠재적 원인에 대한 단서를 제공하는 데 사용된다.

천식과 기관지염이 있는 대다수의 고양이는 외래 환자로 치료된다. 만약 고양이가 심각한 호흡곤란을 겪고 있다면, 산소 요법 및 정맥 주사를 통한 약물 치료를 위한 입원이 필요할 수 있다. 고양이 천식과 기관지염을 효과적으로 관리하기 위해서는 대개 다음과 같은 조치가 필요하다. 고양이의 호흡 문제를 악화시키는 모든 자극 물질을 피하는 것이 중요하다. 저먼지 고양이 모래 사용, 담배 연기 제거, 먼지 축적 최소화, 공기 필터 및 청정기 사용 등이 이에 해당된다. 과체중 및 비만은 호흡기 질환을 악화할 수 있으므로 적절한 체중 유지가 필요하다. 알부테롤 또는 살부타몰(Ventolin®)과 같은 기관지 확장제를 통해 기도의 협착을 완화할 수 있다. 항염 효과가 뛰어난 코르티코스테로이드는 천식 및 기관지염에 따른 호흡곤란을 완화할 수 있다. 알레르기 반응이 적거나 저자극성인 식단이 이점이 있을 수 있다. 일부 고양이에서는 의료 침술이 호흡기 문제 완화에 긍정적인 효과를 줄 수 있다.

고양이의 천식 및 기관지염은 완전한 치료 대신 관리의 범주에 속하며, 이 질환은 거의 완치되지 않는다. 치료의 주요 목표는 발작의 심각성 및 빈도를 줄이고, 고양이의 전반적인 삶의 질을 향상시키는 것이다. 적절한 관리와 치료를 통해 대부분의 고양이는 활동적이고 건강한 생활을 영위할 수 있다.

4) 고양이의 보르데텔라 브론키셉티카 감염증

고양이 보르데텔라 브론키셉티카(*B. bronchiseptica*)는 주로 동물의 호흡기 감염의 원인으로 알려져 있으며, 드물게 인간에게도 전염 가능성이 있는 인수공통 병원체이다. 이 질병은 구조 보호소나 번식 시설과 같이 동물들이 밀집해 있는 장소에서 호발한다. 보르데텔라 브론키셉티카는 감염된 동물의 타액, 비인두 분비물 및 재채기를 통해 전파된다. 직접적인 접촉뿐만 아니라 감염된 분비물이 포함된 공기 중의 물방울을 흡입하여 감염될 수 있다. 일반적인 환경 조건에서 1~2주간 생존할 수 있어, 적절한 소독과 청소가 이루어지지 않으면 환경, 침구 및 식기 등을 통해 다른 동물에게 전파될 가능성이 있다.

감염된 고양이는 경미한 재채기, 기침, 비강 및 안구 분비물, 발열 등의 증상을 보인다. 이러한 증상은 일반적으로 7~10일 지속되며, 때때로 젊은 새끼 고양이나 면역이 약한 동물에서는 폐렴으로 발전할 수 있다.

보르데텔라 브론키셉티카 감염은 주로 인두에서 채취한 시료를 이용하여 진단한다. 세균배양법 및 PCR(중합효소 연쇄 반응)을 사용하여 박테리아의 존재를 확인한다.

보르데텔라 브론키셉티카 감염 치료에는 주로 항균제가 사용되며, 특정 항생제에 대한 내성이 발견될 수 있어 감수성 검사 결과에 기반한 치료가 중요하다. 도키사이클린이나 플루오로퀴놀론 계열의 항생제가 일반적으로 선호된다.

대부분의 반려 고양이에 대해 보르데텔라 브론키셉티카 감염은 경미한 것으로 간주되지만, 집단 사육 환경에서는 감염 위험이 높으므로 예방접종이 권장된다. 적절한 위생 관리, 빠른 진단 및 적시에 이루어지는 치료가 감염 확산을 줄이는 데 중요하다. 보호소와 같은 집단 환경에서는 특히 철저한 환경 소독 및 감염 동물의 격리가 필수적이다.

5) 고양이 칼리시바이러스 감염증

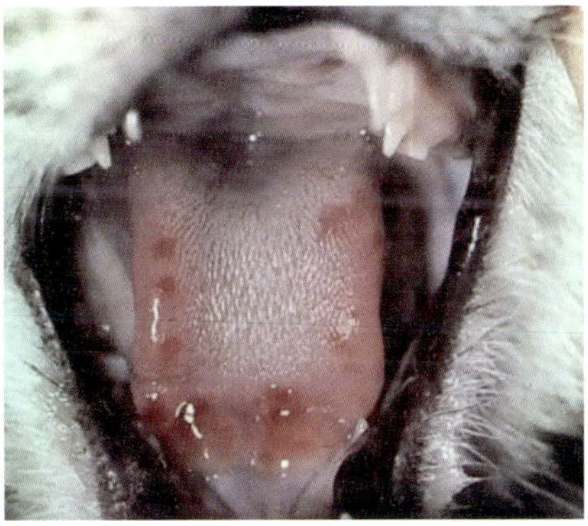

[그림 3-8] 고양이 칼리시바이러스 감염증

출처: https://www.clubvet.com.tr/en/feline-calicivirus-fcv/

고양이 칼리시바이러스 감염증(Feline Calicivirus infection)은 고양잇과(Felidae) 동물에서 발병하는 전염성 상부 호흡기 질환의 원인으로 잘 알려져 있다. 바이러스는 주로 감염된 개체와의 접촉을 통해, 혹은 오염된 타액 및 분비물을 매개로 전파된다. 고양이 칼리시바이러스는 모든 연령대의 고양이를 감염시킬 수 있으나, 주로 1년생 이하의 고양이에서 높은 감수성을 보인다. 임상증상은 두 가지 형태로 구분되며, 첫 번째로는 고전적으로 발열, 재채기, 콧물, 눈 분비물, 구강 궤양, 치은염 및 관절염을 초래한다. 두 번째 임상형은 급작스러운 폐사를 유발할 수 있으며, 발열, 피하부종, 궤양성 피부염, 식욕부진과 같은 증상과 심한 폐렴을 동반한다. 이 두 번째 유형의 치사율은 최대 50%에 달할 수 있다.

고양이 칼리시바이러스를 진단하는 방법으로는 임상증상, 바이러스 검출 및 항체 검출이 있다. 그러나 임상증상만으로 본 감염증을 확진하기는 어려운데, 이는 칼리시바이러스 감염 증상이 다른 호흡기계 감염과 유사하기 때문이다. 가장 널리 사용되는 실험실 진단법 중 하나는 타액 또는 분비물에서 칼리시바이러스 유전자를 증폭하는 역전사 중합효소 연쇄반응(RT-PCR)이다. RT-PCR 검사는 신속하고 정확한 결과를 제공한다. 두 번째 방법은 동물병원에서 직접 사용 가능한 신속 진단키트이며, 또 다른 방법은 고양이 혈액에서 칼리시바이러스에 대한 항체를 검출하는 것이다. 항체 검출은 고양이가 이전에 바이러스에 감염되었거나 예방접종을 받았음을 시사하며, 고양이의 면역 상태를 평가하는 데 주로 사용된다.

6) 고양이 헤르페스바이러스 감염증

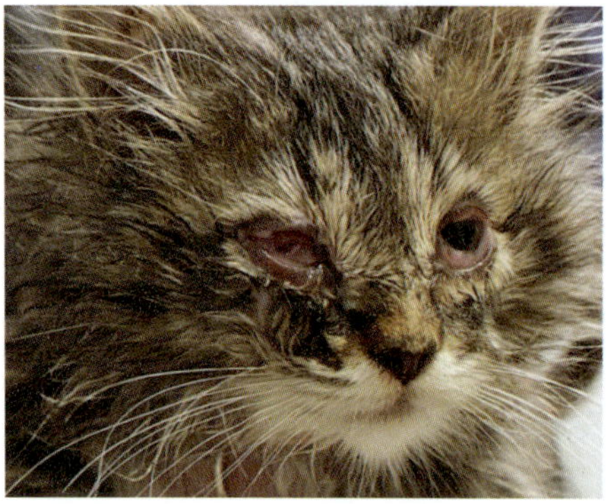

[그림 3-9] 고양이 헤르페스바이러스 감염증

출처: https://animalvisioncenterva.com/feline-herpesvirus-and-treatment/

고양이 헤르페스바이러스 감염증(Feline Herpesvirus infection, FHV-1)은 고양이에게 특이하게 발생하는 바이러스성 감염으로, 다른 종인 사람이나 개에는 전염되지 않는다. 바이러스는 전염성이 강하여 많은 새끼 고양이가 어미 고양이로부터 감염된다. 특히, 고양이가 밀집된 환경에서는 감염이 쉽게 발생하며, 보호소나 다수의 고양이를 키우는 가정에서 흔하게 관찰된다. 감염 경로는 주로 감염된 고양이의 코와 눈 분비물과의 직접 접촉이나 공용 물품을 통한 전파를 포함한다.

FHV-1 감염은 고양이의 체내에 감염된 후 사라지지 않으며, 각 개체에 따라 다양한 임상 양상을 보인다. 면역 체계가 약한 어린 고양이는 심각한 코 및 안구 염증이 관찰되며, 이는 영구적인 기형으로 발전할 위험이 있다. 감염에서 회복된 고양이도 종종 재발을 겪는다. 임상증상과 재발의 빈도는 개체의 면역 상태, 환경적 스트레스 요인 및 기타 건강 상태에 따라 크게 달라질 수 있다. 스트레스 및 환경적 과밀을 줄이는 것은 재발 방지에 중요하다.

고양이 헤르페스바이러스 감염은 주로 구강, 비강, 눈 분비물의 면봉 채취를 통한 실험실 검사를 통해 확인된다. 바이러스의 높은 유행성 때문에 모든 사례에서 검사가 필요한 것은 아니며, 이는 상부 호흡기 질환의 중요한 원인으로 간주된다.

치료의 주된 목표는 임상적 징후의 완화와 이차 감염의 예방이다. 현재 헤르페스바이러스를 완치할 수 있는 방법은 개발되지 않았지만, 항바이러스 약물과 지지적 치료를 통해 질병의 심각성을 줄일 수 있다. 필요한 경우 경구 항생제, 분무 치료, 영양 요법 등이 적용되며, 중증의 사례에서는 수술적 개입이 필요할 수 있다. 감염 재발을 줄이기 위한 스트레스 관리와 예방적 약물 투여가 권장된다.

헤르페스바이러스 예방은 일반적인 고양이 예방접종 일정에 포함되며, 주사형 및 비강형 백신이 사용된다. 백신은 임상증상을 완화시키지만, 바이러스의 재발을 완전히 방지하지는 않는다. 만성 재발성 감염이 있거나 눈과 비강에 영구적인 손상이 있는 고양이는 지속적인 안과 및 내과적 관리가 필요하다. 이 경우 항바이러스 요법이나 외과적 개입을 포함한 지속적인 치료가 중요하다.

7. 조류 호흡기 질병

조류의 호흡기는 독특한 구조와 기능이 있으며, 이들은 비행에 필요한 높은 대사율을 지원하고, 효율적인 산소 교환을 가능하게 한다. 조류는 비강(nasal cavity)과 부비동(sinuses)을 통해 공기를 흡입한다. 비강은 공기를 따뜻하게 하고 습기를 더해 주며, 이로 인해 폐로 들어가는 공기의 온도와 습도가 조절된다. 부비동은 가벼운 두개골 구조를 형성하는 데 도움을 주며, 공기 흐름을 조절하여 효율적인 호흡을 돕는다.

조류의 기관(trachea)은 두꺼운 연골 링으로 이루어져 있으며, 부드럽고 유연한 구조를 가지고 있어 공기를 효과적으로 전달한다. 기관은 두 개의 주요 기관지로 나뉘며, 각각의 기관지는 폐로 향한다. 조류의 폐는 포유류와는 다르게 고정되어 있으며, 상대적으로 작은 크기를 가지고 있다. 조류의 폐는 기체 교환을 위한 매우 효율적인 구조를 갖고 있다.

- 폐포(Parabronchi) : 조류의 폐는 다수의 세관(폐포)으로 나누어져 있으며, 이들은 공기가 일방향으로 흐르도록 설계되어 있다. 이러한 구조는 그들의 폐가 더욱 효율적으로 산소를 흡수하고 이산화탄소를 배출할 수 있도록 한다.

- 일방향 흐름: 조류는 공기를 흡입할 때 폐를 통과하는 공기가 일방향으로 흐르며, 이는 호흡 효율을 높인다. 이로 인해 새로운 공기가 항상 신선하게 보충되고, 더 많은 산소가 교환된다.
- 횡격막의 부재: 조류는 횡격막이 없어 호흡을 위해 흉벽을 확장할 수 있어야 하며, 보정할 때 가슴의 움직임을 방해하지 않도록 주의해야 한다.
- 기낭(air sacs): 기낭은 폐와 연결된다. 이 기낭은 공기가 수집되는 공간으로, 폐와 기낭 간에 신선한 공기를 지속적으로 흡입하고 배출할 수 있도록 도움을 준다. 기낭은 한 번의 호흡 주기로 더 많은 산소를 취할 수 있게 하며, 비행 시 높은 대사율을 지원하는 데 중요한 역할을 한다.

조류의 호흡기는 높은 대사율을 필요로 하는 비행 활동에 최적화되어 있다. 그들의 호흡 과정은 매우 효율적이며, 고도가 높은 곳에서도 충분한 산소를 흡수할 수 있게 돕는다. 이러한 특성 덕분에 조류는 비행 중에 필요한 높은 에너지를 얻을 수 있다.

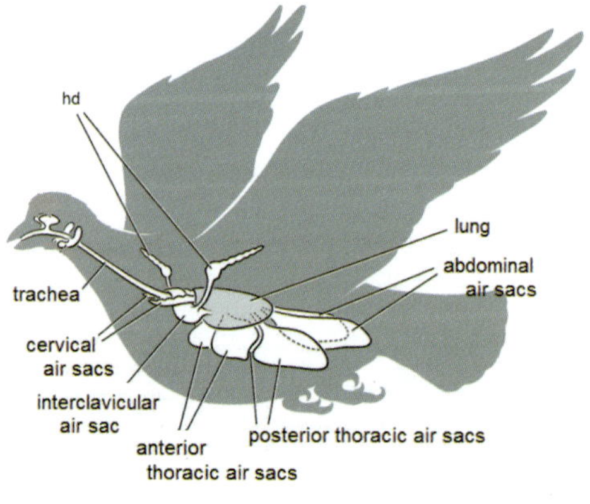

[그림 3-10] 조류의 호흡기

출처: https://avesbiology.com/birdrespiration.html

1) 기낭염

조류의 기낭염은 조류의 기낭(air sacs)에 염증이 발생하는 질환으로, 주로 감염이나 다른 질병의 합병증으로 나타난다. 기낭은 조류의 호흡기 시스템의 일부로, 공기를 저장하고 호흡 효율성을 높이는 역할을 한다. 기낭염은 여러 가지 원인으로 발생할 수 있으며, 이에 대한 이해가 조류 건강 관리에 중요하다. 원인은 세균, 바이러스, 곰팡이 같은 병원체가 기낭에 감염될 수 있으며, 이는 기낭염을 유발할 수 있다. 특히, 병원성 세균(예: *E. coli*)이나 호흡기 바이러스(예: 인플루엔자 바이러스)가 기낭에 영향을 줄 수 있다. 상부 호흡기의 염증이나 감염(예: 기관지염)이 기낭에 영향을 미쳐 기낭염으로 발전할 수 있다. 불결한 사육 환경, 높은 스트레스 수준, 영양 부족 등은 기낭염의 발병 위험을 높인다.

주요증상은 호흡곤란, 기침과 재채기, 불안정한 자세, 식욕감퇴, 무기력 등이 있다. 기낭염으로 인해 공기 흐름이 방해받아 호흡이 어려워질 수 있다. 조류는 간헐적으로 기침을 하거나 경련을 보일 수 있다. 진단은 신체검사, 영상검사, 혈액검사 등이 있으며, 치료는 항생제, 수분과 영양보충, 스트레스 완화 등이 있다.

8. 파충류 호흡기 질병

파충류의 호흡은 그들의 생리적 요구에 맞춰 특별히 적응된 구조와 기능을 가지고 있다. 파충류의 폐는 상대적으로 단순한 구조로, 폐포가 없고 기체 교환의 표면적이 제한적이다. 폐는 호흡기계의 대부분을 차지하나 기체 교환 효율은 포유류에 비해 낮다. 갈비뼈와 복부 근육의 움직임을 통해 흉부 내 압력을 변화시켜 공기를 흡입하고 배출하는 방식이다. 기관지와 폐 내에 공기를 지속적으로 흐르게 하여 효율적인 호흡을 지원한다. 특히, 포유류와 달리 파충류는 혐기성 대사를 통해 기능을 할 수 있다. 이는 호흡기 질환이 많이 진행될 때까지 이를 보완할 수 있게 도와준다. 파충류의 호흡 주기는 일반적으로 이완과 수축의 반복을 통해 이루어지며, 필요에 따라 호흡 빈도가 조절된다. 파충류는 외온동물(냉혈동물)로서 주위 환경의 온도에 따라 신진대사가 영향을 받는다. 온도가 높아짐에 따라 산소 요구량도 증가하는데, 이는 환자가 호흡이 아닌 일회

호흡량을 증가시킴으로써 충족된다. 그러므로 산소가 많은 공간에서 아픈 동물의 환기를 억제시킬 수 있으니 주의해야 한다. 이들은 체온 조절을 위해 햇빛을 받거나 그늘로 이동하는 등의 행동을 한다. 기체 교환은 주로 폐에서 이루어지며, 산소 흡수와 이산화탄소 배출이 이루어진다. 기체 교환의 효율은 포유류와 비교할 때 상대적으로 낮지만, 파충류는 이러한 구조에 적응하여 생존하고 있다. 파충류는 일반적으로 느린 호흡 속도를 가지며, 활동량이나 체온에 따라 호흡 속도가 변화할 수 있다. 이러한 호흡 특징은 파충류가 다양한 서식 환경에서 효과적으로 생존할 수 있도록 돕는 중요한 요소이다.

1) 이구아나의 폐렴

많은 그람 음성균이 파충류에서 폐렴을 일으키는 것으로 확인되었으며, 질병은 일차성이거나 구강 내 또는 신체 다른 곳에서 세균성 질환이 침입될 수 있다. 체계적인 항생제 사용은 배양검사와 항생제 감수성 검사 결과에 기초해야 한다. 이구아나의 바이러스성 폐렴은 흔하지 않으며, 발견 시 진균성 폐렴에 준하여 치료할 수 있다. 진균성 폐렴은 환경이 비위생적일 때 발생하며, 진균성 육아종이 확인될 경우 외과적 수술로 절제하여 질병의 확산을 방지할 수 있다.

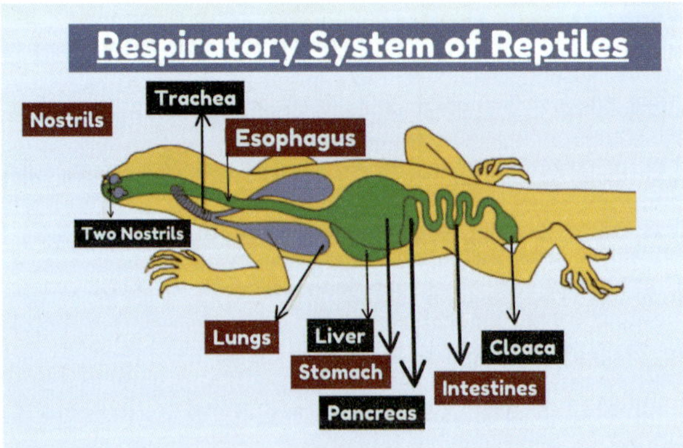

[그림 3-11] 파충류의 호흡기

출처: https://eduinput.com/respiratory-system-of-reptiles/

chapter 04

피부 질환

Diseases of Animals

1. 개요

피부는 동물의 가장 큰 장기이다. 피부는 동물의 신체와 환경 사이의 장벽을 형성하고 물리적 · 화학적 · 미생물에 의한 손상으로부터 동물을 보호하며, 통증, 고열, 냉감, 촉각, 압력 등을 느낄 수 있도록 한다. 피부는 전해질, 물, 단백질, 탄수화물, 지방의 저장고이며, 햇볕을 통한 비타민 D 활성화를 돕는다. 피하는 에너지 저장을 위해 지방을 저장하고 있다. 피부의 기능은 다음과 같다.

- 신체장벽: 신체 내부의 수분 및 전해질 손실을 막아 준다. 화상으로 인한 피부 손상 시 수분과 전해질 불균형을 야기시킬 수 있다.
- 환경으로부터 보호: 물리 · 화학적 자극, 외부 기생충, 충격으로부터 개체를 보호한다.

- 체온 조절: 대부분의 동물은 털이 있으며, 피하 혈액순환을 조절하여 체온을 유지한다.
- 혈압 조절: 피부 내 말초 혈관은 동물의 혈압을 조절한다.
- 분비: 아포크린샘 및 지방샘이 있다. 물새류의 경우 유막을 형성하여 털에 윤기가 나도록 도와준다
- 부속기관: 털, 발굽, 표피각질층이 있다.
- 색소: 피부 내 과정으로 인해 털과 피부색을 결정하는 데 도움을 주며, 자외선으로부터 피부를 보호한다.
- 비타민 D 생산: 피부는 햇볕으로부터 비타민 D를 생성하는 데 필수적이며, 이는 정상 칼슘 흡수에도 필수적이다. 햇볕의 노출량이 제한될 경우 골형성 장애, 산란율 저하 등이 발생할 수 있다.

2. 피부의 해부학적 구조

피부의 구분은 가장 크게 겉표면으로부터 표피, 진피, 피하지방층으로 나뉜다.

- 표피(Epidermis): 피부의 가장 외곽에 위치하며, 다섯 개의 세포층으로 구성된다. 각 층은 고유의 역할을 통해 피부의 보호 및 재생을 지원한다.
  - 각질층(Stratum Corneum): 완전히 각질화된 세포들로 이루어져 물리적 · 화학적 손상에 대한 방어막을 구성한다.
  - 투명층(Stratum Lucidum): 발바닥 같은 두꺼운 피부에 위치하며, 추가적인 보호층을 형성한다.
  - 과립층(Stratum Granulosum): 각질유리질 과립을 포함하여, 각질화 과정을 준비하고 세포를 평평하고 단단하게 만든다.
  - 유극층(Stratum Spinosum): 복수의 세포층으로 구성되며, 세포 간 결합을 통해 표피의 견고성을 유지한다. 랑게르한스 세포는 면역 반응을 조

절하는 중요한 역할을 담당한다.

- 기저층(Stratum Basale): 가장 깊은 층으로, 지속적으로 각질형성세포를 생성하며, 피부 재생을 담당한다. 멜라닌형성세포는 멜라닌 색소를 생산하여 자외선으로부터 신체를 보호한다.

• 진피(Dermis): 표피 아래 위치하며, 피부에 강도와 탄력을 부여하며, 탄력성을 제공하여 피부의 신축성을 유지한다.

- 모낭과 피지선, 땀샘: 피지와 땀의 분비를 통해 피부의 보호와 체온 조절에 기여한다.
- 혈관과 림프관은 영양 공급 및 노폐물 제거 기능을 수행한다.

• 피하조직(Subcutaneous Layer): 피부의 가장 하부에 위치한다. 에너지 저장을 담당하며, 외부 충격에 대한 완충 역할을 수행한다. 느슨한 결합 조직은 신체 외형의 유지와 물리적 충격 흡수에 기여한다.

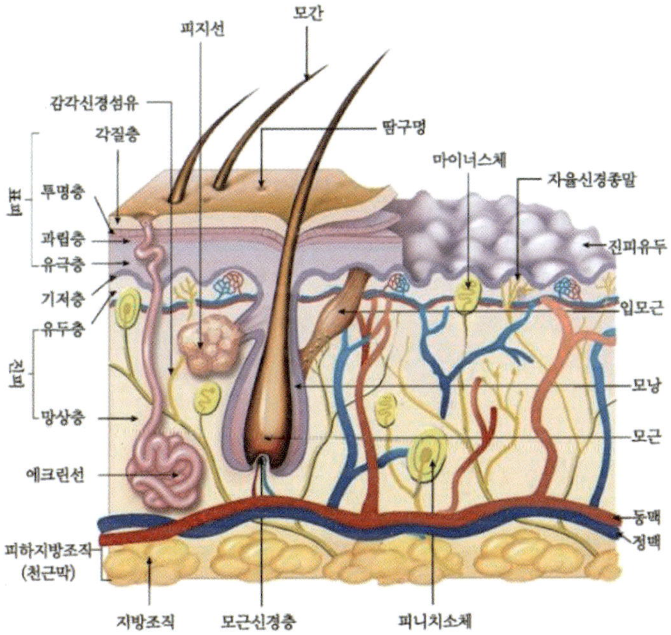

[그림 4-1] 피부의 해부학적 구조

출처: https://blog.naver.com/ldj1975/220304953892

3. 피부질환

1) 기생충성 피부질환

(1) 귀진드기(*Otodectes cynotis*) 감염

귀진드기는 개와 고양이에서 발생하는 일반적인 외부기생충이다. 특히 외이도에 기생하여 염증과 자극을 유발하는 작은 절지동물이다. 이 기생충은 공통으로 어린 동물에게서 흔히 발견되며, 다른 동물과의 직접 접촉을 통해 빠르게 전파된다.

귀진드기 감염의 주요 임상증상은 심한 귀 가려움증(Pruritus)과 불안정한 행동(예: 머리 흔들기, 귀 긁기 등)이다. 감염된 귀는 흔히 어두운 갈색 또는 검은색의 귀지가 쌓이며, 이는 커피 가루와 유사한 외관을 나타낸다. 심한 경우, 귀의 홍반, 부종 및 이차적인 세균성 또는 곰팡이성 감염으로 이어질 수 있으며, 이로 인해 외이도가 더 심하게 손상될 수 있다.

진단은 주로 임상증상과 귀의 삼출물 시료를 현미경으로 관찰하여 이루어진다. 현미경 검사에서 진드기의 성충이나 유충이 발견됨으로써 확진할 수 있으며, 내시경 검사를 통해 외이도를 더욱 정밀하게 관찰할 수 있다.

치료는 완전한 진드기 제거를 목표로 하며, 다음과 같은 방법을 포함한다. 국소 처치로는 귀에 직접 투여하는 항진드기제를 사용하며, 일반적으로 피프로닐, 이버멕틴, 살라멕틴 등의 약물이 효과적이다. 이러한 국소치료와 더불어, 현저한 염증이나 이차 감염이 있는 경우 전신적인 항생제 또는 항염증제가 추가로 필요할 수도 있다. 치료는 보통 매일 또는 매주 반복하여 적용하며, 최소 3주간 지속하는 것이 일반적이다.

귀진드기 감염의 관리에 있어 보호자는 여러 동물이 함께 있는 환경에서는 모든 동물에 대해 예방적 처치를 해야 함을 이해해야 한다. 지속적인 모니터링과 치료가 필요하며, 주기적인 귀 청소를 통해 감염을 예방할 수 있음을 강조한다. 보호자에게는 치료제를 정확히 적용하는 방법 및 주의해야 할 부작용을 상세히 설명하여 가정에서의 적절한 관리를 유도한다. 감염의 재발을 방지하기 위해 수의사의 지침에 따라 모든 치료 과정을 충분히 이행하는 것이 중요하다.

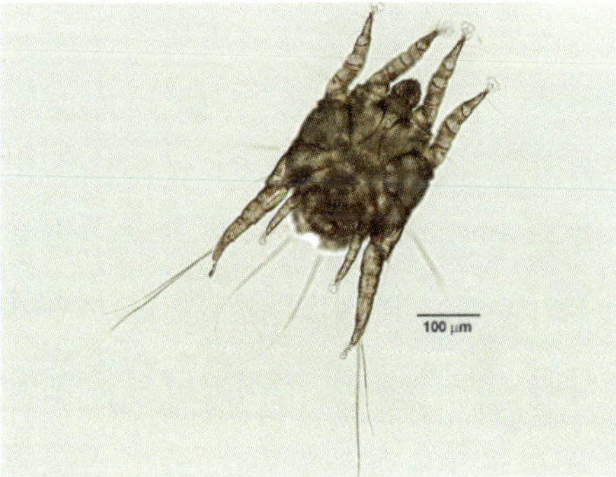

[그림 4-2] 귀진드기(*Otodectes cynotis*) 성충

출처: https://wcvm.usask.ca/learnaboutparasites/parasites/otodectes-cynotis.php

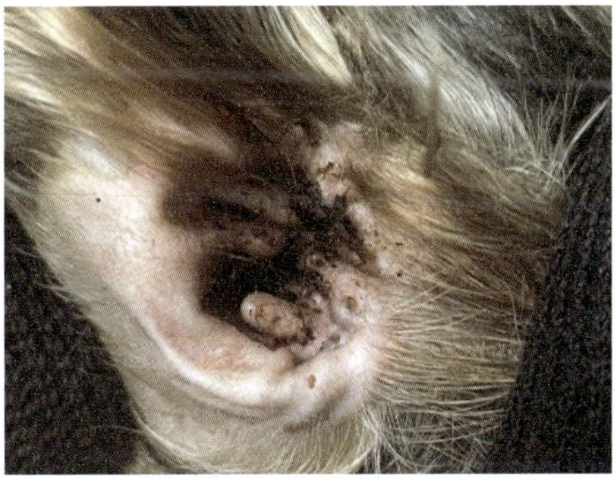

[그림 4-3] 귀진드기 감염증

출처: https://vethelpdirect.com/ask-a-vet/topic/are-these-ear-mites-in-my-dogs-ear/

(2) 벼룩(*Ctenocephalides* spp.) 감염

벼룩은 주로 개와 고양이를 숙주로 삼는 외부기생충으로, 약 2~3mm 크기의 작은 흡혈 곤충이다. 이 기생충은 피부에 접촉하여 혈액을 섭취하면서 가려움증과 다양한 피부 질환을 유발하며, 알레르기 반응을 일으킬 수 있다. 또한 벼룩은 여러 전염성 질환과 기생충(예: 개조충)의 매개체 역할을 한다.

주요 임상증상으로는 가려움증(Pruritus)이 있으며, 이는 동물이 지속적으로 긁거나 물어뜯게 할 수 있다. 감염 부위는 일반적으로 꼬리 기저부, 배, 사타구니, 허벅지 부위로, 탈모, 발적, 딱지 형성을 보이기도 한다. 또한 벼룩 침에 대한 알레르기성 피부염이 발생할 경우 더 심한 가려움증과 염증반응이 나타난다.

진단은 주로 신체검사와 환경 관찰에 기초하며, 벼룩 항원이 포함된 소량의 검은색 점(벼룩 배설물)이 피부나 털 사이에서 발견될 수 있다. 이러한 점을 물로 닦아 보면 붉은색으로 변화하여 혈액 흔적임을 확인할 수 있다. 특정한 경우, 벼룩 알레르기 반응의 근본 원인을 조사하기 위해 피부 검사나 알레르기 테스트가 필요하다.

치료는 벼룩 근절 및 재감염을 방지하는 데 중점을 둔다. 국소용 또는 구강용 벼룩 예방약이 권장되며, 일반적으로 피프로닐, 이미다클로프리드, 살라멕틴, 스피노사드와 같은 제품이 사용된다. 이 약물들은 벼룩의 성장 주기를 차단하거나 성충을 죽이는 작용을 한다. 주기적인 집 청소와 동물의 침구 교체 또는 세척을 통해 벼룩의 알과 유충을 제거하는 것이 중요하다. 보호자는 벼룩 감염의 예방과 관리를 위해 꾸준한 모니터링과 지속적인 예방 조치가 필요함을 이해해야 한다. 벼룩의 번식력을 고려하여 모든 반려동물에게 동시에 예방약을 사용하는 것이 중요하다. 또한 벼룩이 서식하기 쉬운 주변 환경 청소와 보호자의 집 관리가 포함되며, 수의사의 지시에 따라 제품 사용법을 정확히 준수해야 한다. 벼룩 예방과 치료 경험을 종합하여 장기적이고 체계적인 관리가 이루어질 수 있도록 한다.

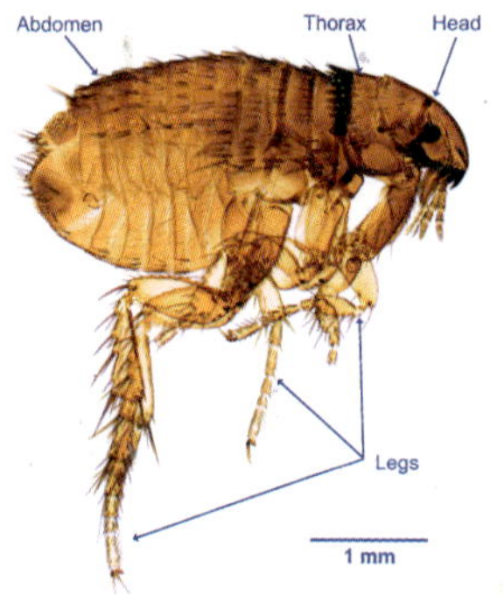

[그림 4-4] 벼룩(*Ctenocephalides* spp.) 성충

출처: https://wcvm.usask.ca/learnaboutparasites/parasites/ctenocephalides.php

[그림 4-5] 벼룩 감염증

출처: https://wcvm.usask.ca/learnaboutparasites/parasites/ctenocephalides.php>

(3) 진드기(*Rhipicephalus* spp.) 감염

진드기는 다양한 종의 동물에 기생하는 외부기생충이다. 특히 개와 고양이에서 흔히 발견된다. 진드기는 혈액을 흡수하여 영양을 얻으며, 이 과정에서 숙주에게 여러 가지 건강 문제를 유발할 수 있는 크기가 작은 절지동물이다. 일부는

라임병, 에를리히아증, 바베시아증 같은 심각한 질병을 매개하기도 한다.

진드기에 감염된 동물은 일반적으로 가려움증, 염증, 발적을 나타낸다. 진드기의 물림 자국 주변에 작은 결절이나 홍반이 생길 수 있으며, 이차적인 세균 감염이 발생할 수도 있다. 감염된 경우, 특히 라임병 등 진드기 매개 질환을 앓고 있는 동물은 열, 무기력, 관절통 등의 전신 증상을 보일 수 있다.

진단은 육안검사를 통해 이루어지며, 동물의 털과 피부를 꼼꼼히 관찰하여 진드기 성체나 붙어 있는 흡혈 진드기를 확인한다. 진드기 매개 질환이 의심되는 경우, 혈액검사를 통해 추가적인 진단을 실시할 수 있으며, 이는 특정 병원체에 대한 항체 존재를 확인할 수 있게 한다.

진드기 감염의 치료는 물리적인 제거와 동시에 진드기 예방 약물을 사용하는 것이 기본이다. 진드기를 안전하게 제거하기 위해서는 핀셋 등을 이용하여 진드기를 피부에서 직접적으로 떼어 내어야 하며, 이 과정에서 피부 손상이 없도록 주의해야 한다. 약물 치료로는 피프로닐, 페르메트린, 살라멕틴 등과 같은 국소용 또는 경구용 진드기 예방제를 사용하여 장기적으로 진드기 감염을 억제한다.

반려동물의 진드기 예방을 위한 꾸준한 관리가 필요하며, 특히 봄과 여름철 야외활동 이후에는 반려동물을 정기적으로 검진할 것을 보호자에게 권장한다.

[그림 4-6] 진드기(*Rhipicephalus* spp.) 성충

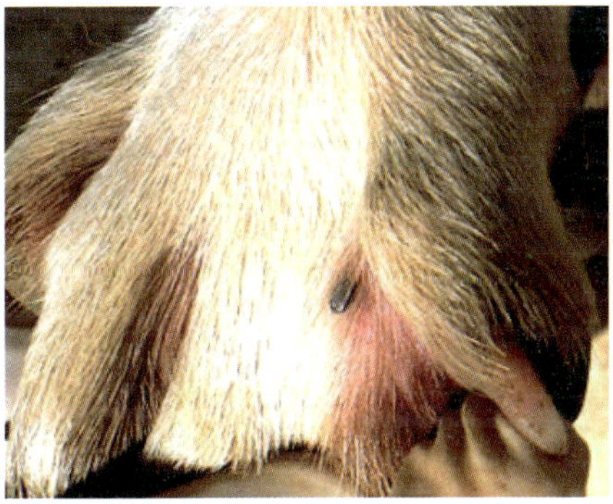

[그림 4-7] 진드기 감염증

출처: Dantas-Torres F. Biology and ecology of the brown dog tick, Rhipicephalus sanguineus. Parasit Vectors. 2010 Apr 8;3:26. doi: 10.1186/1756-3305-3-26. PMID: 20377860; PMCID: PMC2857863

진드기 제거 시 올바른 방법을 사용하여 피부 손상을 피하도록 하며, 정기적인 예방약 사용을 통해 추가 감염을 방지해야 한다. 또한 진드기 서식지인 잡초가 우거진 지역을 피하고, 환경을 깨끗하게 유지하여 진드기 발생을 줄이는 것이 중요하다. 진드기와 매개 질병의 위험성을 잘 인지하고, 필요한 경우 수의사의 조언을 받아 피해를 최소화할 수 있도록 한다.

(4) 옴진드기(*Sarcoptes scabiei var. canis*) 감염

옴진드기는 개와 같은 동물에 기생하는 외부기생충이다. 이 진드기는 각질층에 터널을 파고 들어가 알을 낳으며, 이로 인해 숙주에게 심각한 가려움증과 피부 자극을 초래한다. 옴진드기는 전염성이 매우 높아 동물 간 쉽게 전파된다.

주요 증상은 극심한 가려움증으로, 동물은 지속적으로 몸을 긁거나 문지르는 행동을 보이며, 이로 인한 2차적 피부 손상이 자주 발생한다. 피부 병변은 붉고 두꺼워진 피부(태선화), 탈모, 딱지가 동반될 수 있으며, 주로 귀 끝, 팔꿈치, 복부, 사지 부위에서 관찰된다. 중증 감염 시 동물은 피로, 불안, 체중감소 등의 전신적인 건강 악화를 겪을 수 있다.

옴진드기 감염은 주로 임상증상과 피부 긁어내기(scraping)를 통해 진단된다. 심부 긁어내기 검사로 진드기나 그 알을 현미경으로 직접 확인하여 확진할 수 있다. 병력과 임상증상이 전형적인 경우에도 진드기가 발견되지 않을 수 있으므로 임상적 확증을 통해 진단을 보조한다.

치료는 옴진드기를 효과적으로 제거하고 가려움증을 완화하는 것이다. 살충제를 포함한 목욕제나 스프레이를 사용하여 진드기를 제거할 수 있으며, 이버멕틴 또는 셀라멕틴과 같은 약물을 경구 또는 국소 적용하여 옴진드기를 죽이는 치료법이 효과적이다. 치료는 대부분 수 주간 반복해서 적용되며, 심한 가려움증 완화를 위해 항염증제가 추가될 수 있다.

보호자는 옴진드기가 매우 전염성이 높다는 사실을 인지하고, 감염 동물을 다른 동물과 분리해야 한다. 또한 옴진드기는 사람에게도 접촉성 피부염을 일으킬 수 있으므로, 감염된 동물과의 접촉 후에는 개인위생 관리가 중요하다. 모든 동물에게 예방적 치료를 시행하여 재감염을 막아야 하며, 치료 기간 동안 환경을 정기적으로 청소하여 진드기 잔여물을 제거하는 것도 필수적이다. 또한 반려동물의 전반적인 건강 상태를 수의사와 정기적으로 논의하여 최적의 건강 상태를 유지할 수 있도록 조치를 취해야 한다.

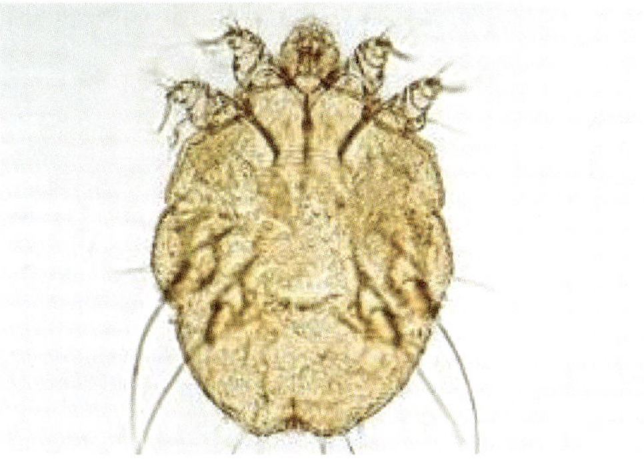

[그림 4-8] 옴진드기(*Ctenocephalides* spp.) 성충

출처: https://blogs.biomedcentral.com/bugbitten/tag/sarcoptic-mite/

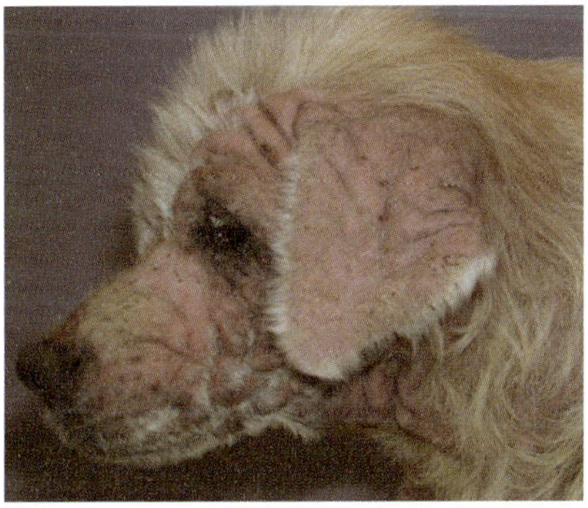

[그림 4-9] 옴진드기 감염증

출처: https://www.monvt.eu/skin-pathologies/parasitic-skin-conditions/sarcoptic-mange-sarcoptes-scabiei-dog/

(5) 쇠파리유충증(Cuterebriasis)

쇠파리유충증은 주로 *Cuterebra* 속의 기생성 파리 애벌레가 동물의 피부에 기생하여 발생하는 감염증이다. 쇠파리유충은 주로 설치류와 토끼와 같은 소형 포유류의 피부에 서식하지만, 개와 고양이를 포함한 다른 동물에게도 감염될 수 있다.

주요 증상은 피부에 형성된 작은 결절이나 덩어리이며, 이는 피하에 있는 유충으로 인해 발생한다. 이러한 병변은 일반적으로 머리, 목, 몸통 부위에 발생할 수 있으며, 병변 중앙에는 호흡 구멍이 있을 수 있다. 감염 부위는 염증반응으로 인해 통증, 발적, 부종이 나타날 수 있으며, 드물게 유충의 이동으로 인한 신경학적 증상이 발생할 수도 있다.

쇠파리유충증은 주로 임상증상과 병변의 특징적인 외양검사로 진단된다. 병변을 육안으로 관찰하거나 촉진하여 유충의 존재를 확인할 수 있다. 추가 진단을 위해 병변의 세포학적 검사나 조직 검사가 필요할 수도 있다.

치료는 주로 외과적인 수술을 통해 유충을 제거하는 것으로 이루어진다. 유충 제거는 감염 부위를 조심스럽게 절개하여 이루어지며, 유충이 터지지 않도록 주의해야 한다. 유충이 파열되면 숙주에게 알레르기 반응을 일으킬 수 있으므로 적절한 기구를 이용하여 완벽히 제거하는 것이 중요하다. 또한 염증과 이차 감염을 예방하기 위한 항생제 처치가 필요할 수 있으며, 상처 관리와 회복을 위한 후속 조치가 이어진다.

보호자는 쇠파리유충의 감염을 예방하기 위해 반려동물의 생활 환경을 청결히 유지하고, 특히 설치류가 많은 지역에서의 노출을 최소화해야 한다. 쇠파리의 계절적 활동 동안(주로 더운 계절) 외출 후 동물의 피부를 정기적으로 검사하여 유충 침입 여부를 확인하는 것이 중요하다. 만약 유충 감염이 의심될 경우 즉시 수의사의 진단과 치료를 받아야 한다. 꾸준한 예방관리를 통해 동물의 건강을 지키는 데 주력해야 한다.

[그림 4-10] 쇠파리유충(Cuterebriasis)

출처: https://avmajournals.avma.org/view/journals/javma/251/12/javma.251.12.1432.xml

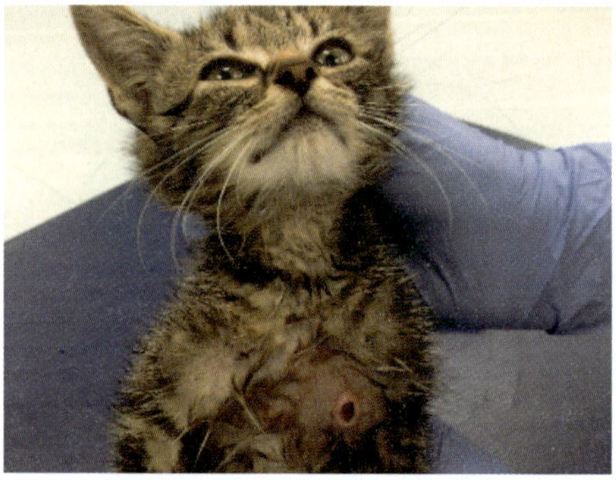

[그림 4-11] 쇠파리유충증

출처: https://avmajournals.avma.org/view/journals/javma/251/12/javma.251.12.1432.xml

(6) 모낭충증(Demodicosis)

모낭충증은 *Demodex* 속의 진드기가 개나 고양이의 모낭과 피지샘에 기생하여 발생하는 피부 질환이다. 대부분의 경우 모낭충은 소량의 개체군으로 정상적인 피부의 일부로 존재하나, 면역 기능이 저하된 경우 과증식하여 임상적인 문제를 일으킬 수 있다.

모낭충증은 주로 홍반, 탈모, 비듬을 특징으로 하며, 이러한 증상은 얼굴 중 눈 주위와 입 주위, 앞다리에 집중된다. 이 질환은 국소적으로 발생할 수 있으며, 경우에 따라 전신으로 확산될 수 있다. 심한 경우 2차 세균 감염으로 인한 농포와 궤양이 형성될 수 있다. 성견에서 발생하는 모낭충증은 면역 체계의 근본적인 이상을 나타낼 수 있으므로 추가적인 건강 평가가 필요하다.

모낭충증의 진단은 주로 심부 피부 긁어내기(scraping) 검사로 이루어지며, 현미경으로 모낭충의 존재를 확인할 수 있다. 드물게는 생검이나 트리코그램을 통해 더 확실한 진단이 필요할 수 있다. 전체적인 건강 상태와 면역 기능 평가도 병행하여 임상 진단에 포함된다.

국소적인 모낭충증은 일반적으로 자연 치유되기도 하며, 치료가 필요하지 않을 수 있다. 전신성 모낭충증의 경우, 일반적으로 이버멕틴, 밀베마이신 옥심, 셀라멕틴과 같은 항진드기 약물이 효과적이며, 반드시 치료 용량과 기간을 충분히 유지해야 한다. 심한 경우에는 항생제 사용과 같은 2차적 치료가 필요할 수 있다. 최근에는 아이소사졸린 계열의 경구 약물이 장기 치료에 사용된다.

보호자에게 모낭충증이 면역 체계와 관련되며, 전신성 모낭충증은 장기적이고 체계적인 관리가 필요할 수 있음을 인식시켜야 한다. 주기적인 수의사 방문을 통해 동물의 상태를 모니터링하고, 필요한 경우 적절한 치료를 시행해야 한다. 또 다른 반려동물로의 전염은 드물지만, 면역이 약한 동물의 경우 추가적인 보호 조치가 필요할 수 있다. 지속적인 건강 관리와 기생충 예방 방책을 통해 모낭충 과증식의 가능성을 줄이는 것이 중요하다.

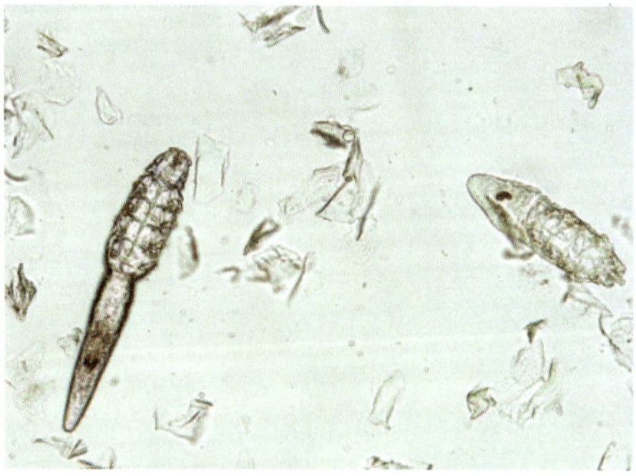

[그림 4-12] 모낭충(Demodex canis)

출처 : Diagnosis and treatment of demodicosis in dogs and catsClinical Consensus Guidelines of the World Association for VeterinaryDermatology

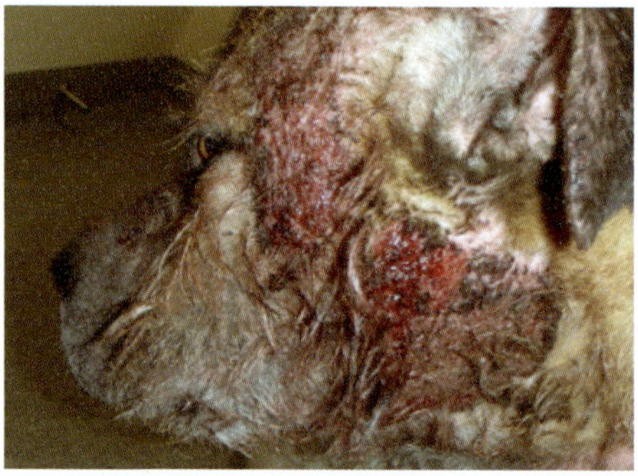

[그림 4-13] 모낭충증

출처 : Diagnosis and treatment of demodicosis in dogs and catsClinical Consensus Guidelines of the World Association for VeterinaryDermatology

2) 곰팡이성 피부질환

(1) 피부진균증(Dermatophytosis)

피부진균증은 미세먼지 또는 진균류에 의해 유발되는 표재성 피부 감염으로, 주로 *Microsporum*과 *Trichophyton* 속의 진균에 의해 발생한다. 이 질환은 일반적으로 고온 다습한 환경에서 더 자주 발생하며, 개와 고양이 모두에게 감염될 수 있다. 또한 사람에게도 전염될 수 있는 인수공통감염병이다.

임상증상은 동물의 털과 피부에 나타나며, 주로 탈모, 원형의 비늘 모양 병변, 홍반을 포함한다. 이러한 병변은 일반적으로 얼굴, 귀, 발, 꼬리 등에서 발견되며, 심한 경우 궤양이나 농포가 형성될 수 있다. 감염 부위는 가벼운 가려움증을 동반할 수 있으며, 감염이 확산되면 더 넓은 부위로 진전될 수 있다.

피부진균증은 주로 임상증상과 병변의 외양을 통해 예측되지만, 확실한 진단을 위해 다음과 같은 방법이 사용된다.

- 우드등 검사: 일부 *Microsporum canis* 감염은 특유의 형광을 나타내기 때문에 초기 진단에 유용하다.
- 곰팡이 배양: 병변 부위에서 채취한 샘플을 배양하여 진균을 확인하는 방

법으로, 정확한 진단에 필수적이다.

- 모발과 피부의 현미경 검사: 진균의 존재를 직접 확인할 수 있다.

피부진균증의 치료는 국소 치료와 전신 치료를 병행하여 진행된다. 국소 치료로는 항진균성 샴푸나 크림을 사용하여 감염 부위를 처리하며, 전신 치료로는 이트라코나졸, 플루코나졸 또는 그리세오풀빈과 같은 항진균제를 경구 투여한다. 치료는 감염이 완전히 소멸되었음을 확인하기 위해 최소한 4주 이상 지속되어야 한다. 모든 반려동물이 같은 치료를 받아야 하며, 환경 소독 또한 병행되어야 한다.

3) 세균성 피부질환

(1) 농피증(Pyoderma)

농피증은 세균성 피부 감염으로, 원인균에 의해 발생하는 염증성 피부 질환이다. 농피증은 개에서 흔히 발생하지만, 고양이에게도 나타날 수 있다. 이 질환은 표재성 농피증(Superficial Pyoderma)과 심부 농피증(Deep Pyoderma)으로 구분되며, 개에서 발생하는 가장 일반적인 피부 질환 중 하나이다.

농피증의 주요 임상증상은 피부 자극으로 인해 동물이 자주 긁거나 핥는 행동 등 가려움 증상을 보이며, 농포, 구진, 딱지, 탈모 및 홍반 등이 발생하며, 표재성 농피증에서는 일반적으로 심한 염증이나 통증이 동반되지 않는 경우가 많다. 하지만 심부 농피증에서는 열성 병변이 형성될 수 있으며, 전신적인 증상(예: 발열, 무기력)과 함께 나타나기도 한다. 아울러 이차적인 세균 감염 또는 곰팡이 감염이 동반될 수 있으며, 이는 치료를 복잡하게 만든다.

진단은 주로 임상평가와 병력을 기반으로 수행되며, 세균 배양 및 감수성 검사, 피부 긁기 및 반응 검사를 실시한다.

치료는 발병 원인(1차 또는 2차 감염)에 따라 다르지만, 일반적으로 항생제 연고나 샴푸를 사용하여 병변 부위를 국소 치료한다. 세균 감염이 확인된 경우, 세팔렉신, 클라불란산과 아목시실린, 엔로플록사신 등의 전신 항생제를 경구 투여하거나, 항히스타민제나 코르티코스테로이드를 사용하여 동물의 가려움증을 줄인다. 면역 억제제나 호르몬 요법 등의 다른 피부 질환이 원인일 경우, 해당 질환을 감별하고 적절히 치료해야 한다.

보호자는 농피증이 만성적이며 재발하는 경향이 있음을 인식해야 하며, 치료 과정 동안 세심한 관찰과 관리가 필요하다. 모든 반려동물에 대한 정기적인 피부 검진과 예방 조치가 중요하며, 동물의 생활 환경을 청결하게 유지하여 감염의 재발을 방지하는 것이 필수적이다. 치료 중에는 수의사의 지침을 철저히 따르도록 교육하며, 동물이 발병 부위를 핥거나 문지르는 것을 방지하기 위해 엘리자베스 칼라 사용을 권장한다.

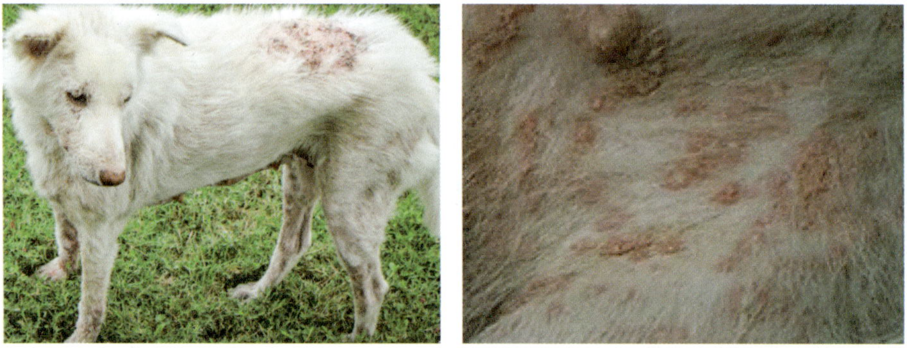

[그림 4-14] 농피증

출처: (좌) https://www.pawlicy.com/blog/pyoderma-in-dogs/
(우) https://puainta.com/blogs/care-healthy-living/pyoderma-in-dogs-home-treatment

4) 종양성 피부질환

(1) 양성 피부 종양(Benign Skin Tumors)

양성 종양은 주변 조직으로 침습하지 않으며, 신체의 다른 부위로 전이하지 않는다. 이들은 성장 속도가 느리고, 일반적으로 건강에 심각한 위협이 되지 않지만, 주위 조직을 압박하여 문제를 일으킬 수 있다. 대표적인 예로 조직구종(Histiocytoma), 지방종(Lipoma), 유두종(Papilloma) 등이 있다.

① 조직구종(Histiocytoma)

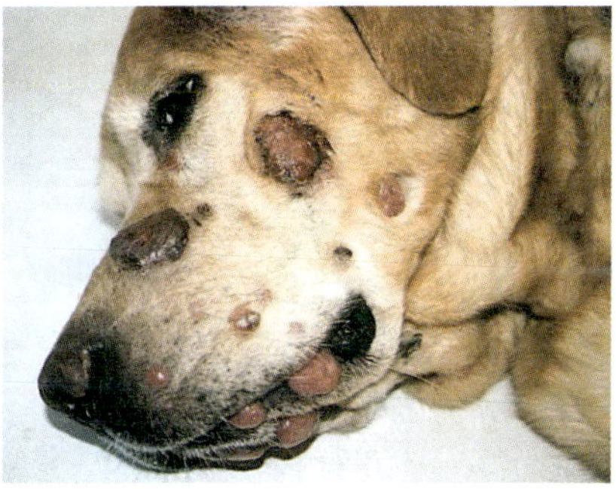

[그림 4-15] 조직구종

출처 : https://puainta.com/blogs/care-healthy-living/histiocytoma-in-dogs

일반적으로 젊은 개에서 발견되는 피부 종양으로, 주로 귀, 얼굴, 다리, 복부에 나타나는 단단하고 둥글며, 부드러운 결절 형태를 보인다. 피부 표면이 궤양화되고, 빨갛거나 분홍색을 띠며, 일부 가려움증을 동반할 수 있다. 종양은 종종 빠르게 성장하지만, 자연스럽게 퇴화하거나 소실되는 경우도 있다. 진단을 위해 종양의 외형, 위치 및 병력 평가를 통해 초기 진단을 시도하고, 확진을 위해 병리학적 분석을 수행한다. 세침 흡인 검사(Fine Needle Aspirate)를 통해 세포의 형태를 관찰하여 종양의 성격을 평가할 수 있다.

대부분의 조직구종은 자가치유가 가능하므로, 관찰하면서 시간이 경과하는 것을 선택할 수 있다. 결절이 크거나 염증이 심한 경우에는 수술적 절제가 필요할 수 있으며, 종양이 재발할 경우에는 추가 치료 방안을 고려해야 한다.

보호자는 조직구종이 일반적으로 양성이며 자가치유되므로, 증상이 심각하지 않다면 수의사의 진찰을 기다려도 무방함을 인식해야 하며, 주기적인 모니터링을 통해 종양의 크기나 형태의 변화를 관찰하도록 지도한다. 또한 진단과 치료에 대한 적절한 정보를 제공하며, 필요한 경우 수의사와 상담하도록 권장한다.

② 지방종(Lipoma)

지방종은 일반적으로 중년 이상의 개에서 발견되며, 부드럽고 주물리 볼 수 있는 덩어리형 태생물로, 피부 아래에서 발생한다. 자극이나 압력에는 민감한 경우가 있으며, 보통 통증을 일으키지 않고, 이동이 가능하다. 주로 몸통, 사지 및 복부에 나타나며, 크기가 수 센티미터까지 성장할 수 있다. 진단을 위해서 시각적으로 덩어리를 점검하고, 부드러운 정도, 이동성 등의 성질을 평가한다. 지방세포의 존재를 확인하기 위해 세포 샘플을 채취하고 검토한다.

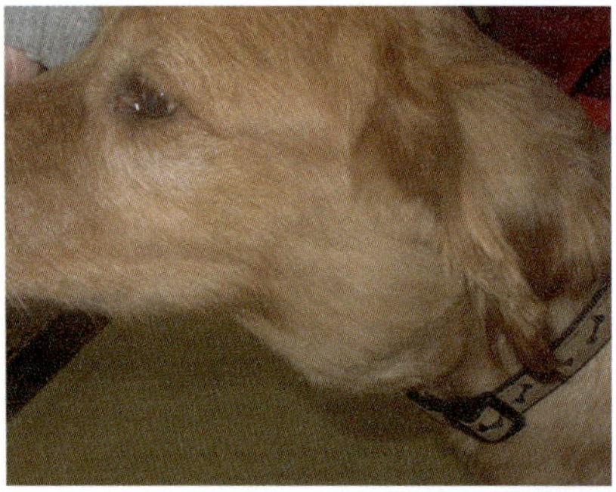

[그림 4-16] 지방종

출처: https://en.wikipedia.org/wiki/Lymphoma_in_animals

대다수의 지방종은 증상이 없고 특별한 치료가 필요하지 않은 경우가 많다. 다만, 미용적 또는 건강상의 이유로 제거를 원할 경우에는 수술적 절제가 가능하다.

보호자는 지방종이 일반적으로 양성이고, 통증 없이 존재할 수 있다는 점을 인식해야 하며, 주기적으로 지방종의 크기나 변화에 대해 관찰하고, 크기가 비정상적으로 증가하거나 변화가 있을 경우, 즉시 수의사에게 상담하도록 안내한다. 수술 후 관리와 함께 사후 경과를 모니터링하는 것이 중요하다.

③ 유두종(Papilloma)

유두종은 일반적으로 어린 강아지에게서 발생하며, 턱, 입술, 구강 점막 등에서 나타나는 매끄럽고 하얀색 병변이다. 유두종은 통증이 없으며, 일부는 탈락이나 염증 없이 자연적으로 사라질 수 있다. 진단은 병변의 외형과 위치를 시각적으로 관찰하며, 의심되는 병변을 절취하여 병리학적 평가를 통해 확인할 수 있다. 구강 점막에 있는 경우 비경을 사용하여 직접 관찰하고 평가할 수 있다.

유두종은 대개 자연적으로 퇴행하므로 특별한 치료가 필요하지 않다. 그러나 병변이 크게 성장하거나 구강 내에 곤란을 초래하는 경우에는 외과적 제거가 고려된다. 감염 우려가 있는 경우 항생제 치료가 필요할 수 있다.

보호자는 유두종이 대개 양성이며, 대부분 자가치유된다는 것을 이해해야 하며, 유두종이 궤양화하거나 크기가 커지면 수의사와 상담하도록 권장한다. 구강 유두종의 경우, 치아 청결과 구강 위생을 지속적으로 관리하도록 교육한다.

(2) 악성 피부 종양(Malignant Skin Tumors)

악성 종양은 주변 조직에 침투하거나 신체의 다른 부위로 전이할 수 있는 세포로 구성된다. 이들은 일반적으로 빠르게 성장하며, 강아지의 정상적인 생리적 기능을 방해하고 심각한 건강 문제를 유발할 수 있다. 대표적인 예로 편평세포암(Squamous Cell Carcinoma), 악성 흑색종(Melanoma), 섬유육종(Fibrosarcoma) 등이 있다.

강아지의 피부 종양은 다양한 원인에 의해 발생할 수 있으며, 그 원인은 유전적 요인, 환경적 요인(화학 물질, 태양 광선 등), 또는 특정 바이러스 감염과 관련될 수 있다. 피부 종양이 발견될 경우, 정확한 진단을 위해 생검(biopsy)과 같은 검사가 수행되며, 이후 치료 방법이 결정된다.

① 편평세포암(Squamous Cell Carcinoma, SCC)

편평세포암은 주로 피부, 귀, 구강, 기타 점막 조직에서 발생하는 악성 종양으로, 상피세포에서 유래한다. 이 종양은 고양이와 일부 외부 환경에 노출되기 쉬운 동물에게 더 자주 발생하며, 일반적으로 태양 광선에 의해 유발되는 경우가 많다. 주로 비색소 부위(예: 귀, 코 등)에서 나타나며, 초기에는 불규칙한 형태의 비늘이나 붉은 반점으로 나타난다. 시간이 경과하면서 병변이 진행되며, 궤양화, 출혈 및 악취가 발생할 수 있다. 구강 내에서 발생할 경우, 치아 침식, 통증 및 기타 연관된 증상이 동반될 수 있다.

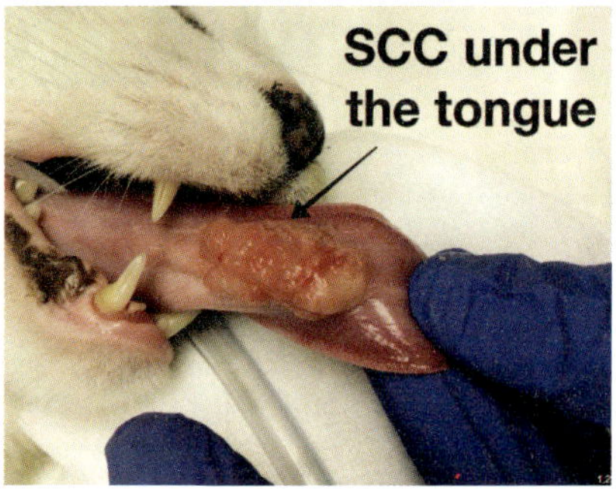

[그림 4-17] 편평세포암

출처: https://animaldentalspecialist.com/feline-squamous-cell-carcinoma-scc/

진단은 병변을 주의 깊게 검토하여 외관적인 특징을 파악하고, 조직 샘플을 채취하여 병리학적 검사를 통해 악성을 확인하는 것이 필수적이다. 방사선 촬영이나 초음파를 통해 전이 여부를 검토할 수 있다.

치료는 가능할 경우 종양을 완전히 제거하는 것이 가장 효과적인 치료 방법이며, 수술이 불가능하거나 재발하는 경우에는 방사선 치료가 가능하다.

보호자는 편평세포암의 조기 발견과 치료의 중요성을 인식하여 병변을 정기적으로 모니터링해야 한다. 태양에 노출되는 부위에 대한 적절한 보호 조치를 취하고, 피해를 최소화하기 위한 수의사의 조언을 따라야 한다. 적극적인 치료가 종양 성장과 전이를 예방하는 데 기여할 수 있음을 상기시킨다.

② 악성 흑색종(Malignant Melanoma)

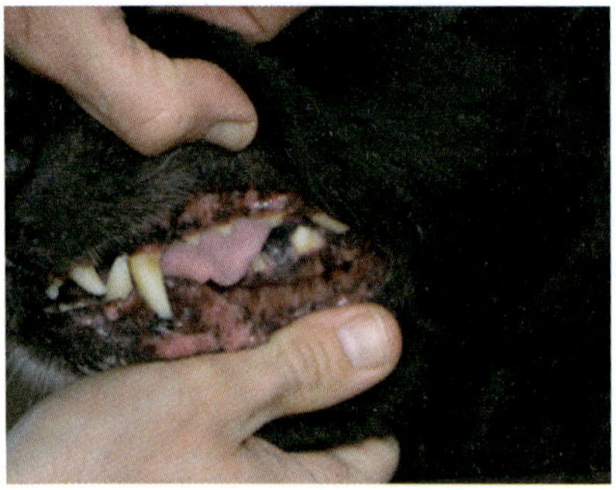

[그림 4-18] 악성 흑색종

출처: https://www.amcny.org/blog/2017/04/26/melanoma-monday-dogs/

악성 흑색종은 멜라닌 생성 세포에서 유래하는 악성 종양으로, 주로 피부에서 발생한다. 이 종양은 개와 고양이에서 나타날 수 있으며, 특히 고양이의 경우 구강 내에서 더 흔히 발생한다. 피부에서 발생하는 경우, 어두운색의 종괴 형태로 나타나며, 크기가 점차 커진다. 구강 내 흑색종은 통증, 입술 주변의 부기 및 궤양화를 유발할 수 있다. 전이가 발생하는 경우, 다른 장기(예: 림프절, 폐)로 퍼질 수 있으며, 이로 인해 전신 증상이 나타날 수 있다.

진단은 피부 병변의 형태 및 색소를 관찰하여 초기 진단을 진행하며, 병변의 조직 샘플을 채취하여 악성 여부를 확인한다. 전이 여부를 확인하기 위해 방사선 및 초음파 검사가 필요할 수 있다.

치료는 종양의 크기와 위치에 따라 수술이 가능한 경우 완전히 제거하고, 전이가 있을 경우에는 반응을 최소화하기 위해 방사선 치료가 사용될 수 있다.

보호자에게 악성 흑색종의 조기 발견이 중요한 점을 인식시켜야 하고, 피부나 구강 내 병변을 주기적으로 검사할 필요성을 강조해야 한다. 암의 전이가 발생할 수 있으므로, 변화를 감지하는 즉시 수의사와 상담하도록 한다. 멜라닌 생성 종양의 치료법 및 주의사항에 대한 정보를 제공하여, 신체적 · 정서적 부담을 줄일 수 있도록 돕는다.

③ 섬유육종(Fibrosarcoma)

섬유육종은 결합 조직의 장기에서 발생하는 악성 종양으로, 주로 섬유아세포에서 유래한다. 이 종양은 강아지의 피부 및 피하조직에서 발생하며, 고형 형태로 자주 나타나고 성장이 상대적으로 느릴 수 있다. 일반적으로 단단하고 고무 같은 고형 덩어리로, 피부 아래에서 발생할 수 있으며, 통증, 부풀어 오른 병변, 염증반응이 동반될 수 있다.

진단은 병변의 크기 및 특성을 관찰하여 초기 진단을 실시하며, 결합 조직의 성질을 결정하기 위한 조직 샘플을 채취하여 병리학적 분석을 수행한다. 방사선 또는 초음파를 사용하여 전이 여부를 확인한다.

수술적으로 가능한 한 종양을 완전히 제거하는 것이 핵심 치료법이다. 그러나 이 종양은 종종 주위 조직으로 재발할 가능성이 크다. 수술 후 잔여 종양을 제거하기 위한 보조 치료가 사용될 수 있다.

보호자는 섬유육종의 경우 재발 가능성이 높다는 점을 이해해야 하며, 조기 발견이 치료 결과에 중요함을 인식해야 한다. 피부 병변을 정기적으로 점검하고, 변화가 관찰되면 즉시 수의사와 상담하도록 안내한다. 관리 및 치료를 통한 효과적인 예후를 위한 지속적인 모니터링의 필요성을 강하게 강조한다.

5) 자가면역 피부질환

(1) 아토피성 피부염(Canine Atopic Dermatitis, CAD)

아토피성 피부염은 개에서 흔히 발병하는 만성 염증성 피부 질환이다. 유전적 소인을 가진 개체에서 집먼지진드기, 꽃가루, 곰팡이 포자 등의 환경성 알레르겐에 의해 유발되는 면역 관련 질환이다. 증상은 심한 가려움증과 특유의 피부 병변을 동반하며, 종종 다른 형태의 알레르기 질환과 동반된다.

아토피성 피부염의 임상적 특징은 강한 가려움증(Pruritus)으로, 이는 환축이 지속적으로 피부를 긁거나 핥고 물게 되는 행위로 나타난다. 피부 병변으로는 홍반, 두드러기, 딱지 형성이 있으며, 이러한 자극으로 인해 탈모, 피부의 두꺼워짐(태선화), 색소침착이 관찰되기도 한다. 이러한 증상은 주로 얼굴(특히 눈 주위), 귀, 사지의 구부림 부위(예: 발목, 팔꿈치), 배, 사타구니 부위에 집중되며, 이차 세균성 또는 말라세지아 감염이 빈번히 수반된다.

진단은 주로 임상평가를 통해 이루어지며, 병력과 신체검사를 바탕으로 환경적 요인 및 유전적 소인을 파악한다. 또한 아토피성 피부염의 진단은 유사 증상을 나타낼 수 있는 다른 질환(예: 벼룩 알레르기, 식이성 알레르기, 기생충 질환 등)을 배제하는 과정이 포함된다. 특정 알레르기를 확인하기 위해서는 피부 시험이나 혈액검사를 통한 알레르기 검사가 실시될 수 있으며, 드문 경우 조직 생검이 필요할 수도 있다.

아토피성 피부염의 치료는 알레르겐 노출을 최소화하기 위한 노력이 필요하다. 약물 치료는 가려움증과 염증을 완화하기 위해 항히스타민제, 코르티코스테로이드, 면역 억제제를 포함한다. 보조 요법으로는 필수 지방산 보충, 보습제 사용, 약용 샴푸로 피부 장벽 기능을 강화하는 것이 포함된다.

보호자에게는 아토피성 피부염이 평생 관리가 필요한 만성 질환이며, 지속적인 관리와 정기적인 검진이 중요함을 이해시켜야 한다. 환경적 알레르겐의 최소화 방법, 약물 사용의 기대 효과 및 부작용에 대한 명확한 정보를 제공할 필요가 있다. 가정에서의 적절한 세정 방법과 이차 감염 예방을 위한 피부 관리법 또한 교육된다. 치료와 관리는 증상의 완화 및 동물의 삶의 질 향상을 목표로 하며, 이에 따른 스트레스 요인의 감소가 중요함을 보호자에게 인식시킨다.

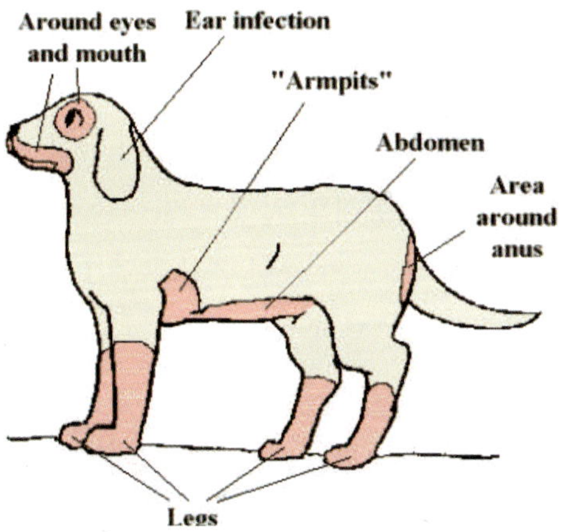

[그림 4-19] 아토피성 피부염 호발부위

출처: https://northavevet.com/allergies-atopic-dermatitis-airborne-in-dogs-and-cats/

6) 기타 피부질환

(1) 항문낭(Anal Glands) 질환

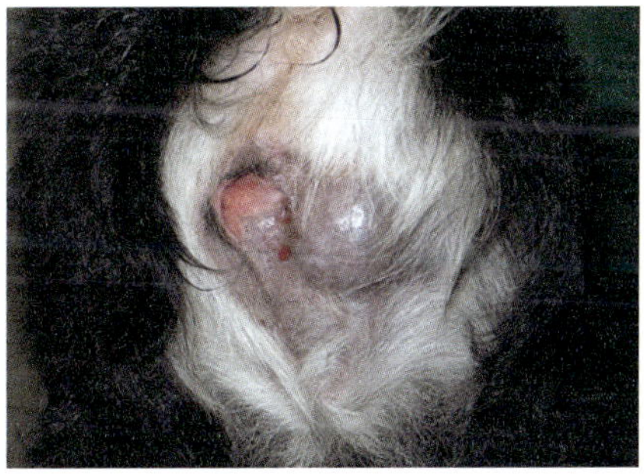

[그림 4-20] 항문낭염

출처: https://www.ndsr.co.uk/information-sheets/anal-sac-tumours-carcinoma-of-the-apocrine-glands-of-the-anal-sac/

항문낭은 개와 고양이의 항문 주변에 위치한 두 개의 주머니로, 피지선과 유사한 기능을 가진 구조물이다. 이 주머니는 배설물의 표면에 배출되는 기름진 액체를 생성하여 사회적 신호 전달 및 배설물의 윤활 역할을 수행한다. 항문낭 질환은 감염, 염증, 파열, 농양 등의 상태에 이를 때 발생한다.

임상증상은 동물이 항문 주변을 지속적으로 핥거나 바닥에 엉덩이를 문지르는 행동을 보이고, 항문 주위의 융기가 나타나며, 이는 잦은 염증의 징후일 수 있다. 분비물 축적으로 인해 악취가 발생하며, 이는 감염의 징후를 나타낼 수 있다. 항문낭의 염증 또는 파열에 의해 이차적 피부 감염이 발생할 수 있으며, 이는 동물의 불편함을 증가시킨다.

항문낭 질환의 진단은 임상평가 및 신체검사를 통해 이루어지며, 동물의 항문 주위를 시각적으로 관찰과 촉진으로 체크한다. 이전의 항문낭 문제나 감염 이력에 대한 정보를 통해 진단을 보조한다.

항문낭 질환의 치료는 항문낭의 압출을 통해 과도한 분비물을 제거하는 것이 일반적이다. 항문낭염으로 진행될 경우, 경구 또는 국소 항생제를 사용하여 염증과 감염을 치료한다. 항문낭을 수돗물, 생리식염수 또는 항균제 용액으로 세척하여 감염의 악화를 방지한다. 만성적인 항문낭 질환(예: 반복적인 감염이나 농양)인 경우, 항문낭을 외과적으로 제거하는 것이 필요할 수 있다.

보호자는 항문낭 질환이 일반적으로 반복하여 발생할 수 있음을 인식해야 하며, 정기적인 소독 및 압출을 통해 예방할 수 있다. 동물의 생활 환경을 청결하게 유지하고, 내장형 또는 외상성 증상이 과도하게 나타나는 경우 즉시 수의사의 진단을 받도록 해야 한다. 또한 항문 주변을 긁거나 문지르는 행동이 보이면 신속하게 조치를 취하여 이차 감염으로 인한 합병증을 방지하는 것이 중요하다. 적절한 예방 관리를 통해 항문낭의 건강을 유지할 수 있도록 동물의 관리에 대한 교육이 이루어져야 한다.

4. 조류의 피부 질병

조류의 피부는 비늘과 깃털의 발달로 인해 독특한 해부학적 구성을 가지며, 이는 비행과 체온 조절 및 환경 적응에 중요한 역할을 한다. 조류 피부의 해부학적 특성은 피층(epidermis), 진피(dermis), 부속 구조물로 구분될 수 있으며, 각 구성 요소는 특정 기능을 수행한다.

- 표피층(Epidermis): 조류의 표피는 얇고 각질화된 세포층으로 구성되어 있으며, 케라틴을 많이 포함한다. 이 각질층은 깃털 생성에 기여하며, 외부 환경으로부터 보호하는 역할을 한다. 표피의 가장 바깥층은 비늘과 깃털을 형성하는데, 이는 피부 표면의 보호와 비행 동안의 공기 저항을 최소화하는 기능을 한다.
- 진피층(Dermis): 조류 진피는 섬유질과 결합조직으로 구성되어 있으며, 혈관과 신경이 풍부하다. 진피층은 깃털의 뿌리를 지지하고, 근육이 부착되어 깃털의 움직임을 조절할 수 있도록 한다. 또한 진피는 체온 조절과 감각 수용에 중요한 역할을 담당한다.
- 부속 구조물: 조류 피부의 가장 특징적인 부속 구조물은 깃털이다. 깃털은 깃대와 깃가지로 구성되어 있으며, 각 깃가지는 작은 세부 구조를 가지고 있어 공기 흐름을 조절한다. 깃털은 비행, 체온 유지, 사회적 신호 전달에 핵심 역할을 한다. 조류의 깃털은 매 시즌마다 탈피하는 과정이 있으며, 이를 통해 손상된 깃털을 교체하고 지속적인 기능을 유지한다.

조류의 피부는 물리적인 보호뿐만 아니라, 체온 조절, 비행에 필요한 공기역학적 구조 제공, 사회적 커뮤니케이션 수단으로 사용된다. 조류의 피지는 방수 기능을 제공하여 비나 습기로부터 보호하고, 체온을 유지하는 데 기여한다.

포유류의 모피는 주로 보온과 보호에 초점을 두지만, 조류의 깃털은 이 외에도 비행과 사회적 신호 전달 등 다양한 기능을 수행한다. 또한 조류는 표피가 훨씬 얇고 각질화된 층이 두꺼운 것이 특징이다.

1) 조류의 깃털

조류의 깃털은 체온을 유지하고, 비를 막아 주며, 비행을 가능하게 한다. 또한 다양한 색깔을 통해 개체 식별과 보호색 역할을 하여 포식자로부터 몸을 숨길 수 있다. 조류는 깃털을 항상 최상의 상태로 유지하기 위해 부리로 다듬거나 목욕을 한다. 시간이 지남에 따라 깃털은 마모되고 색이 바래기 때문에 조류는 주기적으로 깃털갈이를 통해 새 깃털로 교체한다. 깃털의 수는 작은 새는 수백 개, 큰 새는 수만 개로 다양하다.

깃털은 크게 깃대와 깃가지로 구성된다. 날개깃은 비행에 필요한 항력과 추진력을 제공하고 머리깃과 몸깃은 신체를 보호하며 바람 저항을 줄여 준다. 물새의 깃털은 방수 역할도 한다. 꽁지깃은 비행 시 균형과 방향 조절에 중요하다. 깃털은 몸을 따뜻하게 하고 공기역학적으로 유리한 형태를 유지하게 한다.

조류의 깃털 중 일부는 특별한 기능을 가지고 있다. 까마귀 등은 먼지를 걸러내거나 재료를 모으기 위한 뻣뻣한 깃털을 가지고 있고, 수리부엉이의 깃털 가장자리는 부드러워서 소리 없이 비행할 수 있도록 도와준다. 깃털은 따뜻함을 유지하기 위해 촘촘히 나 있으며, 일부 깃털은 번식기에 짝을 유인하기 위해 더욱 화려하게 변한다.

깃털의 색상은 멜라닌과 리포크롬이라는 색소, 특수한 구조에 의한 빛의 산란과 간섭 효과에 의해 결정되며, 먹이, 건강 상태, 체내 호르몬에 따라 변할 수 있다. 예를 들어, 플라밍고는 특정한 갑각류를 섭취해야 붉은색 깃털을 유지할 수 있다. 드물게 유전적 돌연변이로 인해 색소가 없는 경우도 있다.

깃털의 색상은 조류가 환경에서 살아남는 데 도움을 준다. 보호색을 통해 포식자를 피하거나, 같은 종 내에서 상대를 식별할 수 있게 한다. 깃털의 색은 또한 사회적 신호나 경고의 수단으로 사용되기도 한다.

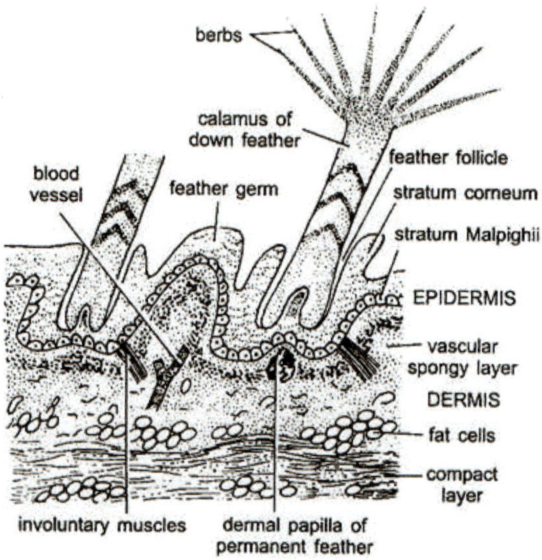

[그림 4-21] 조류의 피부

출처 : https://www.notesonzoology.com/vertebrates/integument-in-different-classes-of-chordates-zoology/8941

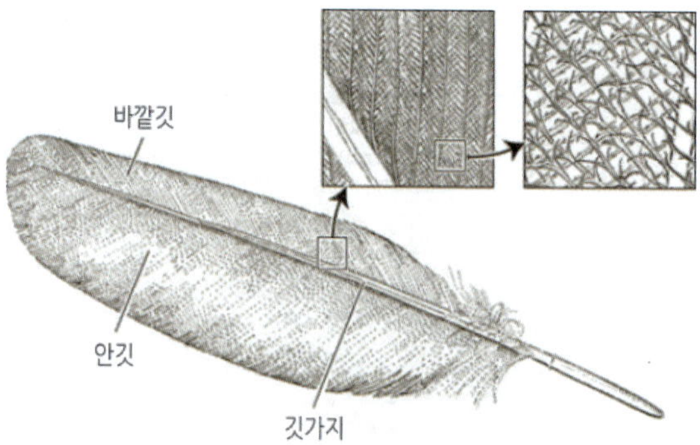

[그림 4-22] 조류의 깃털

출처 : https://www.birdcenter.kr/?MenuID=24

2) 깃털 뽑기/자해

[그림 4-23] 깃털 뽑기

출처: https://blog.naver.com/choice-trip/70162334689

조류의 깃털 뽑기 자해는 자기 깃털을 자의로 뽑거나 뜯는 행동을 의미한다. 이 행동은 특정한 심리적·환경적 요인에 의해 발생하며, 때때로 심각한 문제로 이어질 수 있다. 그 원인은 스트레스, 우울증, 지루함, 피부질환 등 다양하다. 특히, 환경의 변화, 새로운 사육 환경, 이사, 사람과의 접촉 부족 등이 조류에게 스트레스를 줄 수 있다. 이러한 스트레스는 불안감을 초래하고 깃털을 뽑는 행동으로 이어질 수 있다. 조류는 사회적 동물로, 고립되거나 충분한 자극이 없는 경우 우울증을 경험할 수 있다. 비활동적인 환경에서 조류는 지루함을 느껴 자해 행동을 할 수 있으며, 깃털 뽑기는 이러한 지루함을 해소하려는 시도로 나타날 수 있다. 피부 질환, 기생충 감염, 또는 내부 질환이 깃털을 뽑게 만드는 원인이 될 수 있다.

예방 및 관리로는 조류에게 안전하고 자극적인 환경을 제공하여 스트레스를 줄이는 것이 중요한데, 충분한 공간과 적절한 장난감, 사회적 상호작용이 필요하다. 아울러, 정기적인 건강 체크를 실시하여 조류의 건강 상태를 주기적으로 점검하여 피부 질환이나 기생충 감염 등의 문제를 조기에 발견하고 치료해야 한다. 만약 자해 행동이 지속된다면, 조류 행동 전문가나 수의사와 상담하는 것이 좋다. 행동 치료를 통해 깃털 뽑기를 줄일 수 있는 방법을 찾을 수도 있다.

조류에서 깃털 뽑기 자해는 중요한 사안이며, 이를 적절히 관리하고 예방하기 위해서는 조류의 환경과 건강을 지속적으로 모니터링하는 것이 필요하다.

3) 발바닥 피부염

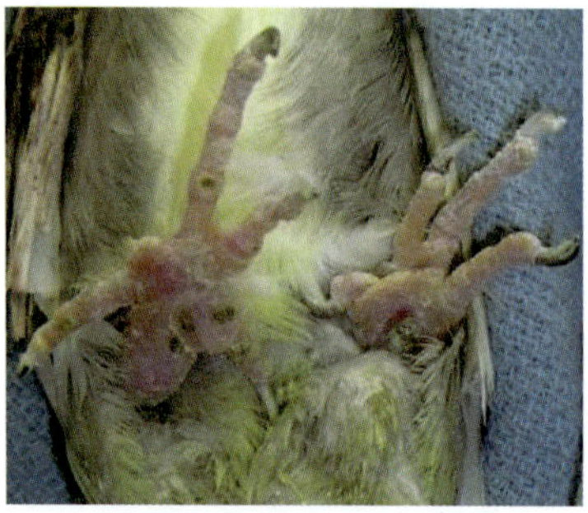

[그림 4-24] 발바닥 피부염

출처: https://www.ivis.org/library/avian-health-and-disease/pododermatitis-bumblefoot-diagnosis-treatment-resolution-and-prevention

조류의 Pododermatitis는 말 그대로 발바닥 피부염(범블풋)을 의미하며, 주로 발바닥이나 발가락에 염증이 생기는 질환이다. 이 질환은 그 원인에 따라 다양한 증상을 나타내며, 적절한 관리가 이루어지지 않으면 심각한 문제로 발전할 수 있다.

부적절한 바닥재나 청결하지 않은 사육환경은 조류의 발바닥에 자극을 주어 염증을 유발할 수 있다. 너무 단단하거나 거친 표면은 발바닥 피부에 손상을 줄 수 있다. 비만은 조류의 발바닥에 과도한 압력을 가하여 피부 손상을 초래할 수 있다. 체중이 많이 나가는 조류는 특히 발바닥 염증의 위험이 높다. 발바닥에 생긴 상처나 감염도 염증을 유발할 수 있으며, 발톱이나 발가락에 무리가 가는 경우, 피부 기생충이나 진균 감염도 발바닥 피부염을 유발할 수 있다.

증상은 발바닥이나 발가락이 붓거나 부풀어 오를 수 있고, 발바닥 피부가 붉어지는 경우가 흔하다. 조류가 발을 밟을 때 불편함을 느낄 수 있으며, 발을 들거나 방치하는 행동을 보일 수 있다. 심한 경우, 발바닥에 궤양이나 침식이 생길 수 있다.

치료는 조류의 환경을 개선하는 것이 중요하며, 청결한 바닥재, 적절한 사육공간 및 부드러운 표면을 제공해야 한다. 항생제와 항염제, 진통제로 처방한다.

발바닥피부염(Pododermatitis)을 예방하기 위해서는 조류의 생활환경을 정기적으로 점검하고, 비만을 예방하기 위한 건강한 식이요법과 적절한 운동을 제공해야 한다.

4) 앵무부리깃털병

앵무부리깃털병(Psittacine Beak and Feather Disease, PBFD)은 앵무새 및 여러 종류의 조류에서 발견되는 바이러스성 질환으로, 주로 깃털과 부리에 영향을 미친다. 이 질병은 조류의 생명에 위협이 될 수 있는 심각한 문제로, 전염성과 치료가 어려운 특성이 있다. 앵무부리깃털병의 원인균은 써코바이러스(Circovirus)로, 조류에서 혈액 및 면역계 세포에 감염되어 다양한 문제를 일으킨다. 이 바이러스는 성숙한 조류에게도 전염될 수 있으며, 어린 조류에서는 더욱 심각한 영향을 끼친다. 주요 증상은 깃털의 탈락, 또는 비정상적인 성장을 보인다. 깃털이 각종 형태로 변형되거나 찢어진 경우도 있다. 부리가 비정상적으로 자라거나 두꺼워지는 경우가 있으며, 부리의 상태가 악화될 수 있다. 질병이 진행됨에 따라 면역력이 저하되어 2차 감염이 발생할 수 있다. 조류가 식욕을 잃거나 체중이 감소할 수 있고 기력이 떨어지거나 무기력해질 수 있으며, 사회적 상호작용이 줄어든다.

PBFD는 감염된 분비물, 비말, 또는 깃털과 같은 물질을 통해 전파되며, 환경 오염이나 감염된 새와의 직접적인 접촉으로도 쉽게 전파될 수 있다. PBFD의 진단은 수의사에 의해 진행되며, 일반적인 신체검사와 함께 혈액검사, 바이러

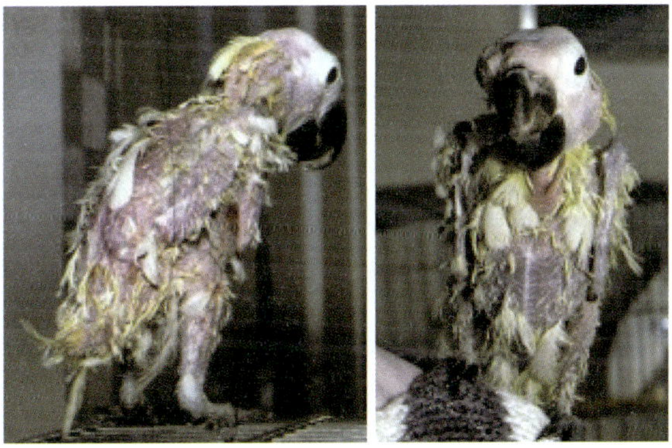

[그림 4-25] 앵무부리깃털병

출처 : https://theparrotsocietyuk.org/site/index.php/parrot-information/veterinary-advice/feathers/psittacine-beak-feather-disease/

스 테스트 등을 통해 확진된다. 또한 깃털 및 부리 상태를 통해 육안으로 초기 증상을 확인할 수 있다. 현재 PBFD를 완치할 수 있는 방법은 없다. 일반적인 치료 방법은 비타민과 미네랄이 풍부한 균형 잡힌 식단을 제공하여 조류의 전반적인 건강 상태를 향상시키고, 안전하고 편안한 환경을 제공하여 스트레스를 줄이는 것이 중요하다. 2차 감염이나 합병증을 관리하기 위해 필요한 경우 항생제 또는 항바이러스제를 사용할 수 있다.

예방은 감염된 조류는 즉시 격리하여 다른 조류와의 접촉을 피해야 하며, 조류의 건강 상태를 정기적으로 점검하여 질병을 조기에 발견하고 대응할 수 있다. 또한 사육 환경을 항상 청결하게 유지하여 바이러스의 전파를 방지해야 한다. 앵무부리깃털병은 심각한 조류 질환으로, 조기의 진단과 예방이 중요하며, PBFD를 앓고 있는 조류에 대한 주의 깊은 관리가 필요하다.

5) 폭스바이러스 감염증

조류의 폭스바이러스 감염증(Poxvirus infection)은 다양한 조류에서 발생할 수 있는 바이러스성 질환으로, 조류의 피부 및 점막에 병변을 일으킨다. 이 바이러스는 내구성이 매우 강해 오랫동안 생존할 수 있으며, 감염된 조류의 체액, 피부 병변 또는 감염된 물체를 통해 전파된다. 증상은 주로 머리, 목, 다리 및 발에서 작은 융기나 종기 형태의 병변이 발생한다. 이 병변은 시간이 지나면서 딱지를 형성하고 심한 가려움을 유발할 수 있다. 구강, 식도 및 눈의 점막에서도 병변이 나타날 수 있으며, 이는 음식 섭취를 어렵게 만들고 호흡곤란을 유발할 수 있다. 일부 조류는 발열과 기력 감소 같은 전신적인 증상을 보일 수 있다.

진단은 주로 임상적으로 이루어진다. 피부 및 점막의 병변을 육안으로 관찰하거나, 병변에서 샘플을 채취하여 더 정밀한 검사를 통해 확진한다. 일부 경우에는 혈청검사를 통해 면역 반응을 확인할 수 있다.

현재 폭스바이러스 감염증에 대한 특별한 치료법은 없다. 치료는 대개 증상 관리를 포함한다. 통증이나 가려움증을 완화하기 위해 진통제 및 항염제를 사용할 수 있으며, 2차 감염 방지를 위해 필요에 따라 항생제가 처방될 수 있다.

보호자는 조류의 사육 환경을 청결하게 유지하여 바이러스의 확산을 최소화해야 하며, 조류의 건강 상태를 정기적으로 점검하여 조기에 감염을 발견하고 대응하는 것이 중요하다.

[그림 4-26] 폭스바이러스 감염증

출처: Avian pox in psittacine birds from Saudi Arabia, W. Tarello, Published 2004, Biology Revue De Medecine Veterinaire

5. 파충류의 피부 질병

파충류는 특수한 환경에서 생존할 수 있도록 특화된 피부 구조를 가지고 있다. 이들은 물리적 보호, 수분 유지 및 체온 조절과 같은 여러 가지 기능을 수행한다.

파충류의 피부는 비늘로 덮여 있다. 비늘은 주로 각질화된 세포로 구성되어 있으며, 외부 환경으로부터의 물리적 손상을 방지하는 역할을 한다. 비늘의 구조는 종에 따라 다양하며, 일정한 패턴과 배열로 자생적으로 배열되어 있어 체온 조절에도 기여한다. 각질화된 피부는 수분 손실을 방지하고 외부 환경의 침입으로부터 보호한다. 이는 사막과 같은 극한의 환경에서 사는 동물에게 특히 중요하다. 또한 혈관계가 발달해 있어 체온 조절에 기여한다. 특히, 더운 환경에서 체온을 조절하기 위해 피부의 혈관이 확장하거나 수축하여 열을 방출하거나 보존할 수 있다.

일부 파충류는 피부 색상을 변화시켜 환경에 적응하거나 포식자로부터 자신을 보호하는 능력이 있다. 이것은 주로 멜라닌 세포의 이동과 활동에 의해 이루어진다. 색 변화는 사회적 신호 전달이나 체온 조절에도 중요한 역할을 한다.

파충류의 피부는 수분 손실을 최소화하는 데 특화되어 있다. 피부의 각질화와 비늘 구조는 체내 수분을 유지하고, 건조한 환경에서 생존하는 데 도움을 준다. 특히, 사막에 사는 파충류는 이 특성이 더욱 두드러진다.

파충류는 정기적으로 피부를 벗어내는 과정을 거친다. 이러한 피부 탈피(털갈이)는 성장과 발달에 필수적이며, 손상된 피부를 교체하는 역할도 한다. 탈피 과정에서 피부는 건강하게 재생되며, 이는 일반적으로 일정한 주기로 발생한다.

파충류의 피부 표면에는 미세한 털이나 돌기가 있어 추가적인 감각 기능을 제공할 수 있으며, 온도 변화, 압력, 진동 등을 감지할 수 있다.

이처럼 파충류의 피부 구조와 기능은 이들의 행동, 생리학적 기능 및 생태적 상호작용에 중요한 영향을 미친다.

1) 파충류의 탈피부전

파충류의 탈피부전은 탈피 과정에서 발생하는 문제를 의미하며, 정상적인 탈피가 이루어지지 않거나 불완전하게 일어나는 상태를 말한다. 탈피는 파충류의 성장과 발달에 필수 과정이며, 건강한 피부를 유지하기 위해서도 중요하다.

주요 원인은 파충류가 충분한 수분을 섭취하지 않거나 환경이 너무 건조할 경우에 탈피가 어려워질 수 있다. 수분이 부족하면 피부가 부드럽게 탈피되지 못하고 남겨질 수 있으며, 파충류의 서식 환경이 너무 덥거나 차가운 경우, 또는 적절한 습도 조절이 이루어지지 않는 경우 탈피에 문제가 생길 수 있다. 비타민 A와 같은 특정 영양소가 부족할 경우에도 정상적인 탈피 과정이 방해받을 수 있다. 그러므로 올바른 영양 섭취는 건강한 피부와 정상적인 탈피에 필수이다. 기생충 감염, 피부 질환, 감염 등 다양한 건강 문제도 탈피에 영향을 줄 수 있다. 특히, 내외부 기생충은 피부 건조와 상태 악화로 이어질 수 있다.

주요증상은 일정 부분의 피부가 남아 있는 경우가 있으며, 이는 종종 비늘 아래에서 새로운 피부가 자라지 못하게 하고 혈액순환을 방해할 수 있고 탈피하지 않은 부분의 피부가 건조하고 갈라지거나 색이 변할 수도 있다. 탈피부전이 발생한 파충류는 움직임이 불편하고 스트레스를 받는 모습이 나타날 수 있으며, 피부 상처나 염증이 생길 수도 있다. 불편함으로 인해 먹이를 거부하거나 수면 패턴에 변화가 생기기도 한다.

탈피부전을 치료하기 위해서는 습도를 높이고 적절한 온도를 유지하여 파충류가 탈피할 수 있는 환경을 제공해야 한다. 수조에 깨끗한 물을 제공하고 충분한 수분을 섭취하도록 유도하거나, 스프레이로 물을 분사하여 습도를 조절할 수도 있다. 또한 적절한 영양소를 포함한 균형 잡힌 식단을 제공하고, 필요한 경우 비타민 A 보충제를 추가한다. 만약 특정 부위의 죽은 피부가 심각한 경우, 수의사 또는 전문가의 도움을 받아 안전하게 제거한다. 건강 문제의 조기 발견을 위해 정기적으로 파충류의 상태를 검사하는 것이 좋다.

탈피부전은 파충류의 건강에 심각한 영향을 미칠 수 있으므로 적절한 예방과 관리가 필요하다. 조기에 문제를 인지하고 적절한 조치를 취하는 것이 중요하다.

[그림 4-27] 레오파드의 탈피부전

출처: https://blog.naver.com/gecko_log/221590195441

chapter 05

소화기계 질환

Diseases of Animals

1. 개요

소화기계(Digestive system, Alimentary system)는 생명 유지를 위해 에너지원(이하 음식물)을 섭취·소화·배출하는 일련의 과정을 담당하는 계(系, system)를 총칭한다. 섭취한 에너지원은 생체에서 즉시 이용할 수 있는 형태가 아니므로 이를 기계적·화학적으로 분해한 뒤 흡수·배출하는 기능을 담당하고 있다. 구강으로부터 시작되는 기계적인 분해부터 침샘, 간, 췌장 등의 소화효소를 통한 화학적인 분해까지가 포함되어 있으며, 이렇게 소화(digestion)된 음식물은 장에서 흡수된 뒤 그 잔여물을 배출한다.

본 단원에서는 구강-식도-위-소장-대장에 이르는 소화관(Gastrointestinal tract, GI tract)에 관하여 다루며, 소화를 돕는 침샘, 간, 췌장 등의 장기에 대해서는 내분비계·외분비계 단원에서 다루도록 한다.

2. 소화기계의 해부학적 개요

소화기계는 외부의 음식물을 생체 내로 들이는 관문이며, 이 과정에서 병원체의 오염이나 거친 입자로 인한 물리적 손상의 가능성이 있으므로 이를 방어하기 위한 기전들이 각 장기에 구성되어 있다.

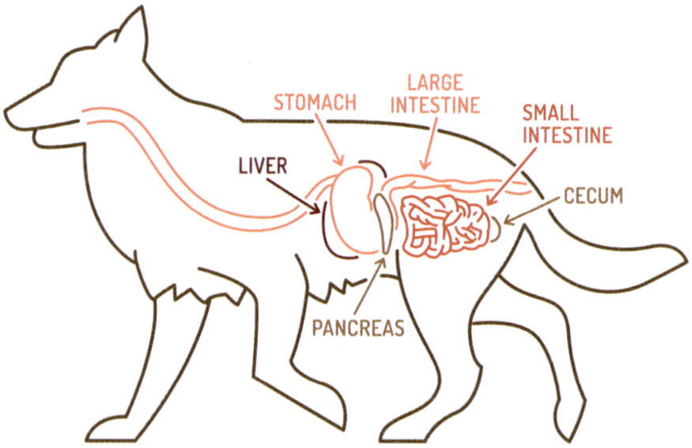

[그림 5-1] 개의 소화기계 모식도

출처: https://www.shutterstock.com/ko/image-vector/dog-digestion-system-medical-scheme-useful-2342419799

1) 구강

구강(oral cavity)은 외부 음식물이 최초로 생체로 들어오는 관문으로, 치아를 통한 기계적 소화(masticate, 씹음)와 혀를 통해 음식물과 소화효소를 섞는 기능을 담당한다. 충분히 씹고 섞인 음식물은 입인두(oropharynx)와 식도로 넘어간다. 구강의 점막은 매끈한 표면에 모세혈관이 투영되어 분홍색을 띠며, 순환계 기능 평가의 지표로 사용할 수 있다.

2) 치아

조류를 제외한 대부분의 포유동물은 치아(teeth)로 음식물을 씹음으로써 기계적 소화를 통해 음식물을 잘게 부순다. 치아는 동물별로 성장 양상과 그 수가 다르며, 앞니(incisors, I), 송곳니(canines, C), 작은 어금니(premolars, P), 큰 어금니(molars, M)로 구성되어 있다. 대표적으로 개와 고양이의 치식(dental formula)은 <표 5-1>과 같다. 치아는 유치(deciduous teeth)와 영구치(permanent teeth)가 있으며, 유치의 탈락 시기는 종별로 다르며, 치아의 마모도와 함께 나이 추정의 근거가 된다.

〈표 5-1〉 개와 고양이의 치식

위턱/아래턱	앞니(I)	송곳니(C)	작은 어금니(P)	큰 어금니(M)
개	3/3	1/1	4/4	2/3
고양이	3/3	1/1	3/2	1/1

* 위 치식은 각 위/아래턱의 반절에 해당. 따라서 총 치아는 위 치식의 ×2
* 일부 종은 위 치식과 맞지 않을 수 있음

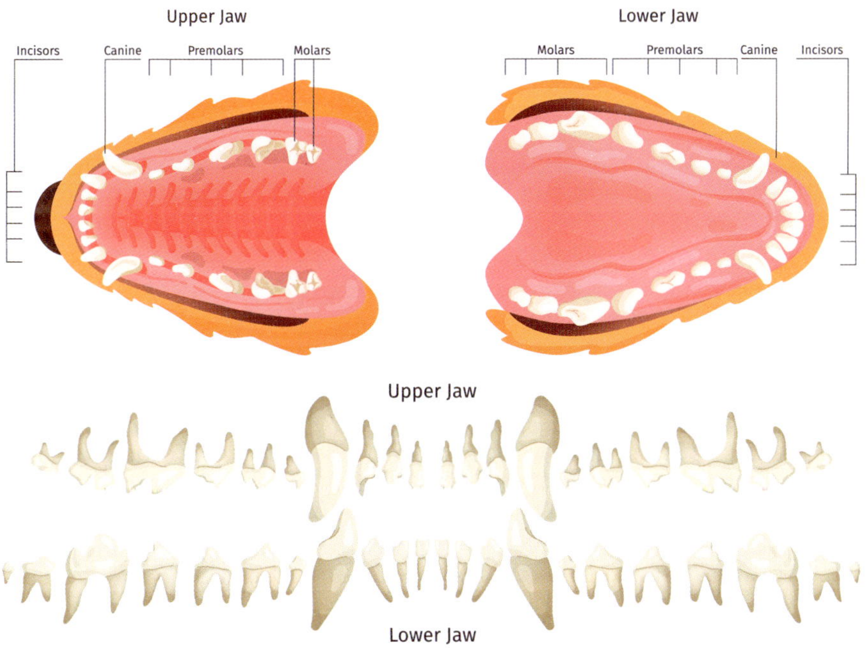

[그림 5-2] 개의 치아

출처: https://www.shutterstock.com/ko/image-vector/dog-teeth-anatomy-canine-tooth-anatomic-2483745677

3) 식도

입후두에서 시작되어 흉강 내의 세로칸(종격, mediastinum), 가로막 구멍(diaphragmatic hiatus), 복강 내 위로 이어지는 식도(esophagus)는 근육으로 구성된 속이 빈 관상 장기이다. 종에 따른 차이가 있지만, 식도는 다른 소화관과 달리 장막층(serosa)이 없는 구간이 있어서 식도 천공(perforation) 시 자연치유가 잘 이루어지지 않으며, 수술적 봉합 시 회복이 더디다. 식도의 신경은 미주신경(vagus nerve, CN Ⅹ)이 주로 분포하지만, 여러 교감·부교감 신경이 분포되며, 이러한 복합적인 신경분포는 식도의 운동에 중요한 기능과 질병 기전을 일으킨다.

4) 위

화학적 소화(조류의 경우 기계적·화학적 소화)가 시작되는 위(stomach)는 동물별로 식습관의 차이로 인해 그 구조와 기능이 다양하다.

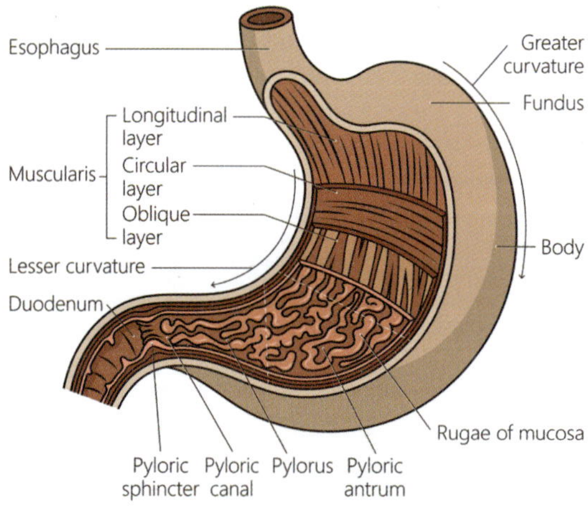

[그림 5-3] 위의 해부학적 구조

출처: https://www.shutterstock.com/ko/image-illustration/structure-stomach-diagram-schematic-raster-illustration-2350795897

개와 고양이를 포함하는 육식동물과 잡식동물 대부분의 위는 팽창된 구조를 가지며, 식도에서 이어지는 들문(분문, cardia)에서 시작되어 위바닥(dome, fundus), 위몸통(body, corpus)을 지나 샘창자로 이어지는 날문(유문, pylorus)으로 구성되어 있다. 위의 분비세포에는 벽세포(parietal cell)와 주세포(chief cell)가 있으며, 벽세포는 주로 염산(hydrochloric acid, HCl)을 분비하며, 주세포는 소화효소인 펩시노젠(pepsinogen)을 주로 분비하는 역할을 맡는다.

조류의 경우 대부분의 종에서 치아가 존재하지 않아 기계적 소화를 거치지 않은 채 소화관으로 음식물이 전달되므로 위에서 기계적 소화를 담당한다. 이를 위해 초식성 조류는 앞쪽에 있는 선위(전위, proventriculus)와 뒤쪽에 있는 근위(ventriculus, gizzard)의 2개로 구성되어 있다. 선위는 염산과 펩시노젠을 분비하는 화학적 소화를 담당하며, 근위는 강한 근육으로 이루어져 있어 기계적 소화를 담당한다. 기계적 소화의 효율을 위해 일부 조류는 모래나 자갈 등을 먹어 근위에서 기계적 소화를 돕는다. 이 2개의 위는 근육을 이용한 연동 운동을 통해 섭취한 음식을 선위와 근위를 오가면서 화학적 · 기계적 소화를 가능하게 한다.

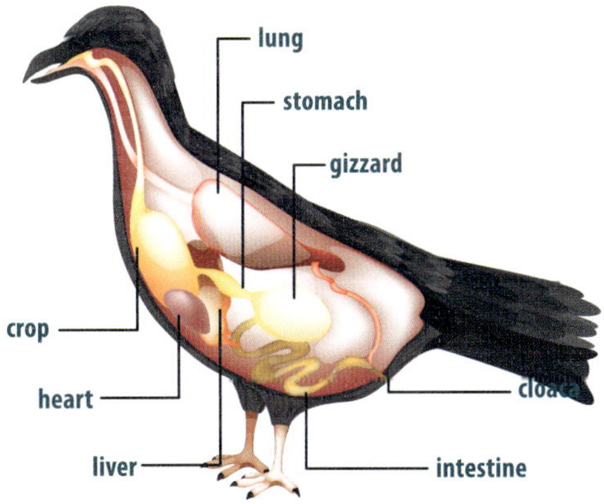

위는 선위와 근위로 구성되어 있다.

[그림 5-4] 조류의 내부 장기

출처 : https://www.shutterstock.com/ko/image-vector/detailed-diagram-birds-internal-organs-2499898373

5) 장

장(intestine)은 위에서 소화를 거치고 넘어온 음식물에서 영양분을 흡수하고 노폐물을 배출하는 긴 관상 장기이다. 장은 간과 이자에서 분비되는 소화효소로 추가적인 소화를 하고 장내 미생물이 작용하고 노폐물을 배출하는 다양한 기능을 하기에 그 표면적이 넓어야 한다. 이를 위해 장은 꼬인 채 복강 내에 들어차 있으며, 장 점막층은 돌출된 융모(villi)와 오목한 움(crypt)으로 구성되어 표면적을 넓힌다. 장은 순서에 따라 샘창자(십이지장, duodenum), 빈창자(공장, jejunum), 돌창자(회장, ileum), 막창자(맹장, cecum), 잘록창자(결장, colon), 곧창자(직장, rectum)로 구성된다. 각 장의 부위는 명확하게 구분되는 것은 아니며, 장은 장간막(mesentery)으로 연결되어 붙어 있고 혈관 또한 장간막을 통해 분포한다. 작은창자와 다르게 큰창자에는 융모가 존재하지 않아 영양분 흡수 대신 수분을 주로 흡수한다.

외부에서 음식물을 섭취하는 만큼 장은 병원체와 독소의 위험에 노출되어 있다. 이를 위해 장에는 다수의 림프조직이 분포해 있으며, 이들을 장관련림프조직(Gut-Associated Lymphoid Tissue, GALT)이라고 한다.

〈표 5-2〉 장의 기능 및 특징

		기능 및 특징
작은창자	샘창자	• 위에서 내려온 음식물의 산도(acidity) 조절 • 이자액과 담즙이 소화관으로 배출되는 장소
	빈창자	• 영양분 흡수
	돌창자	• 영양분 흡수 • 파이어판(Peyer's patches) 관찰 • 비타민 B12 흡수
큰창자	막창자	• 큰창자의 시작 부위 • 돌창자와 잘록창자 연결부에 있는 막힌 구조(blind-ending) • 대부분 조류의 경우 한 쌍으로 구성(ceca)
	잘록창자	• 형태에 따라 오름(ascending), 가로(transverse), 내림(descending)잘록창자로 구분 • 노폐물로부터 수분 흡수 • 장내 미생물에 의한 노폐물 발효
	곧창자	• 큰창자의 마지막 부분으로 항문과 이어짐 • 내부와 외부, 2개의 조임근(sphincter)이 존재하며, 내부 조임근은 불수의근

3. 소화기계 질병

1) 구강 및 치아

(1) 구개열(Cleft palate, Palatoschisis) 및 순열(Cleft lip, Cheiloschisis, Hare lip)

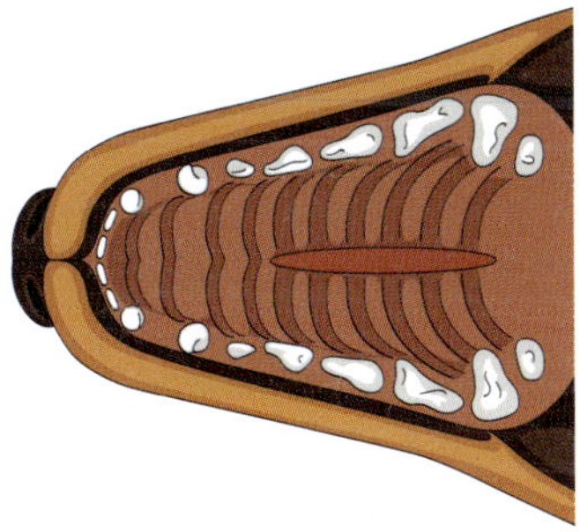

[그림 5-5] 개 입천장의 구개열

출처: https://www.shutterstock.com/ko/image-vector/cleft-lip-palate-wolf-there-dog-1091982761

구개열 및 순열은 구강 내에서 발생하는 가장 흔한 선천적 발달 이상이다. 정도에 따라 입술, 물렁입천장(연구개, soft palate), 단단입천장(경구개, hard palate)의 유합이 되지 않은 상태로 태어난 경우로, 그 원인으로는 유전적 혹은 발생단계에서 독성물질 노출 등이 제시된다. 비강과 구강이 입천장으로 완전히 분리되지 않으므로, 젖을 빨 때 음압이 생성되지 않아 모유를 제대로 빨 수 없으며, 섭취한 모유가 코로 흘러나오거나, 모유가 폐로 들어가는 흡인성 폐렴(aspiration pneumonia)의 위험성이 있다. 외과적 처치를 통해 교정할 수 있다. 후천적 구개열은 구강 내 염증이나 외상으로 입천장에 천공이 생기는 경우 발생한다.

(2) 구내염(Stomatitis) 및 치은염(Gingivitis)

구내염과 치은염은 각각 구강 내 점막과 잇몸(gingiva)에 발생하는 염증성 질병이다. 구강은 외부의 음식물이 끊임없이 들어오고 머무는 공간이기에 물리적 · 화학적 · 병리학적으로 취약한 구조이며, 점막의 상처는 미란(erosion), 궤양(ulceration), 괴사(necrosis) 등의 다양한 병변을 보일 수 있다. 이러한 구강 점막 염증은 미생물 감염, 화학적 손상, 물리적 손상, 독성물질, 자가면역 질환 등의 다양한 원인에 의해 발생할 수 있다.

(3) 구강 내 과증식(hyperplasia) 및 종양(neoplasia)

단순한 증식과 종양은 육안으로 구분함에 한계가 있으므로 조직병리학적 검사를 수행해야 하며, 그 결과에 따라 과증식 혹은 종양으로 진단한다. 잇몸 증식의 소견은 관습상·편의상 치은종(Epulis)이라 부르지만, 조직병리학적 검사 결과에 따라 치은종을 구성하는 세포, 치은종의 위치 등을 고려하여 진단명이 정해진다. 치은종은 주로 점막의 섬유세포들이 증식하면서 생기며, 치은종을 구성하는 세포에 따라 섬유종성(fibromatous), 섬유골성(fibroosseous), 골화(osseous) 치은종 등으로 명명한다. 구강 내 종양의 경우 조직병리학적 검사를 통해 양성과 악성 평가 및 정도에 따라 전이 평가가 필요한 경우가 있다. 각 동물종에서 자주 발생하는 구강 내 종양에 대해서는 동물별 질병에서 다시 다루도록 한다.

2) 식도

(1) 식도역류(Esophageal reflux, Reflux esophagitis)

위식도역류(Gastroesophageal reflux)라고도 불리는 식도역류는 식도의 기능장애, 특히 식도 하부의 조임근 이상으로 인해 위산, 펩신, 담즙, 이자액 등이 식도로 역류하는 질병이다. 원인으로는 식도 막힘(폐색), 복압 상승, 전마취 약물, 가로막 이상 등이 제시되고 있다. 위산과 소화효소들이 식도 점막을 손상시켜 미란, 궤양 등의 병변을 보이며, 만성 식도역류의 경우 식도 상피의 화생(metaplasia)을 일으켜 종양으로 발전할 가능성이 있다. 개와 고양이에서 가장 흔한 식도역류는 진정제나 마취제 투여 중에 일어나며, Propofol, Dexmedetomidine, Acepromazine, Midazolam 등의 약물에서 수술 중 식도역류를 보인 연구결과가 있다.

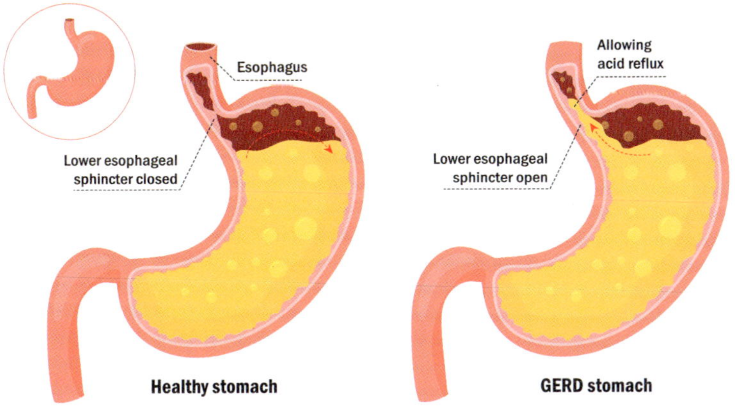

[그림 5-6] 위식도역류의 모식도

출처: https://www.shutterstock.com/ko/image-vector/healthy-stomach-gastroesophageal-reflux-disease-infographic-2237833177

(2) 거대식도증(Megaesophagus, Esophageal ectasia)

거대식도증은 식도의 연동 운동이 정상적으로 이루어지지 않아 식도가 확장되는 질병이다. 원인으로는 식도로 가는 신경 이상, 이물질에 의한 막힘, 협착, 염증반응 등이 후천적 원인으로 제시되고 있으나, 대부분은 원인 미상(idiopathic)이다. 선천적 원인으로는 오른쪽 대동맥궁 잔존증(Persistent Right Aortic Arch, PRAA)이 있으며, 이는 발생 과정에서 퇴화하여야 하는 오른쪽 대동맥궁이 출생 시까지 남아 있어 식도를 압박하는 기형이다. 임상증상으로는 구토, 음식물의 역류 등이 있으며, 조영제를 사용한 영상진단학적 검사로 진단할 수 있다.

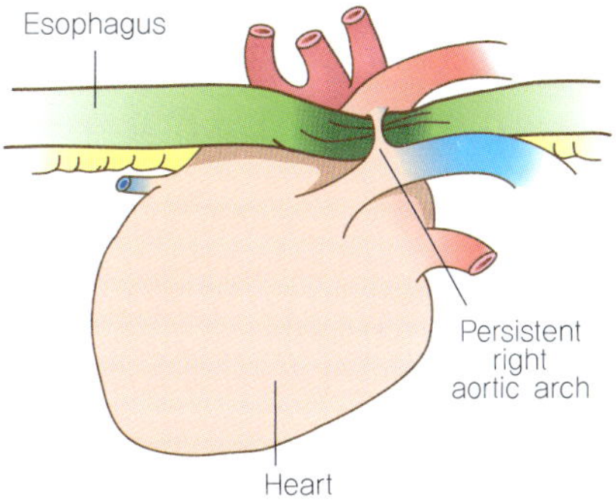

[그림 5-7] 거대식도증과 PRAA

출처: https://canine-megaesophagus.com/what-is-persistent-right-aortic-arch-praa/

3) 위

(1) 위확장염전(Gastric Dilatation and Volvulus, GDV)

위확장염전은 확장된 위가 염전(장이 장간막을 축으로 꼬이는 것)된 질병으로, 위 확장은 많은 동물에서 관찰되지만 위확장염전은 주로 개에서 발생한다. 위확장염전은 생명을 위협하는 질병으로, 단순 위 확장과 같이 생각해서는 안 된다. 위가 확장되는 원인은 다양하며, 과식, 위 내 가스(주로 이산화탄소) 축적, 공기연하증(aerophagia) 등이 있다. 위 확장에서 염전으로 이어지는 기전은 명확히 밝혀지지는 않았지만, 지속적인 위 확장으로 인해 위-간인대(gastrohepatic ligament)가 늘어남으로 인해 발생한다는 연구결과가 있다. 염전된 위로 인해 들문과 날문이 막히고 위는 계속 확장되며, 국소 빈혈(허혈, ischemia), 산-염기 불균형, 괴사가 발생한다. 또한 위와 비장은 위-비장인대(gastrosplenic ligament)로 연결되어 있어, 위 염전 시 비장은 함께 돌아가게 된다. 이에 따라 위와 비장의 정맥혈은 순환되지 못하고 정맥환류량(venous return)이 줄어들며, 연쇄 작용으로 전신 저혈량성 쇼크 상태가 된다. 줄어든 간문맥의 정맥환류량으로 인해 이자 또한 국소 빈혈 상태에 빠지고 이자에서 분비되는 심근억제인자(Myocardial Depressant Factor, MDF)는 심근 수축을 감소시켜 쇼크를 가속한다. 산-염기 불균형, 정맥환류량 감소, 심근억제인자 분비 등의 복합적인 기전으로 인해 질병 발생부터 사망까지 매우 빠르게 진행되며, 특이적인 징후, 증상, 기저질환, 과거병력 등이 없이 급사한 개체를 부검했을 때 가장 많은 사인 중 하나이다.

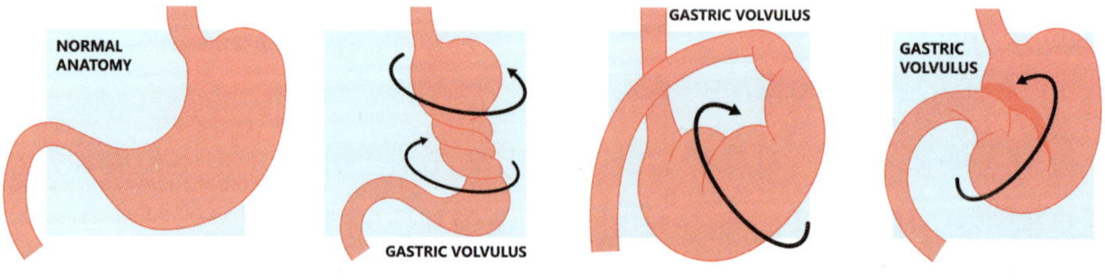

[그림 5-8] 위확장염전

출처: https://www.shutterstock.com/ko/image-vector/ileus-bowel-toxic-small-midgut-cecal-2133429541

(2) 위염(Gastritis)

위염은 임상적으로 위의 자극 혹은 과민 상태로 인해 구토, 탈수, 전해질 불균형 등을 일으키는 용어로 사용된다. 병리학적으로 원인과 병변은 다양하며, 병원체 감염, 화학적 자극, 기계적 자극 등으로 원인을 구분할 수 있다. 병변은 염증세포의 침윤, 미란, 궤양, 천공까지 질병의 진행 상황에 따라 구분한다. 사람의 경우 위궤양을 동반하는 위염에서 가장 많은 원인은 *Helicobacter pylori* 균의 감염이지만, 동물에서 해당 균이 위염을 일으키는 일은 매우 드물다.

(3) 위궤양(Gastric ulceration)

점막층의 상처는 상피층의 일부 손상인 미란(erosion), 상피층의 완전 손상 및 바닥막까지의 손상인 궤양(ulceration), 바닥막을 넘어 손상되어 복강 내로 뚫리는 것은 천공(perforation)이라고 한다. 동물에서 궤양성 병변의 가장 주요한 원인은 소화성 궤양(peptic ulcer)으로 위산 과다, 점막층의 염기성 보호막 붕괴 등의 산-염기 불균형으로 인해 발생한다. 이런 위 내 산-염기 불균형을 유발하는 흔한 약물 중 하나는 비스테로이드성 항염증제(nonsteroidal anti-inflammatory drugs, NSAIDs)가 있다. 위궤양으로 인해 위출혈이 발생하는 경우, 혈액은 소화관을 거치며 소화되고 결과적으로 흑색변(melena)이 배출된다. 이를 통해 상부 소화기계에 출혈이 있었음을 의심할 수 있고, 혈변(hematochezia)이 관찰되는 경우에는 하부 소화기계에 출혈이 있었음을 의심할 수 있다.

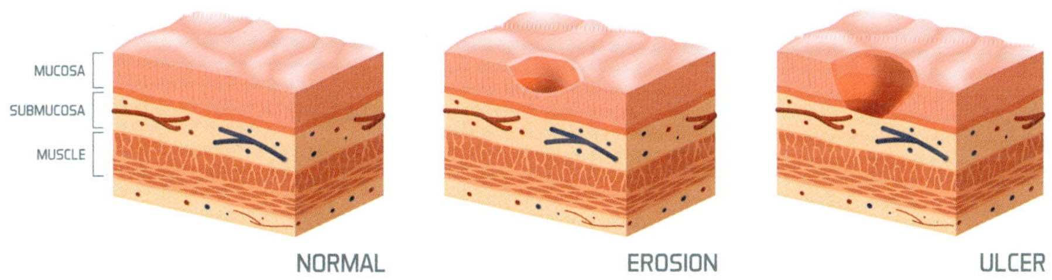

[그림 5-9] 위 점막의 미란과 궤양

출처: https://www.shutterstock.com/ko/image-vector/stomach-erosion-peptic-ulcer-stages-infographic-626849810

4) 장

(1) 장 이탈(Intestine displacement)

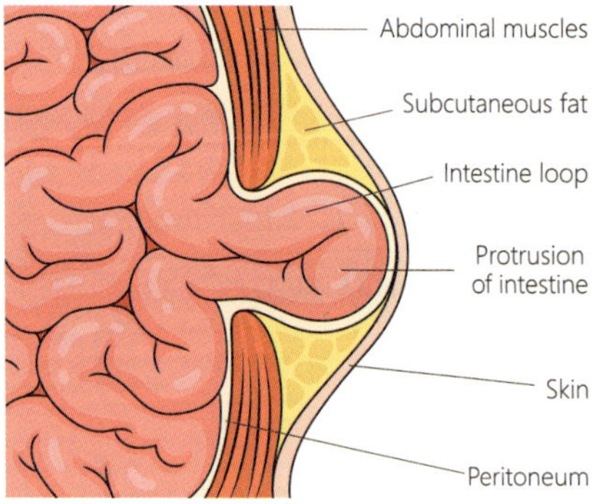

[그림 5-10] 배꼽 장이탈

출처: https://www.shutterstock.com/ko/image-vector/umbilical-hernia-structure-scheme-diagram-schematic-2363756097

장 이탈은 장 전체 혹은 일부가 원래의 해부학적 위치에서 이탈하는 과정과, 그로 인해 이탈된 부분에 혈류 장애가 생기는 과정과 결과를 말한다. 원인, 치료 방법, 결과에 따라 다양한 이름으로 장 이탈을 구분하지만, 임상적으로 탈장(hernia)이라는 용어를 사용해 설명하기도 한다. 장 이탈은 체내(internal)와 체외(external)로 구분하는데, 여기서 체내와 체외의 구분은 복강을 말한다. 체내 장 이탈은 복강 내 장간막, 간 인대 등에 생긴 구멍으로 장 일부가 이탈하는 경우이다. 체외 장 이탈은 복강 외부로 장 일부 혹은 전체가 복막에 쌓인 채(hernia sac) 이탈하는 경우이다. 이 경우 가로막(diaphragmatic), 배꼽(umbilical), 음낭(scrotal), 사타구니(inguinal) 등의 위치로 복막에 쌓인 장이 이탈하게 된다.

(2) 장 염전과 꼬임(Volvulus and Torsion)

염전과 꼬임은 모두 장이 꼬이거나 매듭을 만드는 상태이다. 두 상태는 꼬이는 축(axis)에 따라 나뉜다. 염전은 장이 장간막을 축으로 꼬이는 것이고, 꼬임은 장의 긴 축을 기준으로 꼬이는 것이다. 염전과 꼬임은 급격한 운동, 장 내 이물질, 염증 등에 의해 발생할 수 있으며, 장이 꼬이는 경우 해당 부분에 혈류가 흐르지 않으므로 초기에는 경색(infarction)이 발생하며, 더 나아가 결국 괴사하게 된다. 수술을 통해 꼬인 장을 풀어줄 때, 꼬인 부분에서 경색과 괴사가 발생해 검붉게 관찰되는 부위와 영향을 받지 않아 정상인 부위의 색 차이를 바탕으로 수술 부위를 결정할 수 있다.

(3) 장폐색(Intestinal obstruction)

장관이 어떠한 원인에 의해서 막히는 것을 의미한다. 기계적 장폐색은 외부 이물질이 장관을 막아 발생하며, 모든 동물에서 관찰될 수 있다. 이물질에 의해 장이 완전히 막혔을 때 국소 빈혈(허혈)에 이어 막힌 부위에 괴사가 발생하며, 장 내 내용물이 이동하거나 흐를 수 없으므로 소화장애, 배변 장애 등의 임상증상을 보인다. 건전지, 동전 등을 동물이 섭취하였을 때 이물질이 장내에 남아 구리나 아연 중독증을 일으킬 수 있다. 장은 외부 물질이 들어오는 통로이기에 물리적 · 병리학적 손상이 잦으며, 이를 보상하려 빠른 세포 분열을 통해 손상을 빠르게 복구하는 성질을 가졌다. 이런 성질은 어린 개체에서 두드러지는데, 어린 개체에서 병원체 감염, 종양, 이물질 등의 원인으로 염증반응이 일어난 뒤, 장 상피세포가 빠르게 회복하는 과정에서 장 내강 상피세포끼리 협착(stricture)되어 장 내강이 좁아지다 결국 장폐색에 이르는 경우가 있다.

(4) 장중첩(Intussusception)

장중첩이란 장의 일부가 바로 이어지는 장에 망원경처럼 내강으로 말려들어 간 상태를 의미하며, 장폐색 중 하나의 형태로 분류한다. 원인은 장 과민증이나 과운동성에 의해 발생하는 것으로 알려져 있다. 장중첩으로 인한 임상증상 및 위험성은 장폐색과 같으며, 발생 초기에 수술적으로 말려들어 간 장을 빼내지 않으면 말려들어 간 장들이 협착되어 장폐색으로 발전한다.

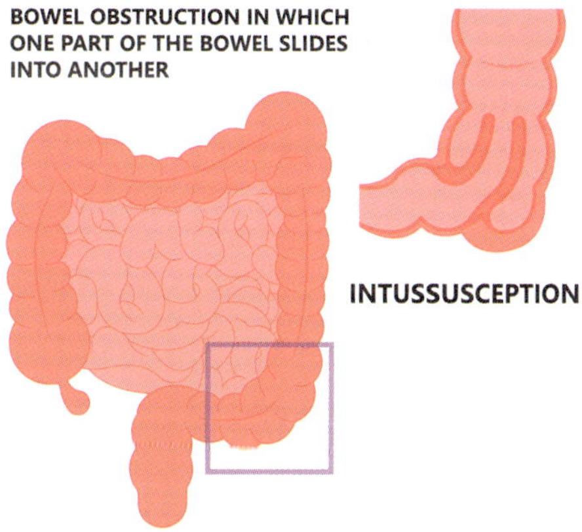

[그림 5-11] 장충접

출처: https://www.shutterstock.com/ko/image-vector/ileus-bowel-toxic-small-midgut-cecal-2133438877

(5) 설사(Diarrhea)

정상에 비해 물이 많이 함유된 분변의 양과 횟수가 증가하는 상태를 설사로 정의할 수 있다. 설사는 단순하게 비염증성과 염증성으로 분류할 수 있다. 비염증성 설사는 장세포의 소화와 흡수 기전을 방해하는 형태로 설사를 유발한다. 염증성은 세포독소 분비, 직접 세포 공격, 염증 사이토카인 분비 등으로 장 염증을 일으켜 설사를 유발한다. 설사로 인해 전해질과 수분이 체외로 빠르게 배출되므로 산-염기 불균형, 탈수 등이 발생하며, 일시적 전해질 불균형과 탈수는 생체에 큰 무리를 주지 않지만 빠르게 교정하지 않는다면 연쇄 작용으로 생명을 위협하거나 영구적인 장애를 일으킬 수 있다.

(6) 염증성 장 질환(Inflammatory Bowel Disease, IBD)

염증성 장 질환은 병리학적으로 유효한 객관적 진단을 내리기 어려운 임상적 증후군이다. 그러기에 최근에는 염증성 장 질환이라는 용어보다는 특발성 장염(Idiopathic intestinal inflammation)이라는 용어를 사용하기도 한다. 염증성 장 질환의 진단은 임상의가 장 질환을 유발할 수 있는 원인에 대해 다양한 진단학적 검사를 수행했음에도 뚜렷한 원인이 밝혀지지 않을 때 내려진다. 염증성 장 질환은 장의 염증으로 특징지어지는 다양한 원인 중 병원체나 음식에 의해 적절하지 못한 장의 면역반응이 주요한 원인으로 제시되고 있다. 만성적인 설사를 특징으로 하며, 수분, 전해질, 단백질 등이 분변과 함께 배출되므로 증상에 맞는 대증치료(symptomatic treatment)와 함께 원인으로 의심되는 음식에 대한 조절과 항생제 처치를 한다.

4. 개의 질병

1) 흑색종

흑색종(Melanoma, Melanocytic neoplasm)은 개의 종양 중 높은 비율을 차지한다. 멜라닌을 생성하는 멜라닌세포(melanocyte)의 이상증식으로 일어나는 흑색종은 특히 개의 눈꺼풀이나 구강 등의 점막에서 발생 시 높은 확률로 악성(malignant)이며, 주변 림프절이나 다른 장기로 전이될 확률도 매우 높다. 일반적으로 털이 난 피부에서 발생한 흑색종은 양성으로 여기며, 점막에서 발생한 흑색종은 악성으로 여긴다. 수술로 제거한 후 조직병리학적 검사를 통해 종양의 단계를 평가해야 하며, 높은 단계로 진단되었을 경우 예후는 매우 좋지 않으며, 추가로 항암을 위한 화학요법이나 방사선요법이 필요하다.

2) 파보바이러스 장염

개에서 파보바이러스 장염(Parvovirus Enteritis)을 일으키는 파보바이러스는 2개의 형태가 있다. 1형은 어린 강아지에 감염되어 호흡기질병과 심근염을 일으킨다. 2형(Canine parvovirus-2, CPV-2)은 전형적인 장염을 일으키며, 분변-구강 경로로 감염된 뒤 5~12일 후 증상을 보인다. 파보바이러스는 빠르게 증식하는 세포를 공격하기에 장의 움(crypt)에 손상을 입힌다. 파보바이러스는 전염력이 매우 강하고 적절한 치료를 하지 않았을 때 생존율은 매우 낮다. 어린 개체일수록 바이러스 감염에 의한 치명률이 높고, 성체에서 감염 시 낮은 치명률을 보이며 불현성인 경우가 많다. 파보바이러스는 외부 환경에서 매우 안정적으로 살아남을 수 있기에 감염된 개체가 사육되었거나 치료된 환경은 철저한 소독을 요한다. 최초 무기력, 열 등의 증상을 보이며, 시간이 지나면서 식욕 상실, 구토, 설사를 보인다. 설사는 주로 흑변이나 혈변의 형태로 관찰된다. 감염되어 증상을 보이는 강아지는 파보바이러스 감염 특유의 악취가 난다. 감염 기간 구토와 설사를 통해 지속해서 체액과 전해질이 빠져나가고 장 출혈로 인한 빈혈이 발생하므로 신속한 처치를 요한다.

3) 코로나바이러스 장염

개와 고양이에서 코로나바이러스 장염(Coronavirus Enteritis)을 일으키는 코로나바이러스는 개 장 코로나바이러스(canine enteric coronavirus), 고양이 코로나바이러스(feline coronavirus), 개 호흡기 코로나바이러스(canine respiratory coronavirus) 세 가지가 있다. 코로나바이러스는 변이가 쉽게 일어나므로 종간 전염(cross-species transmission)이 발생하며, 변이에 따라 그 병원성도 다양하다. 코로나바이러스는 소장의 융모에 침입하여 장염을 일으키는데, 과거와 달리 최근 코로나바이러스에 감염된 개는 미약한 증상을 보이거나 무증상을 보이는 경우가 많다. 바이러스의 변이에 따라 증상은 다양하며, 일반적으로 식욕 상실, 구토, 설사, 탈수 등을 보인다. 장의 움을 공격하는 파보바이러스와 달리 융모에만 영향을 끼치므로 회복이 빠르고 장 출혈로 인한 혈변이나 흑변은 일반적으로 관찰되지 않는다.

5. 고양이의 질병

1) 파보바이러스 장염

개의 파보바이러스와 유전자상으로 약 2% 정도의 차이가 있을 정도로 매우 유사한 바이러스이다. 고양이의 파보바이러스 장염은 고양이 디스템퍼(Feline distemper) 혹은 고양이 범백혈구감소증(Feline panleukopenia)이라고도 불리며, 개 파보바이러스는 고양이에 감염되어 증상을 유발할 수 있지만, 고양이 파보바이러스는 일반적으로 개에 감염이 되지 않고, 감염이 되어도 증상을 유발하지 않는다. 개 파보바이러스 감염과 마찬가지로 고양이 파보바이러스에 감염된 고양이는 열, 무력감, 식욕 상실, 구토, 혈변 및 흑변 등의 증상을 보이며, 감염 시기가 어릴수록 치명적이고 성체로 가며 임상적인 증상을 보이지 않는 경우가 많다. 고양이 파보바이러스의 특징적인 증상은 백혈구 감소가 있으며,

이런 이유로 고양이 파보바이러스는 고양이 범백혈구감소증 바이러스(Feline panleukopenia virus)라고도 부른다. 또한 고양이 파보바이러스가 자궁 내 감염이나 어린 개체에서 감염되면 소뇌 형성부전(cerebellar hypoplasia)의 사례가 발생하기도 한다.

2) 코로나바이러스 감염증

전 세계적으로 매우 흔하게 관찰되는 고양이 코로나바이러스 감염증(feline coronavirus infection)은 분변-구강 경로로 감염되며, 일반적으로 임상증상을 일으키지는 않는다. 증상은 가벼운 설사나 구토로 한정되며, 어린 고양이의 경우 이런 임상증상을 보이는 경우가 성체에 비해 잦다. 하지만 가끔 이런 해가 없다고 여겨지는 고양이 장 코로나바이러스가 변이를 일으키는데, 이 경우 고양이 전염성 복막염(Feline Infectious Peritonitis, FIP)으로 진행된다. 고양이 전염성 복막염은 매우 치명적이며, 고양이의 사망을 일으키는 전염성 질병 중 가장 흔한 면역 매개성 질병이다. 바이러스에 감염된 면역세포는 결과적으로 치명적인 면역 매개성 반응을 통해 육아종을 형성하거나 혈관염을 일으킨다. 이에 따라 육아종성(granulomatous) 혹은 화농성 육아종성(pyogranulomatous) 병변이 나타나는데, 병변은 신경계, 눈, 실질 장기 표면에 두드러지게 관찰된다. 기전과 병변에 따라 고양이 전염성 복막염은 건성(dry, non-effusive, 비삼출성)과 습성(wet, effusive, 삼출성)의 두 가지 형태로 나뉜다. 이 중 습성 고양이 전염성 복막염은 혈관염으로 인해 혈관에서 단백질을 포함하는 삼출액이 새어 나와 흉강과 복강 내에 고이는 형태로 관찰된다.

6. 설치류의 질병

1) 티저병

티저병(Tyzzer's disease)은 *Clostridium piliforme* 감염에 의한 세균성 질병이다. 티저병은 대부분의 동물이 감염될 수 있지만, 감염에 의한 중요성이 큰 곳은 토끼, 마우스, 랫트 등의 실험용 설치류이다. 원인균인 *Clostridium piliforme*은 구강-분변 경로로 전파되며, 분변을 통해 배출된 병원균이 깔짚에서 1년 이상 생존할 수 있기에 실험용 설치류에서 그 위험성이 크다. 마찬가지로 톱밥이나 건초 등의 깔짚 환경에서 사육하는 햄스터, 토끼 등의 반려동물 또한 티저병의 감염 위험이 있다. 증상은 무증상부터 무기력, 식욕저하, 설사, 혈변 등 다양하며, 급성 감염의 경우 설사 증상 12 ~24시간 후 사망에 이를 정도로 치명적이다.

2) 증식성 회장염

증식성 회장염(Proliferative ileitis, Wet tail)은 *Lawsonia intracellularis* 병원균 감염에 의해 발생하는 햄스터에서 매우 흔하게 발생하는 소화기 질병이다. 주로 2~8주령의 어린 개체가 영향을 받으며, 병원균은 구강-분변 경로로 감염된다. 단순 감염에 의한 것이기보다는 감염된 개체에 스트레스, 환경 변화, 식이 등의 복합적인 이유가 원인으로 제시된다. 증상은 악취가 나는 설사, 식욕부진, 탈수 등이 있으며, 적절한 처치가 주어지지 않으면 수일 내 사망하는 치명적인 질병이다. 수양성 설사로 인해 항문 주변과 꼬리가 젖기에 꼬리젖음병이라 불린다.

3) 설치류의 구토반사

토끼, 햄스터를 포함하는 설치류 대부분은 구토(vomit, emesis)하지 못한다. 이들은 하부 식도 조임근이 강한 것과 더불어 최근 연구에서 구토반사(emetic reflex)가 불가능한 구조로 되어 있다는 것이 밝혀졌다. 구토를 할 수 없기에 설치류는 과식에 취약하며, 독성물질을 섭취했을 때 구토를 통한 배출을 기대할 수 없다. 따라서 설치류가 소화기 증상을 보였다면 원인이 상부 소화기에서 시작되었을 가능성이 있다. 또한 설치류는 털을 다듬는 과정에서 털을 섭취하기도 하는데, 이렇게 생성된 모구(hairball, trichobezoar)는 정상적인 상태라면 소화관을 따라 분변으로 배출되지만 소화기에 문세가 생겨 모구를 배출하지 못하고 쌓이게 된다면 장폐색을 유발할 수 있다.

7. 조류의 질병

1) 소낭 화상

소낭은 조류의 식도 상부 일부가 확장된 얇은 근육층의 소화기관으로, 먹이를 소화하기 이전에 잠시 저장하는 장소이다. 소낭 화상(Crop burn)은 어린 조류에게 급여를 하는 과정에서 흔하게 발생한다. 먹이를 데운 뒤 충분히 섞지 않아 온도가 높은 부분이 급여되어 생기는 경우가 많다. 어린 개체는 깃털이 자라지 않은 상태이므로 육안검사를 통해 붉게 변색된 소낭을 확인할 수 있다. 화상이 심하면 화상 부위에 괴사 및 천공이 발생할 수 있다. 심한 화상이 의심되면 수술을 통해 손상된 부분을 절제할 수 있으나 시간을 두고 화상 병변의 경계가 명확해진 뒤 수술해야 한다.

2) 선위 확장증

선위 확장증(Proventricular Dilatation Disease, PDD)은 앵무새에서 소화기 질병을 일으키는 avian bornavirus 감염에 의한 바이러스성 질병이다. 이름과 달리 선위에만 영향을 미치는 것이 아닌 위장관 신경계에 영향을 끼쳐 소낭, 선위, 근위, 장 등 대부분의 소화기에 영향을 미친다. 감염된 앵무새는 위장관이 수축-이완 운동을 하지 못해 음식물이 정체되어 소화과정을 거치지 못한다. 임상증상으로는 모이 역류, 체중감소, 식욕부진, 분변에 섞인 소화되지 않은 모이 등이 있다. 현재 백신이나 치료제는 개발되지 않은 상태이며, 대증치료와 소화가 쉬운 먹이의 급여 등으로 처치한다. 신경계에 영향을 끼치는 바이러스이므로 소화기 증상뿐 아니라 신경계 증상 또한 관찰할 수 있다. 앵무새 종 이외에도 다양한 조류에 감염되고 임상증상을 보인다고 보고되었으나 바이러스의 정확한 병리학적 기전은 밝혀지지 않았다.

8. 파충류의 질병

1) 살모넬라

살모넬라(*Salmonella* spp.)균은 파충류와 양서류의 장에 정상적으로 존재하는 세균이다. 살모넬라 감염에 의해 파충류가 임상증상을 보이는 경우는 매우 적으나 환경 변화, 먹이 변화 등의 스트레스가 주어진 환경에서 살모넬라가 병원성을 띠는 경우가 있다. 살모넬라로 인한 임상증상은 식욕부진, 소화장애 등이 있지만 대부분의 경우 파충류에서 살모넬라는 병원성을 띄지 않는다. 하지만 공중보건 측면에서 파충류와 양서류의 살모넬라는 위협이 되는데, 파충류와 양서류에서 살모넬라는 병원성을 띠지 않고 특별한 임상증상을 보이지 않지만 다른 동물이나 사람으로 전파가 가능한 인수공통전염병이기 때문이다. 구강-분변 경로를 통해 파충류와 양서류의 살모넬라균이 다른 종으로 전파될 수 있기에 파충류를 키우거나 진료·처치하는 경우에는 살모넬라의 위험성을 인지하고 있어야 한다.

2) 크립토스포리디움

구포자충 아강(coccidia, 콕시디아)에 속하는 크립토스포리디움(Cryptosporidium, 와포자충속)은 파충류에서 세계적으로 흔하게 발생하며, 치명적인 기생충이다. 뱀에서는 비대성 위염(hypertrophic gastritis)의 형태로 발병하며, 위 종창, 음식물 역류, 체중감소를 보이다 결국 사망한다. 도마뱀의 경우 장염의 형태가 전형적이며 식욕부진, 설사, 체중감소를 보이다 사망한다. 질병을 유발하기 충분한 수(number)가 필요한 다른 기생충과 달리 크립토스포리디움은 수와 관계없이 숙주의 면역상태에 따라 병원성을 나타낸다. 기생충의 수와 관계없이 병원성을 띠므로 분변 검사에서 검출이 안 되는 경우가 많으며, 위장관의 점막에서 직접 시료를 채취하여 기생충의 검사와 동정을 권장한다. 또한 면역상태가 저하되지 않으면 잠복감염 형태로 숙주에 기생하며, 구강-분변 경로를 통해 다른 개체로 전파 가능성이 높다. 크립토스포리디움의 치료는 현재도 매우 어려운 일이며, 임상증상이 개선되었어도 언제든 재발할 수 있다. 임상증상을 보이는 개체에서 크립토스포리디움이 확진되었다면 같은 사육 환경을 공유하는 개체의 보호를 위해서 안락사를 고려하기도 한다.

chapter 06

근골격계 질환

Diseases of Animals

1. 개요

동물의 몸은 단단한 골격, 유연한 관절, 움직임을 부여하는 근육 등으로 구성된 근골격계를 이루어 유기적으로 움직이며, 동물의 형태 유지와 내부장기를 보호한다.

뼈는 몸을 지지하고, 근육의 부착 부위를 제공하여 몸이 움직일 수 있게 하며, 내부장기를 보호하고, 골수에서는 조혈작용과 무기질 저장을 하는 역할도 한다.

근육은 뼈와 함께 근골격계를 형성하여 동물의 의지대로 움직일 수 있게 한다. 근수축의 기본단위인 근원섬유마디(sarcomere)는 액틴과 미오신의 움직임으로 수축과 이완이 일어난다.

관절은 2개 이상의 뼈가 맞닿아 연결되는 곳으로, 근육, 힘줄, 인대, 활막, 연골, 관절주머니 등으로 구성되어 관절이 움직일 수 있게 한다.

동물에게서 공통으로 발생할 수 있는 대표적인 뼈 질환은 골절이며, 이 외에도 범골염, 고관절 이형성증, 박리성 골연골증, 골종양 등이 발생할 수 있다. 관절의 대표적인 질병은 십자인대 부상, 탈구, 염증(관절염), 추간판 탈출증, 변형성 척추증 등이다. 근육에서는 염증성, 면역매개성, 후천성, 특발성 근육병증이 있다.

토끼는 뼈가 약하여 골절이 잘 발생하며, 대표적으로 요추의 척추관절강직증으로 하지마비(뒷다리마비)를 보인다. Splay leg(벌어진 다리) 또한 뒷다리를 쓰지 못하는 질환으로 원인은 불명확하다. 새에서는 교상, 비행 시 충돌, 자해 등으로 외상(연부조직 손상)이 잘 발생하며, 골절에 따른 파행, 다리 밴드로 인한 수축성 손상이 발생 가능하다. 파충류에서는 대사성 골질환(부갑상선기능항진증, 미네랄/비타민 부족 또는 부적절한 비율)으로 뼈가 약화되고, 발육부전 등이 발생한다. 근골격계 질환 시에는 체중감소, 통증과 운동기능장애를 수반하는 경우가 많다.

본 단원에서는 근골격계에서 발생하는 대표적인 질병에 대해 다루도록 한다.

2. 뼈, 관절, 근육의 구조

동물의 몸은 단단한 골격, 유연한 관절, 움직임을 부여하는 근육 등으로 구성된 근골격계를 이루어 유기적으로 움직이며, 동물의 형태 유지와 내부장기를 보호한다.

근골격계의 질환은 외상(골절, 인대 파열 등), 퇴행성 변화(박리성 골연골염, 퇴행성 관절질환, 유합되지 않은 유착 돌기 등), 염증(근염, 범골염 등), 변형·기형(슬개골 탈구 등), 신생물(종양 등) 등의 발생으로 근육, 신경, 뼈, 힘줄(tendon), 인대(ligament), 관절(joint) 등의 조직이 손상되어 운동 기능장애와 통증을 수반하는 경우가 많다.

1) 뼈

뼈(Bone)는 뼈내를 만들어 몸을 지지하고, 근육의 부착부위를 제공하여 몸을 움직일 수 있게 하며, 내부장기(뇌, 심장 등)를 보호하고, 골수에서는 조혈작용을 하며, 무기질을 저장하는 역할도 한다.

뼈의 기본구조는 골단(epiphysis, 뼈끝단, 뼈머리), 골간단(metaphysis, 뼈몸통끝, 뼈목), 골간(diaphysis, 뼈몸통)으로 나누며, 뼈의 바깥은 치밀뼈를 이루고 뼛속에는 해면뼈가 있어 강하면서도 무겁지 않게 한다. 긴뼈의 뼈몸통에는 골수가 존재하며, 나이가 들면 적색골수에서 황색골수로 변화된다. 뼈는 모양에 따라 긴뼈, 납작뼈, 짧은뼈 등으로 나누며, 뼛속에는 골아세포, 골세포, 파골세포, 조골세포 등이 있어 새로운 뼈를 생성하거나 오래된 뼈를 파괴하고 흡수한다.

- 뼈막(골막, periosteum): 연골 부위를 제외한 모든 뼈의 표면을 싸고 있으며, 근육이나 힘줄이 뼈에 부착하는 부위이다. 이 섬유성 골막은 강한 결합조직의 막으로 혈관과 신경이 많이 분포되어 있어 뼈에 영양을 공급하고, 뼈를 보호하며 뼈의 재생에 중요한 역할을 한다.
- 풋뼈(골질, osteoid): 골질은 치밀질과 해면질의 두 조직으로 되어 있다. 외부에 있는 치밀질은 골세포와 기질로 조밀하게 구성되어 있으며, 주로 혈관이나 신경이 통과하는 관(canal)인 하버스계(haversian system)로 구성되며, 볼크만관(Volkmann's canal)을 통해 가로로 서로 연결된다. 내부의 해면질은 스펀지처럼 구멍이 많은 골소강들이 서고 얽혀 있는 망상 구조로 되어 있어 그 속이 조혈기관인 골수가 된다.
- 뼈단위[Harvesian system(osteon)]: 뼈의 장축과 평행한 하버스관(중심관, Harvesian canal)을 중심으로 이를 둘러싼 층판(lamella)으로 동심원적으로 실린더 모양의 구성체, 혈관과 신경이 하버스관을 통하여 뼛속으로 영양과 감각을 공급한다.

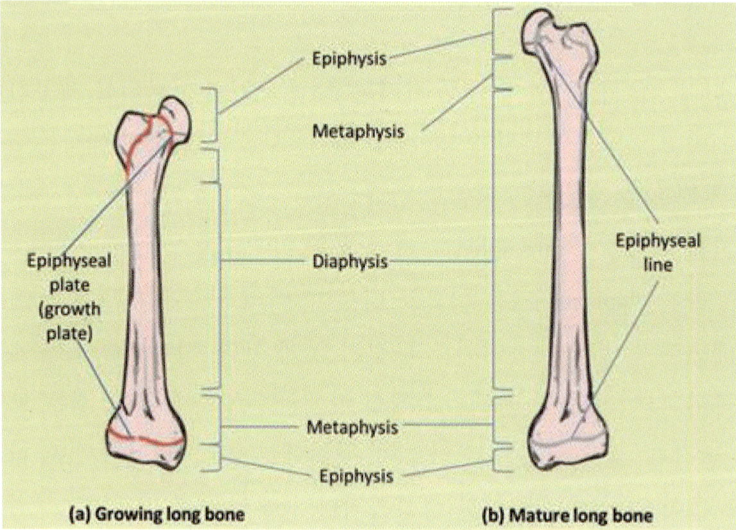

[그림 6-1] 뼈 각 부분의 이름

출처: Bone Development and Growth | IntechOpen

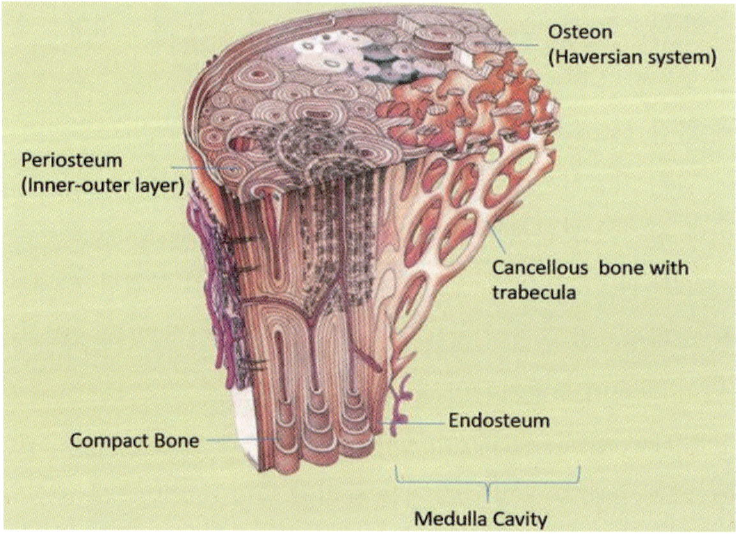

[그림 6-2] 뼈막(periosteum)과 풋뼈(osteon)

출처: Bone Development and Growth | IntechOpen

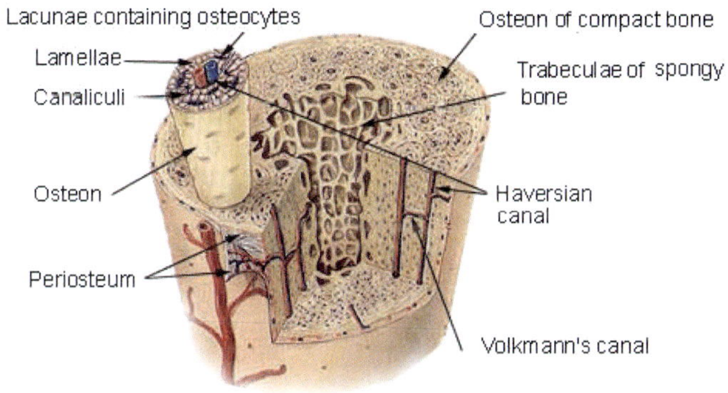

[그림 6-3] 치밀골(compact bone)과 해면골(spongy bone)

출처: 정형외과학의 정의, 기본과학, 뼈, 하버.. : 네이버블로그 (naver.com)

2) 근육

골격근(skeletal muscle)은 뼈와 결합하여 근골격계를 형성한다. 골격근은 의지대로 움직일 수 있는 수의근(voluntary muscle)이며, 가로무늬근(횡문근)으로 이루어져 있다. 가로무늬는 근육의 수축단위인 근원섬유마디(sarcomere)에서 발견되는 액틴과 미오신 섬유의 결합으로 생긴다. 이러한 근육섬유의 수축은 신경근접합부에서 신경세포 자극에 의한 칼슘 방출로 시작되며, 여러 개의 근육섬유 수축으로 인해 그 근육에 붙어 있는 뼈를 움직인다.

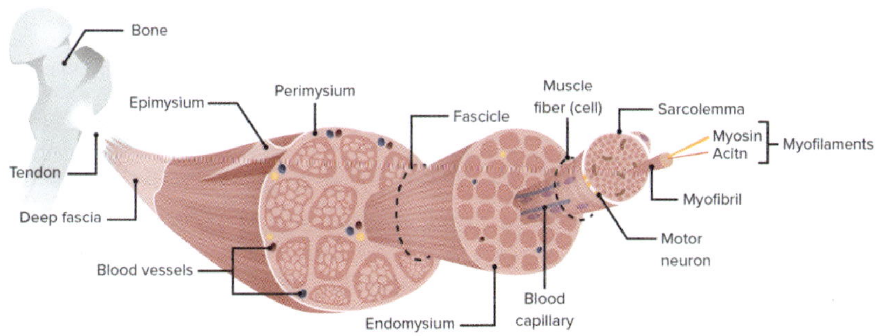

근원섬유(myofibril) – 근섬유(muscle fibers) – 근섬유다발(fascicle) – 근힘살(muscle belly)

[그림 6-4] 근육의 구조

출처: Muscle Tissue: Histology | Concise Medical Knowledge (lecturio.com)

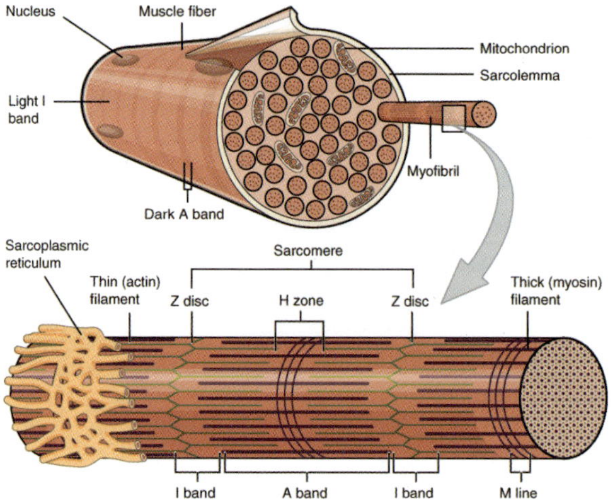

근육원섬유마디(sarcomere) 액틴과 미오신의 근육원섬유마디(sarcomere)는 근육수축의 기본단위로서 액틴과 미오신의 배열에 따라 Z disc, A band, I band, H zone, M line이 생긴다.

[그림 6-5] 근육수축의 기본단위

출처: Muscle Tissue: Histology | Concise Medical Knowledge (lecturio.com)

3) 관절

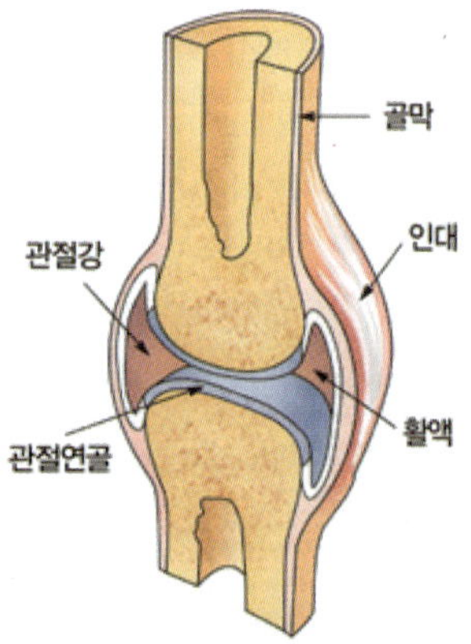

[그림 6-6] 관절의 기본구조

출처: 관절 | 인체정보 | 의료정보 | 건강정보 | 서울아산병원(amc.seoul.kr), 관절 - 나무위키 (namu.wiki)

2개 이상의 뼈가 서로 맞닿아 연결되는 곳을 관절(Joint)이라고 하며, 몸이 움직일 수 있게 한다. 관절은 근육, 힘줄[Tendon, 근육을 뼈(근막)에 부착. 움직임을 만들어 내는 구조에 많이 사용], 인대[(Ligament, 뼈와 뼈를 연결하고, 관절이 제 위치를 자리 잡도록 하는 구조로, 외상(십자인대파열)과 관련], 활막, 관절주머니, 연골 등으로 구성된다. 활막(synovial membrane, 활액막)은 활액을 관절주머니 내에 분비하여 마찰을 줄이고, 연골은 뼈연접부에 존재하여 마찰을 줄인다.

관절은 가동관절과 부동관절로 구분되며, 가동관절에는 평면관절(추간관절), 구관절(고관절), 타원관절 등이, 부동관절에는 머리뼈, 흉골, 쇄골이 있다.

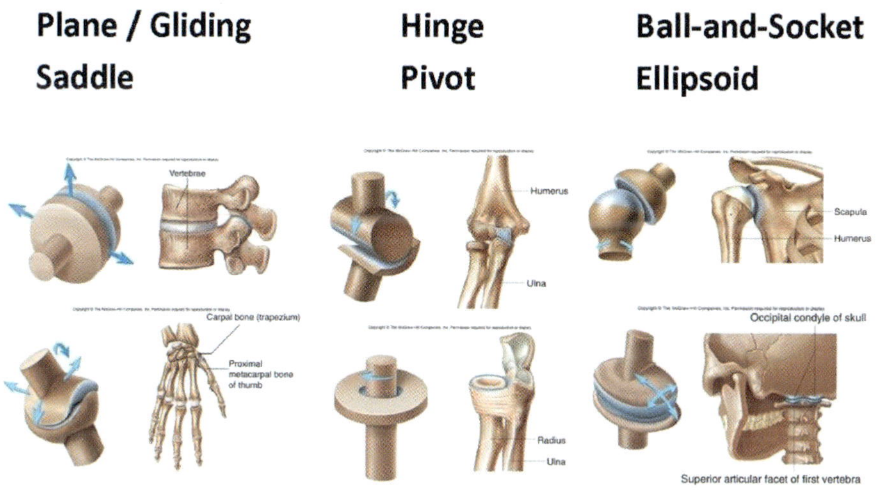

[그림 6-7] 관절의 종류

출처: 관절 | 인체정보 | 의료정보 | 건강정보 | 서울아산병원 (amc.seoul.kr), 관절 - 나무위키 (namu.wiki)

3. 동물의 공통질병

1) 뼈의 질병

(1) 골절

골절(Frfactures)은 뼈가 부러지거나 깨진 경우로, 골절된 뼈에 의해 피부, 인접근육, 혈관, 신경, 장기 등이 손상될 수 있다. 발생원인은 대부분 외력(충돌, 교통사고, 걷어채임, 추락 등), 뼈 질환, 무기질과 영양소 부족 등이다. 골절은 뼈의 외부 노출 여부에 따라 개방성 골절(뼈가 외부로 노출됨)과 폐쇄성 골절(뼈가 외부로 노출되지 않음)로 구분하고, 골절편수에 따라 단순골절과 분쇄성 골절, 발생기전에 따라 압박골절, 굴곡골절, 염전골절, 열개골절 등으로 구분한다.

임상증상으로 외상, 격심한 통증, 국소 압통, 파행, 뼈의 변형과 전위, 운동기능 상실, 마찰음, 종창, 열감, 출혈, 국부 부종 또는 멍, 이상운동, 파행, 신경마비, 합병증(쇼크, 중추신경장애, 내부장기 손상 등)이 나타날 수 있다. 진단방법은 방사선 검사(2개 이상의 방향에서 촬영)로, 특히 정상부위 방사선 사진과 비교하여 진단한다.

치료를 위해 깁스와 부목을 했더라도 골절조각이 회전하거나 움직일 수 있어 일부 골절에서는 치유가 지연되거나 뼈가 붙지 않는 경우가 있다.

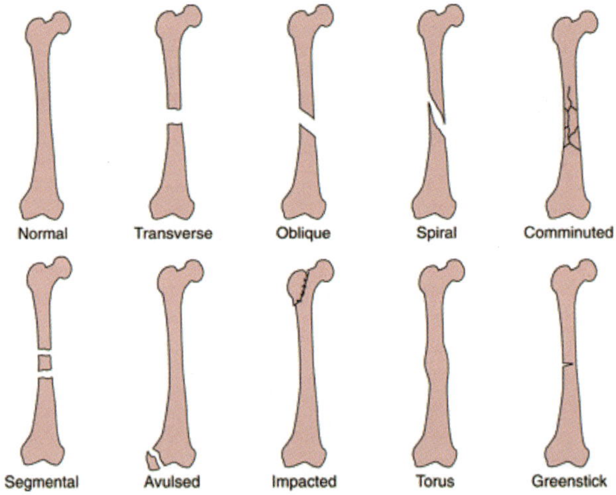

[그림 6-8] 골절의 종류

〈표 6-1〉 골절의 분류

분류	골절명	설명
골절편 수	선상골절(linear f.)	뼈에 금이 갔을 때
	단순골절(simple f.)	1개의 골절선에 2개의 골절편
	분쇄골절(comminted f.)	3개 이상의 골절편, 둔탁한 외력이 광범위 시 발생
	분절성 골절(segmental f.)	별도의 2개의 완전한 골절이 한 뼈에 존재
골절면 방향	횡골절(transverse f.)	둔탁한 외력이 순간적으로 선상으로 작용 시, 광범위한 연부조직 손상
	사골절(obligque f.)	간접적 외력에 발생, 비교적 적은 연부조직 손상, 골절선이 짧고 골절이 둥글다.
	나선골절(spiral f.)	간접적 외력에 발생, 비교적 적은 연부조직 손상, 골절선이 길고, 골절면이 넓다. / 전위가 넓어서 불완전성 골절
	종골절(longitudinal f.)	골절선이 세로로 장축과 평행을 이룸

분류	골절명	설명
개방성 여부	개방골절(open or compound f.)	골절된 뼈가 피부 밖으로 노출
	폐쇄골절(closed f.)	뼈가 피부 밖으로 노출되지 않음
골절 정도	완전골절(complete f.)	골피질의 연속성 소실, 성견
	단순/폐쇄(simple/closed)	연부조직 및 피부는 정상, 임상골절, 골편수가 3편 미만
	감입(impacted)	골절된 뼈의 한쪽 끝이 다른 뼛속에 그대로 남아 있는 골절
	분쇄(comminuted)	골편수가 3편 이상
	개방(open/compound)	외부 창상이 있고, 골절된 뼈가 노출
	합병(complicated)	골절 주위에 있는 중요조직이나 기관에 손상을 일으키는 골절
	압박(compression)	힘에 의해 단단한 간부가 해면성 조직으로 눌려 들어가 골단과 골간단을 경유하는 Y형/T형 골절
	불완전골절(incomplete or partial f.)	골절이 한쪽 피질골의 연속성만 소실, 어린 연령
	그린스틱(greenstick)	어린 연령, 골피질의 일부가 떨어져 나간 상태
	균열(infraction)	골편의 전위가 없으면서 뼈에 금이 간 상태
	관통(penetrating)	총탄의 관통 등
	함몰(depressed)	뼈의 일부분이 푹 들어간 골절(예: 두개골)
골절의 안전성	안정성 골절(stable f.)	정복 시 전위를 일으키는 적은 골절(짧은 사골절, 횡골절)
	불안정성 골절(unstable f.)	정복해도 다시 전위를 일으키는 골절(긴 사골절, 나선골절)
손상 기전	직접외상	
	타박(tapping)	적은 힘이 짧은 시간에 좁은 면적에 작용(주로 횡골절이 발생)
	압좌(crush)	큰 힘이 넓은 부위에 작용(심한 분쇄 또는 회골절 발생)
	관통(penetrating)	총탄의 관통 등으로 발생
	간접외상	
	견열/신장(avulsion/tension)	인대와 연결되어 있는 골절편과 다른 골절편이 분리된 상태
	각형성(angulation)	장골에 굴곡성 외력이 작용하면 외력에 가까운 쪽에서 압력으로, 먼 쪽에서는 장력으로 작용
	회전(rotational)	장관골이 회전력을 받아 골절이 발생
	압박(compression)	견고한 골간부가 골간단 속으로 감입된 형태
	각형성 장축 압박성 (angulation & axial compression)	여러 가지 외력의 복합력에 의해 골절이 발생하며, 골절선 방향은 각 힘의 비율에 따라 결정됨

분류	골절명	설명
특수원인	병리적 골절(pathologic f.)	골다공증이나 골종양 등에 의해 골절됨
	스트레스/피로 골절 (stress/fatigue f.)	뼈의 일정한 장소에 반복되는 격심하지 않는 스트레스에 의해 발생
골편의 전위 displacement	외측전위(lateral displacement)	골절 시 뼈의 위치가 수평으로 이동한 것
	각전위(angulation d.)	골절 부분에 각이 형성된 골절, 주로 사횡상(oblique transverse) 골절
	중복전위(overlapping d.)	한 뼈의 골절부 말단이 서로 겹쳐진 형태의 골절로 뼈의 길이가 외형적으로 짧아진다.
	회선전위(rotator d.)	골절된 뼈의 원위부 골편이 장축을 중심으로 회전한 것. 염력 작용 시 발생

출처 : 골절(Fracture, Fx.) 골절의 정의와..: 네이버블로그(naver.com)

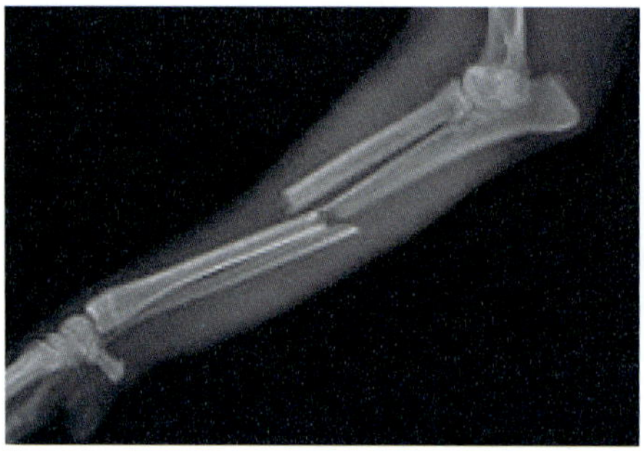

[그림 6-9] 개의 골절 방사선 사진

출처 : Fracture Repair — Warm Springs Pet Hospital

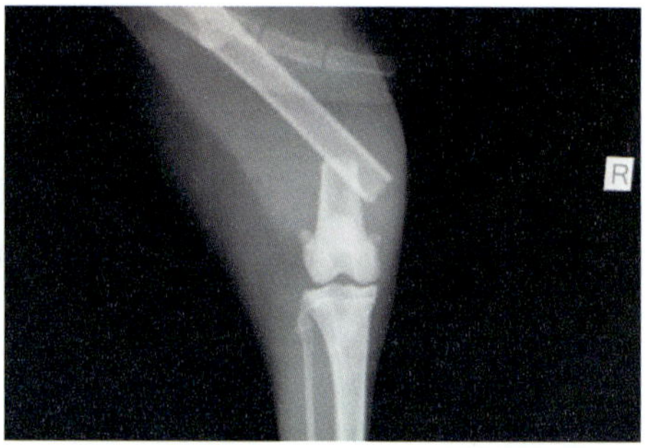

[그림 6-10] 고양이의 골절 방사선 사진

출처 : Fracture of the femur in cat (adpetclinic.com)

(2) 무혈성 괴사(레그-켈베-페르테스 병)

무혈성 괴사(avascular necrosis, Legg-Calve-Perthes Disease)는 대퇴골 경부의 비염증성 무균괴사로 인한 질병이며, 주로 소형견인 토이브리드, 테리어, 푸들, 퍼그, 슈나우저에서 관찰된다. 호르몬 불균형(estrogen, androgen)과 일부 혈관 압박(혈류차단)이 발생원인으로 추정된다. 괴사된 뼈에 압력이 지속적으로 가해지면 괴사 부위가 골절(대퇴골두, 대퇴골경부)되면서 통증이 시작되고, 이어서 괴사 부위가 함몰되고 고관절 자체가 손상되어 결국 관절 연결이 소실된다.

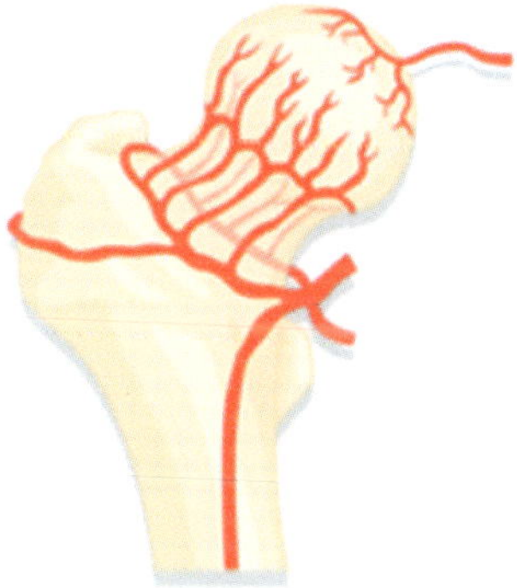

[그림 6-11] 대퇴골두의 영양동맥

출처: 질병관리청 국가건강정보포털.

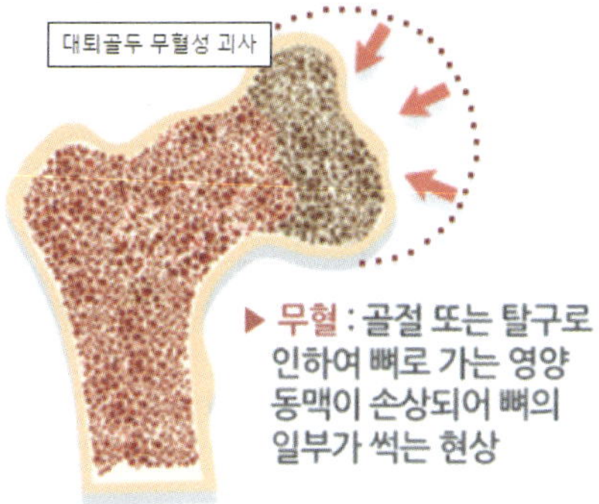

[그림 6-12] 대퇴골두 무혈성 괴사

출처: 질병관리청 국가건강정보포털.

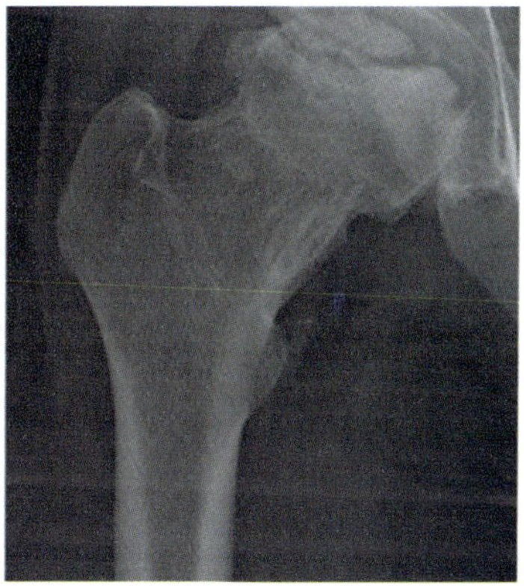

[그림 6-13] 대퇴골두 무혈성 괴사의 X-ray 사진

출처: 질병관리청 국가건강정보포털.

임상증상으로는 5~8개월령의 어린 개에서 많이 발생하며, 초기에는 증상이 잘 나타나지 않으나 엉덩이 또는 엉구리 부위기 불편(통증)하여 이 부위를 깨무는 행동을 한다. 병이 진행되면 엉덩이 근육의 위축이 나타나고, 점진적 파행이 관찰된다. 진단방법은 방사선 검사(초기에는 대퇴골두와 경부의 골밀도 감소, 관절연골의 폭 증대, 납작한 대퇴골두, 관절의 골극 등이 생기며, 만성 시에는 대퇴골경부의 단축, 골관절증)를 실시한다.

(3) 범골염

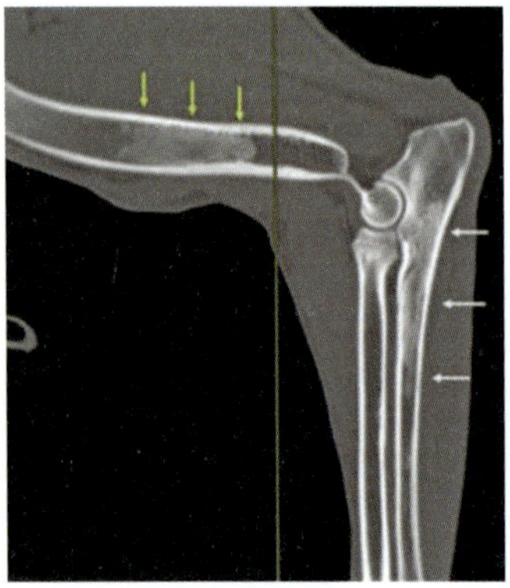

[그림 6-14] 범골염 방사선 사진

출처: 어린 강아지에게도 잘 생기는 뼈 관절 질환 5가지 - 비마이펫 크리에이터즈 (mypetlife.co.kr)

범골염(panosteitis, endosteosis, eosinophilic panosteitis)은 6~8개월령의 중형견과 대형견에서 간헐적 파행을 일으키는 성장기의 흔한 질병이다(상완골과 대퇴골에만 한정으로 수컷 저먼 셰퍼드에게서 다발). 발생원인은 바이러스 감염, 유전적 소인, 대사질환, 알레르기, 호르몬 과잉으로 추정되며, 바이러스 감염이 가장 유력하다. 이 질병은 골수와 골내막에 영향을 주어 골수의 퇴행과 골내막의 비후를 초래한다. 자뼈, 상완골, 노뼈, 넓다리뼈 및 정강이뼈와 같은 긴뼈에서 일반적으로 관찰된다. 자연적으로 치료가 되며, 대부분 발생 후 1년 이내 정상으로 돌아간다. 임상증상은 급성파행, 외상없이 다리를 끌면서 이동하는 간헐적 파행, 촉진 시 통증, 식욕부진, 발열, 체중감소, 움직임을 기피하는 행동을 할 수 있다. 진단방법은 긴뼈를 깊게 만지면 통증이 유발됨, 방사선 검사(긴뼈의 골수강에서 회색, 패치 형태로 관찰되는 증가된 방사선 음영, 골수강 내 신생골의 증식)를 실시한다.

(4) 고관절 이형성증(고관절 형성이상증, 엉덩관절형성이상)

고관절 이형성증(hip displasia)은 고관절(엉덩관절, hip joint, coxal articulation)이 원래 형태로 성장하지 못하고 불완전뼈로 성장한 질환으로, 주로 7~9개월령에 발병한다. 만성질환이 있는 노령동물에서 발생하기 쉽다. 선천성 고관절 이형성증, 양측 퇴행성 관절염(DJD), 고관절 이완증으로도 불린다. 개 고관절의 가장 흔한 장애 중 하나로, 주로 대형견에서 발생하지만 토이 브리드나 소형견에서도 종종 발생한다. 발생원인으로는 유전적 소인, 환경 및 먹이 요인, 호르몬 불균형, 두덩근의 신경성 위축, 고관절(엉덩관절)의 연부조직이 고관절 표면 사이의 관절연골을 유지하지 못해 관절 내 뼈의 변화를 초래하여 발생하는 진행성 질환이다. 관골구 고관절 이형성증(절구 엉덩관절 형성이상, acetabular hip dysplasia)과 대퇴 고관절 이형성증(넓다리 엉덩관절 형성이상, femoral hip dysplasia)으로 구분할 수 있다. 병이 진행되고 심해질수록 고관절 탈구가 발생한다.

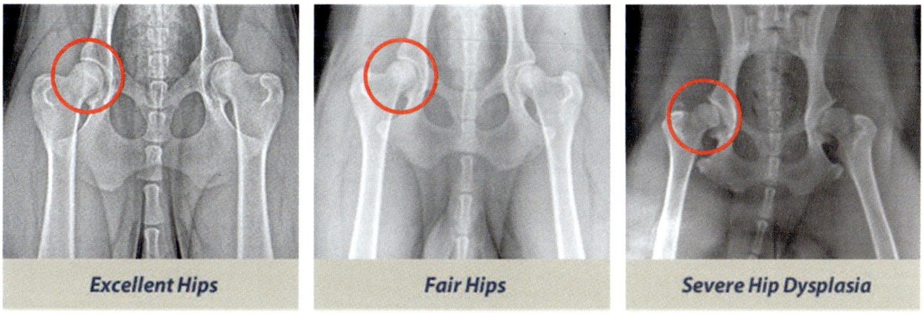

관골구(절구)에 대퇴골두(넓다리뼈머리)가 완벽하게 깊숙이 위치하고 있음	조금 비정상: 관절결합이 조금 느슨함. 대퇴골두의 일부가 관골구에서 나와 있음. 관골구의 깊이가 조금 얕음	관골구의 두께가 두꺼워져 대퇴골두가 관골구 깊숙이 위치하지 못함

[그림 6-15] 고관절 이형성증 방사선 사진(정상, 경증, 중증)

출처: Hip Dysplasia | OFA

① 관골구 고관절 이형성증(절구 엉덩관절 형성이상, Acetabular hip dysplasia)

관골구(절구)의 형성이상으로 관골구의 등 쪽 가장자리의 과도한 경사와 그로 인한 변화가 특징이다. 대퇴골두가 발달 중인 관골구 안쪽으로 올바르게 누르지 못하면 등 쪽 가장자리가 손상된다. 뼈곁돌기(골극, osteophyte) 형성 및 관절낭 손상은 불안정한 관절을 형성하고 관절 통증을 유발한다.

② 대퇴 고관절 이형성증(넓다리뼈 절구 형성이상, Femoral hip dysplasia)

대퇴골두의 목이 짧아져 관골구 테두리에 접하는 범위가 감소하고, 관절 표면과의 연결이 방해된다. 어떤 경우에는 대퇴골이 회전될 수 있다. 관절은 관골구에서 완전한 지지를 받지 못하여 뼈곁돌기(osteophyte)가 형성되며, 관절 불안정성을 동반한 관절낭 손상을 유발한다.

고관절 이형성증의 임상증상은 환자의 연령에 따라 다르게 나타나며, 후지파행, 기립곤란(정위이상, dysstasia), 통증(골반 등 쪽 부위 또는 고관절 부위의 촉진 시), 노령견의 절뚝거림 · 비틀거리는 걸음걸이 · 허벅지 근육 위축, 기립불능(astasia)이 관찰된다. 진단방법은 촉진과 방사선 검사 실시이다. OFA에서는 고관절의 이형성 변형 정도를 7가지 단계로 나누고 있다.

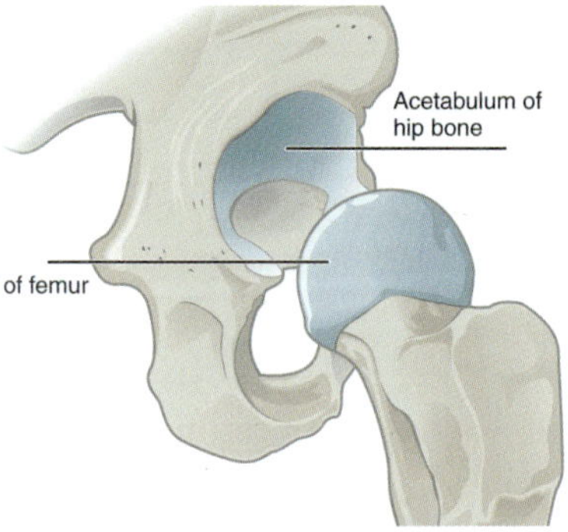

[그림 6-16] 고관절 구조

출처: Hip Dysplasia in Dogs | What is Physiotherapy & Rehabilitation For Hip Dysplasia(rehabvet.com)

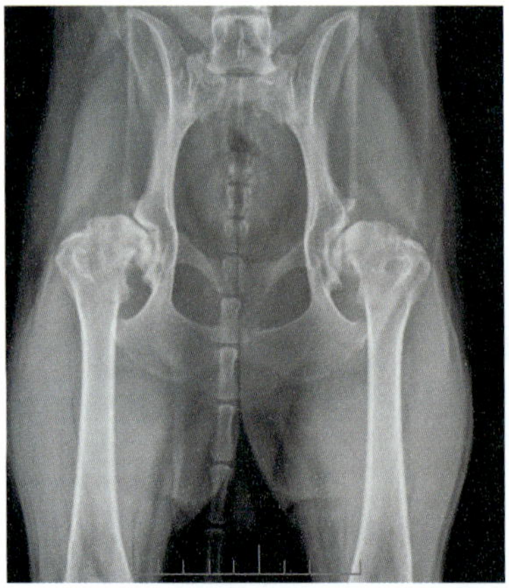

[그림 6-17] 대퇴 고관절 이형성증 (Femoral hip dysplasia)

출처: Canine Hip Dysplasia-Texas A&M Veterinary Medical Teaching Hospital (tamu.edu)

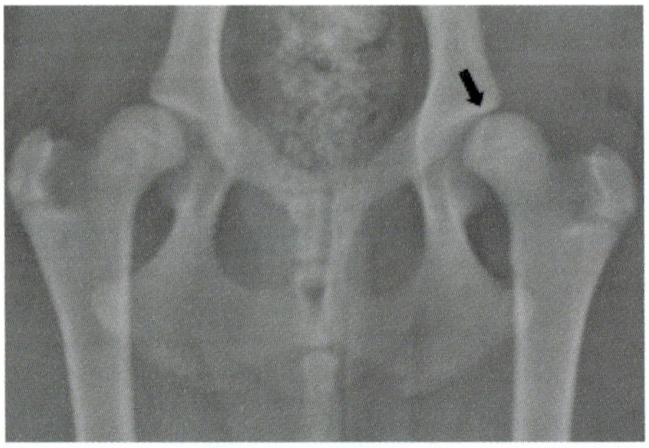

[그림 6-18] 관골구 고관절 이형성증 (Acetabular hip dysplasia)

출처: Hip Dysplasia | Colorado Canine Orthopedics

〈표 6-2〉 OFA(the orthopedic foundation for animals)의 고관절 이형성 평가 7등급

등급	내용
우수 (excellent)	완벽한 형태: 관골구(acetabulum)가 대퇴골두를 알맞게 꽉 잡고 있다.
양호 (good)	연령 및 품종에 대해 정상: 완벽하진 않지만 영상사진에서는 잘 형성된 관절결합을 보여 준다.
보통 (fair)	이상적이지는 않지만 정상 범위 내: 대퇴골두의 일부가 관골구에서 이탈, 관골구의 깊이가 조금 얕은 편이다.
경계, 거의 정상 (borderline)	경계 형태: 명확하지 않다. 보통에 비해서 비정상이지만 고관절 이형성으로 확실하게 진단되는 관절염이 보이지 않는다.
경미한 이형성증 (mild)	약간 편평한 대퇴골두 및 아탈구: 대퇴골두가 관골구에서 조금 벗어나 아탈구의 형태를 보인다. 관골구가 얕고 부분적으로 대퇴골두를 붙잡고 있다.
중등도 이형성증 (moderate)	얕은 관골구, 납작한 대퇴골두, 불량한 관절 연결: 얕은 관골구로 대퇴골두가 이탈되어 있다. 관절염성 뼈의 변화가 대퇴목과 대퇴골두(재형성), 관골구의 가장자리 부분(뼈곁돌기osteophyte, 골돌기 bone spur)에서 발생한다. 관골뼈에서 다양한 정도의 경화증이 나타난다.
심한 이형성증 (severe)	명확한 고관절이형성이 보인다. 관골구와 대퇴골두가 평평해지는 고관절의 완전한 탈구, 명확한 관절염성 뼈의 변화가 대퇴목과 대퇴골두, 관골구 주변에서 보인다.

* OFA에 따른 판정을 위해 개는 2세 이후에 방사선 촬영을 해야 한다.

참고

구루병, 골연화증(Rickets, Osteomalacia)

발육 중인 어린 개에서 발생하면 **구루병**, 성견에서 골화 이후에 골연화가 일어나면 **골연화증**이라고 한다.

발생원인으로는 미네랄(칼슘과 인) 부족 또는 불균형, 대사장애, 비타민 D 부족(햇빛 부족), 소화장애, 기생충 감염 등이 있으며, 증상으로는 관절의 종창, 파행, 사지의 변형, 골절, 기립불능이 발생할 수 있다. 진단은 혈청검사(Ca, P), 방사선 검사(골단부의 형성부전 등)로 한다.

(5) 박리성 골연골증(Osteochondrosis Dissecans, OCD)

골연골증(osteochondrosis)은 견관절(어깨관절, 가장 흔함)과 슬간절(무릎관절)의 박리성 골연골염, 주돌기분리증, 분리성 골연골염, 자뼈 붓돌기(styloid process)의 부접합 등으로 대형견에서 다발한다. 발생원인은 외상, 호르몬 불균형, 영양불량, 유전적 소인이 작용하여 빠르게 발육하는 연골에 외부의 압박과 장력으로 인한 연골내골화의 장애(골단부의 허혈성괴사)로 연골세포의 정상적인 분화가 일어나지 못해 연골이 두꺼워지고, 압력과 장력을 받은 부위는 혈액 공급이 되지 않아 골형성이 저하된다. 이 상태가 관절연골의 일부분에만 일어나서 골에 결손부가 생긴다. 이 결손부를 메운 두꺼운 연골이 분리된 상태, 즉 연골이 변성 또는 무균성 괴사 후 재골화되는 것으로, 연골판이 박리된 것을 박리성 골연골증이라 한다. 골연골 또는 관절연골의 아랫부분이 뼈로 성숙하지 못하면 연골이 두꺼워진 상태로(연골내골화) 손상이 잘 발생한다. 골질의 결핍이 성장판에서 발생하면 자뼈꿈치돌기유합부전증(ununited anconeal process, UAP)이나 잔류연골핵(retained cartilaginous cores: 척골원위부의 비정상적인 연골내골화)과 같은 문제가 발생할 수 있다. 임상증상은 4~8개월령 수컷 대형견에서 호발하며, 파행, 통증, 염발음, 골관절염, 견갑골 주위의 근육위축, 뻣뻣한 보행이 관찰된다. 진단방법은 방사선 검사(신생골, 거상돌기, 관절유리체 joint mice: 관절에서 자유롭게 떠다니는 느슨한 연골조각이나 뼈조직) 실시로 관찰한다.

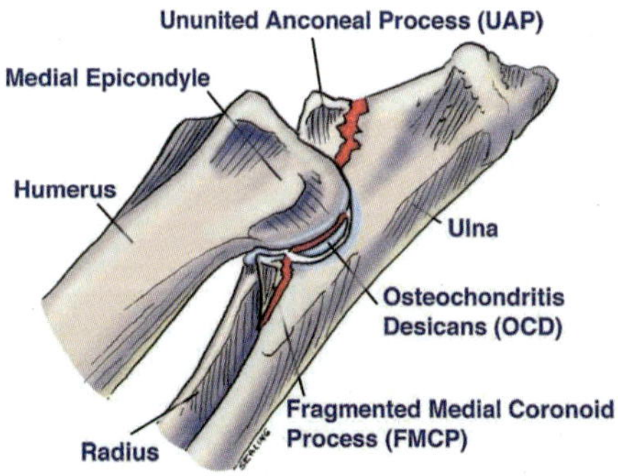

[그림 6-19] 자뼈꿈치돌기유합부전증(UAP)

출처: 자뼈꿈치돌기 유합부전, 자뼈꿈치 유합부전, U..: 네이버블로그(naver.com)

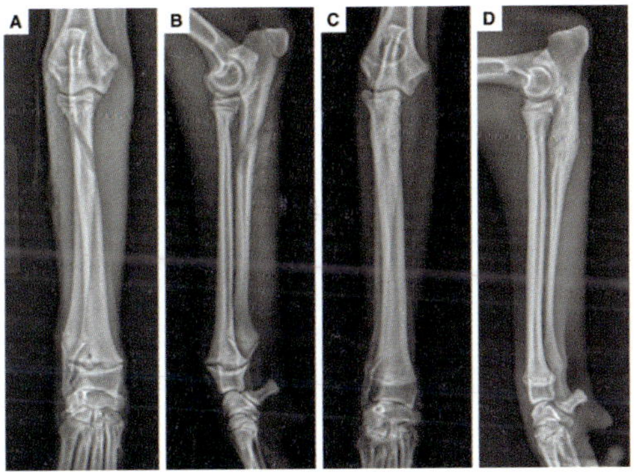

[그림 6-20] 비정상적인 연골내골화가 자뼈말단에 일어나는 발달장애 질환(잔류연골핵)

출처: Retained cartilaginous core in the distal radius of a small breed dog - Nelson - 2023 - Journal of Small Animal Practice - Wiley Online Library

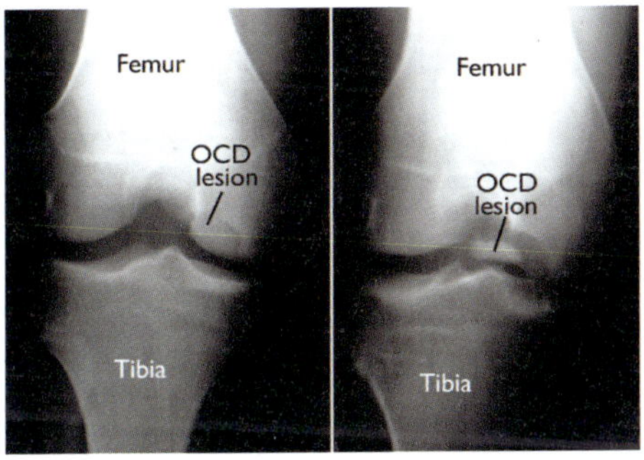

넓다리 연골 부위에 조직탈락이 일어남

[그림 6-21] OCD방사선 사진

출처: Osteochondritis Dissecans - OrthoInfo - AAOS

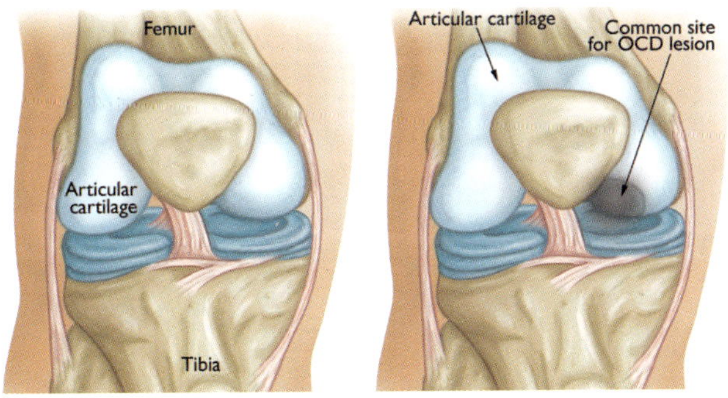

[그림 6-22] 정상관절과 OCD관절

출처: Osteochondritis Dissecans - OrthoInfo - AAOS

(6) 골종양

골종양(tumors of bone)은 개에서 발병률이 높고 급성으로 발생하며, 빠르게 진행되는 특징이 있다. 개와 고양이에서는 대부분 일차적으로 뼈 신생물인 골육종이다. 발생원인은 불명이나, 조기거세(골든 리트리버, 래브라도 리트리버) 후 골육종이 발생하기도 한다. 임상증상으로 파행, 체중감소, 뼈의 통증, 종양 발생 사지의 부종이 관찰된다. 진단방법은 발생부위의 생검, 전이성 종양을 확인하기 위한 흉부 방사선 검사를 실시한다.

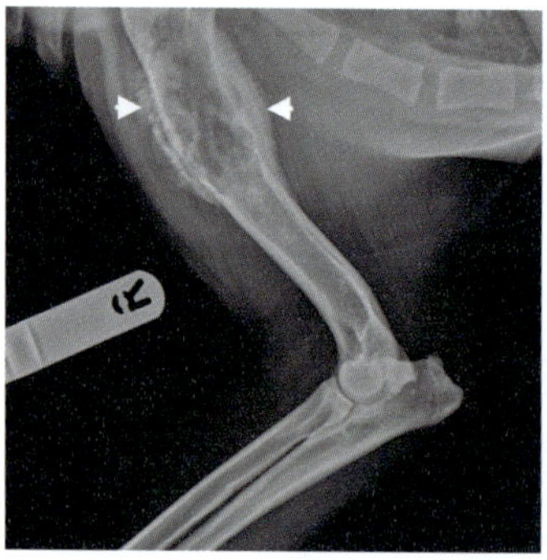

[그림 6-23] 골종양 X-ray 사진

출처 : A Very big dog problem : New RVC study identifies alarming bone cancer risk in giant dogs

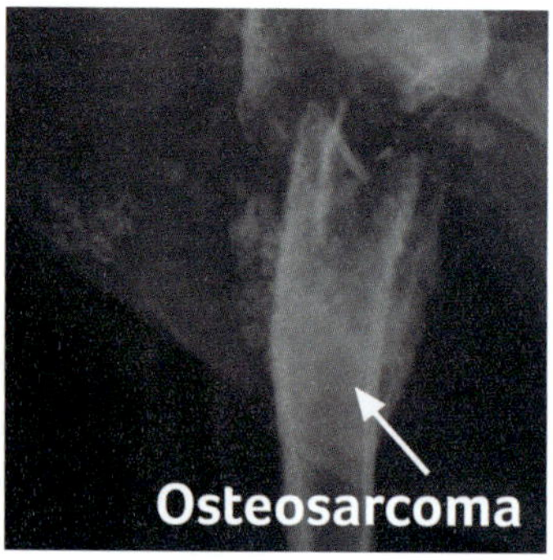

[그림 6-24] 골육종 X-ray 사진

출처 : Osteosarcoma (bone cancer) in dogs - PDSA

2) 관절인대 질병

(1) 십자인대 부상

전방십자인대 파열(anterior cruciate ligament rupture, anterior cruciate desmorrhexis)은 무릎관절의 가장 흔한 손상으로, 퇴행성 관절질환(degenerative joint disease, DJD)이 주요 원인이다. 인대가 찢어지거나 파열되면 관절이 불안정해지며, 수 주 이내에 관절에 퇴행성 변화를 초래한다. 십자인대 손상은 일반적으로 성견, 비만견, 활동량이 적은 개에서 운동 중 갑자기 무릎관절이 과도하게 늘어나서 나타난다(고양이에서는 발생이 드물다). 십자인대 파열이 발생하면 반대쪽 십자인대도 파열되는 경우가 많으며, 이때 반월상연골의 손상도 많이 발생한다. 임상증상은 급성으로 발생하며, 부종, 다리 사용 시 통증, 뒷다리에 체중이 실리지 않거나, 동물의 무게가 실리면 정강이뼈는 안쪽으로 돌아간다. 진단방법은 전방전위검사(cranial drawer movement)에서 경골은 대퇴골곤절돌기 앞쪽으로 비정상적으로 미끄러짐이 관찰되며, 경골 압박 테스트(tibial compression test)에서 비골(종아리뼈)이 적절한 방식으로 구부러지면 경골(정강뼈)이 대퇴골(넓다리뼈) 쪽인 앞으로 이동이 관찰되고, 방사선 검사 실시로 정강뼈 관절돌기(tibial plateau) 전방 변위, 인대의 경골부착부 골박리를 관찰한다.

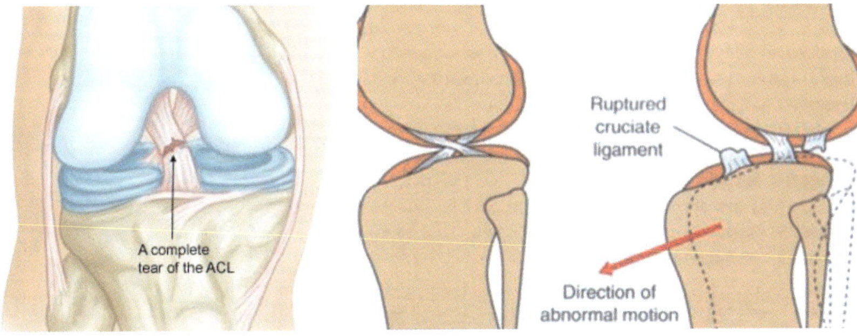

인대파열로 경골이 전위됨

[그림 6-25] 전방십자인대 파열

출처: Why Choose MMP Over TPLO for Cranial Cruciate Ligament Tear Of The Dog Knee in Pensacola, FL | Coastal Sunrise Animal Hospital (coastalsunriseah.com)

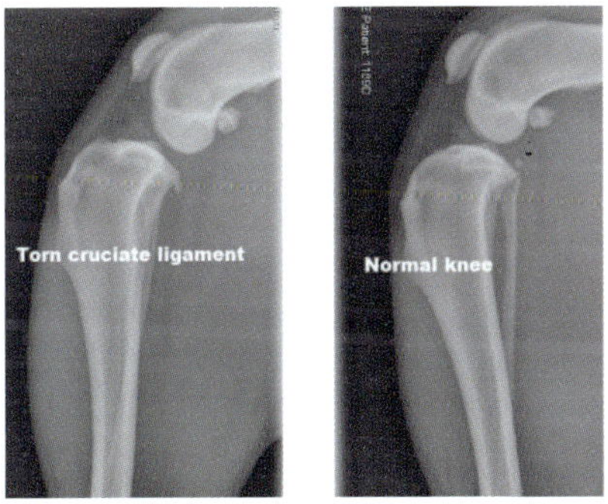

[그림 6-26] 전방십자인대 파열에 따른 전위된 경골 방사선 사진

출처: Stressed-Radiographs-for-Joint-Ligament-Injuries-1-1.pdf (tsvs.net)

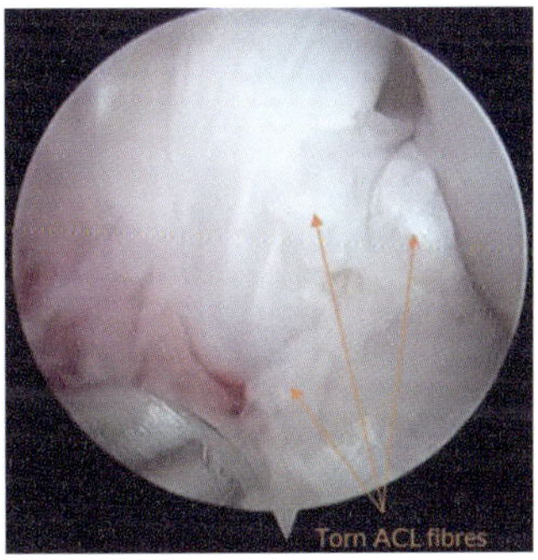

[그림 6-27] 파열되고 찢어진 전방십자인대 관절경 사진

출처: Cruciate Tear in Dogs & TPLO Surgery - SASH Vets

(2) 탈구

탈구(luxation)는 외상으로 발생하며, 고관절 탈구가 흔하다. 모든 탈구에서 관절낭과 원인대(round ligament)가 파열된다. 임상증상은 관골구에 대한 대퇴골두의 위치에 따라 다르며, 외상의 흔적, 급성파행, 체중을 싣지 않으려 하고, 고관절 위 또는 고관절 등 쪽 부위에 부종이 발생한다. 진단은 방사선 검사로 골절(대퇴골 경부골절), 비구골절(acetabulum fracture), 무혈성 괴사와 분별한다.

① 슬개골 탈구

개에서 자주 발생하며, 때때로 고양이에서 발생한다. 슬개골 탈구는 내측탈구, 내측 외상성 탈구, 소형견의 외측탈구, 대형견의 외측탈구로 구분할 수 있다.

가. 내측탈구

내측탈구는 선천적 원인으로 발생하며, 대부분은 내측 변위로 대퇴골의 1/3 말단의 내측 만곡, 앞다리의 얕은 도르래 고랑(trochlear sulcus), 경골 돌기의 내측 비틀림과 정중능(medial ridge)의 부적절한 발달, 경골 근위부의 내측 만곡 등의 원인으로 발생한다. 시간이 지나면 전방십자인대에 부담을 주어 인대가 파열되는 경우도 있다. 호발품종은 토이브리드, 미니어처, 대형 품종이다. 임상증상은 강아지 중 뒷다리 기능이상이 있는 동물을 검사하며, 어린 동물이나 성숙한 동물에서는 비정상적이거나 간헐적 보행 문제를 보이며, 노령동물에서는 갑작스러운 뒷다리 파행(절뚝거림)을 관찰할 수 있다.

- 외상성: 돌발적으로 발생하며 품종, 병력과 관계없이 심한 통증을 수반하고 종창을 일으킴
- 습관성: 다리가 만곡되어 있으며, 파행이 간헐적으로 발생. 촉진 시 외부로부터 슬개골을 정복하면 용이하게 보행이 가능하나 조금 걸으면 다시 탈구되며, 파행은 서서히 악화됨
- 선천성: 태어날 때부터 탈구되어 수술적 방법이 필요

진단방법은 촉진과 방사선 검사 실시이다.

나. 외측탈구

외측탈구는 노령동물에서 무릎관절의 연부조직이 분해되면서 나타난다. 외상이나 격렬한 운동으로 인해 급성으로 발생할 수 있다. 호발품종은 소형견, 토이브리드, 미니어처 품종이다. 외측탈구는 내측탈구보다 더 많은 기능적 장애를 일으킨다. 임상증상은 무릎을 꿇은 자세, 양측성 발생 시 기립의 어려움이 관찰된다.

다. 외상성 내외측 복합탈구나 내측탈구

외상성 내외측 복합탈구나 내측탈구는 모든 품종에서 발생 가능하지만 작은 동물에서 외상으로 인한 내외측 복합탈구 또는 내측탈구는 드물다.

라. 외측탈구

고관절 이형성의 영향을 받는 품종(대형견, 초대형견)에서 나타난다. 고관절의 비정상적인 형태는 대퇴골의 안쪽 회전과 슬개골의 측면 변화를 초래한다. 임상증상은 5~6개월령 동물에서 양측성의 외측탈구가 주로 발생하며, 외측 경골 회전보행(cow-hocked)과 체중이 실리면 다리가 옆으로 비틀린다. 진단방법은 방사선 검사와 비방사선 평가방법으로, 무릎이 구부러진 상태에서 촉진하여 슬개골이 탈구되는 정도를 검사한다.

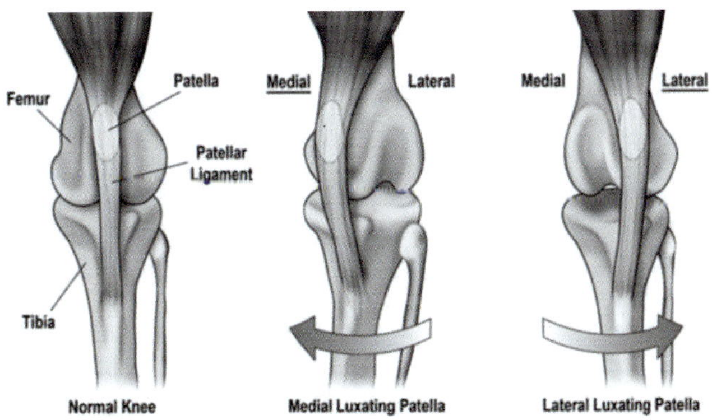

[그림 6-28] 왼쪽뒷다리 기준으로 정상(좌측), 내측탈구(중간), 외측탈구(우측)

출처: Luxating Patella | Kneecap | Cranial Cruciate Ligament in Dogs(rehabvet.com)

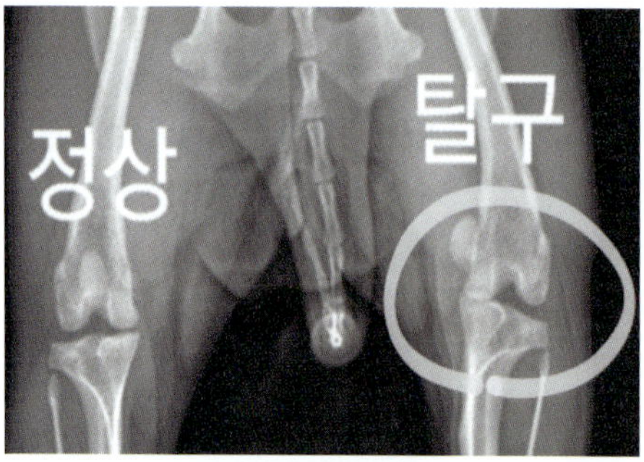

다리관절 정면 사진(좌측–정상, 우측–탈구)

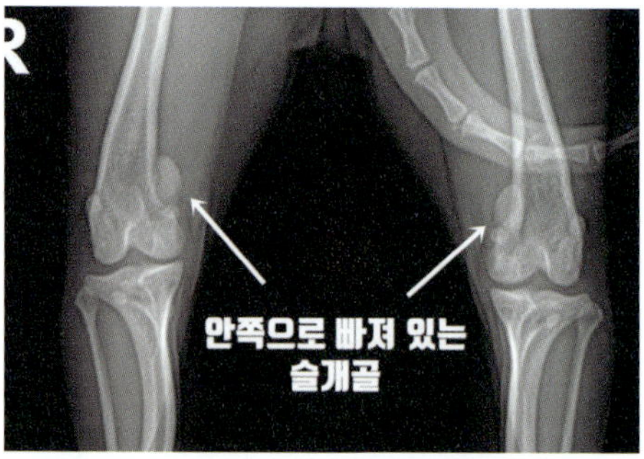

다리관절 정면 사진–슬개골 내측탈구

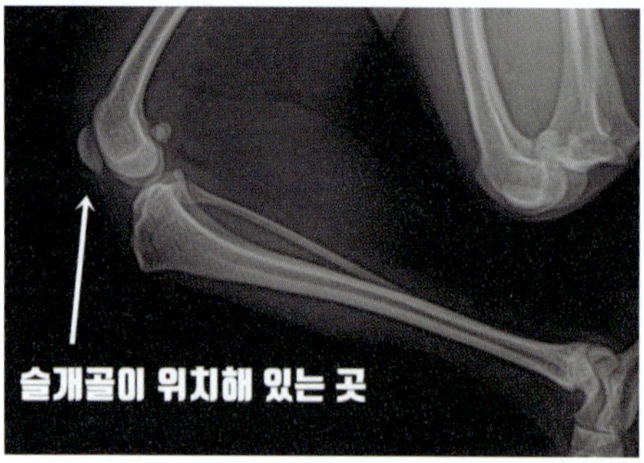

정상 슬개골 측면 방사선 사진

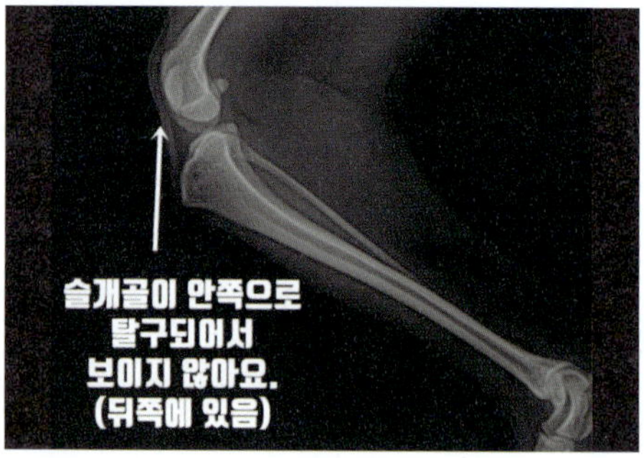

슬개골탈구 측면 방사선 사진

[그림 6-29] 슬개골 탈구(무릎관절 탈구) 방사선 사진

출처 : 강아지 슬개골 탈구 수술 그리고 회복 (강아지.. : 네이버블로그 (naver.com)

〈표 6-3〉 슬개골 탈구 단계

탈구 단계	내용
1단계	• 평상시 제 위치에 존재, 힘을 가할 시 탈구가 되고, 힘 제거 시 환원됨 • 손가락으로 쉽게 탈구시킬 수 있음
2단계	• 제 위치로 돌리기 위해서는 관절운동이 필요함 • 경골은 30° 내전, 가벼운 경골능의 변화, 비골의 외전
3단계	• 평상시 탈구가 발생하고, 관절운동으로 제 위치에 환원되나 쉽게 재탈구 • 경골은 30~60° 내전
4단계	• 관절운동으로 제 위치에 돌아가지 않고 주변 인대나 뼈의 기형을 동반 • 슬개골은 슬관절 내측에 위치, 경골은 60~90° 내전, 관골구는 소실

(3) 관절염

관절염(arthritis)은 관절연골이 파괴되고 관절에 염증성 변화가 일어나는 질환이다.

① 골 관절염(Osteoarthritis, OA)(degenerative arthritis, osteoarthrosis deformans)

골 관절염은 뼈끝을 감싼 연골이 닳아 통증과 부종을 일으키는 질환이다. 발생원인은 노화에 따른 전신성 관절변형, 외상, 기형, 이형성 관절, 비만, 감염 등에 의한 국소성 관절변형으로, 엉덩관절, 무릎관절에서 다발한다. 임상증상은 발병 초기에는 증상이 잘 나타나지 않으며, 촉진 시 가벼운 통증, 경직을 보이고 운동 시 굳어지고 어색하며, 근 위축이 나타난다. 발병 진행 시에는 지속적인 통증이 발생한다. 진단방법은 연령, 품종, 증상, 관절종창을 관찰하고, 방사선 검사 실시로 관절 주위 골증식, 관절강 협소화, 관절변연의 거상돌기양상의 음영 형성, 아탈구, 인접골의 재구축, 연골하골의 변형, 마멸, 감소, 음영 증가를 관찰한다.

② 류마티스 관절염(Rheumatoid Arthritis, RA)

자가면역질환으로, 관절, 관절 주위, 근육, 뼈, 힘줄 등에 만성 통증을 동반하는 질환이다. 노령동물, 대형견(복서, 래브라도 리트리버)에서 호발한다. 발생원인은 세균 감염, 류마티스성 인자의 면역반응(비정상적인 γ-globulin 증가)이며, 임상증상은 파행, 염발음(관절강 내 출혈과 부골형성으로 소리가 명확해짐), 관절의 종창, 운동제한, 발열 등이다. 진단방법은 임상증상 관찰, 방사선 검사 실시로 관절강 내 액체 축적, 골조소증, 관절강협소, 골파괴를 관찰, 관절낭 생검을 실시한다.

③ 특발성 다발성 관절염(Idiopathic Polyarthritis)

원인과 병인체가 발견되지 않는 원인불명의 관절염이다. 다발성으로 발생하나 때로는 단독으로도 발생한다. 호발품종은 대형견인 저먼 셰퍼드, 도베르만 핀셔, 스패니얼, 포인터 등과 소형견인 푸들, 요크셔테리어 등이다. 증상은 주기적인 발증, 항생물질에 반응하지 않는 발열, 권태, 식욕부진, 관절강직, 파행이다. 진단은 활막액에서는 무균적인 염증성 소견과 방사선 검사에서 이상이 관찰되지 않으며, 다리 하부관절에서 다발한다.

〈표 6-4〉 관절염의 종류와 호발부위

구분	Normal joint	OA	RA
모식도	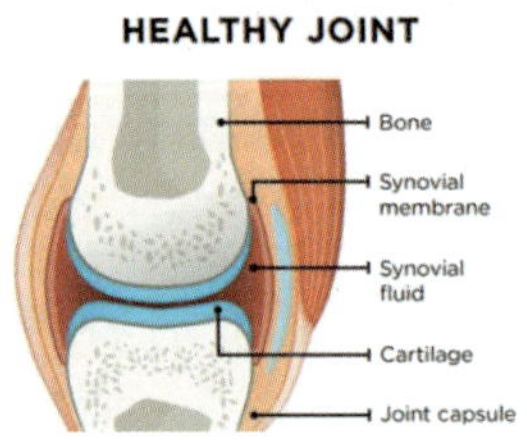	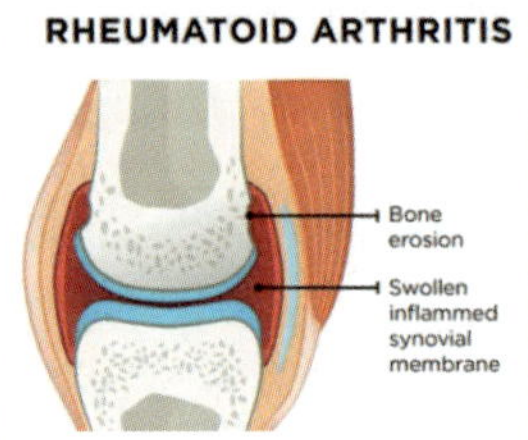	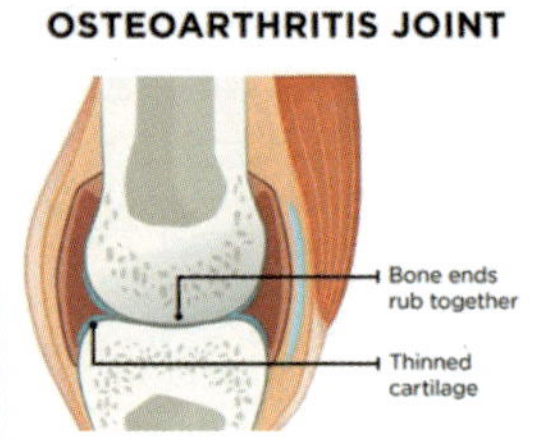
원인과 증상	관절간극이 넓고, 연골이 두꺼우며, 윤활액이 투명함	물리적 마찰, 노화로 종창과 염증이 있는 윤활막, 골침식 진행	면역, 감염 등으로 연골이 닳아 없어짐, 관절간극이 좁아짐
관절염 발생 주요부위	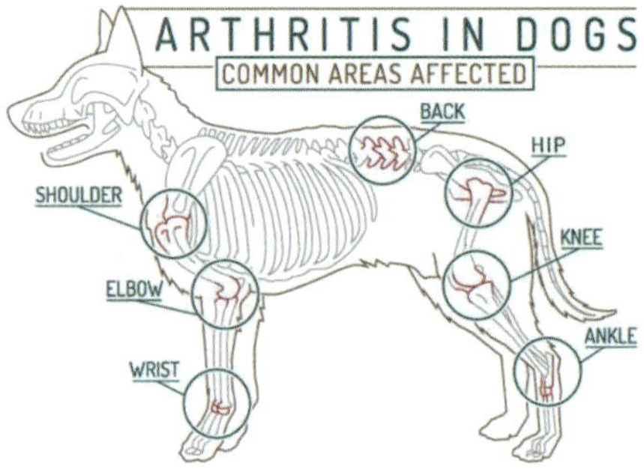		

출처: (상) Arthritis in Dogs: How to Recognise, Treat, Manage & Prevent (dogslounge.co.uk) /
(하) 관절염 개의 골관절염 흔한 질병 수의사 인포그래픽 개에 대한 스톡 벡터 아트 및 기타 이미지-개, 관절염, 동물의 뼈대 - iStock (istockphoto.com)

(4) 추간판 탈출/돌출증/허니아

추간판 탈출/돌출증/허니아(intervetebral diskdisease(IVDD)-extrusion/protrusion/hernia)는 추간원판의 변성으로 등 쪽 또는 배 쪽으로 돌출하여 척수를 압박하여 운동장애를 일으키는 질환이다. 발생원인으로는 추간원판 섬유륜의 변성, 추간원판의 변성, 추간원판의 변성과 수핵 또는 섬유륜의 돌출, 척수 병변이며, 임상증상으로는 운동장애(후지를 끌고 다님), 후구마비(배뇨, 배변불능, 뇨실금), 국소통증, 식욕은 있으나 욕창으로 인해 건강이 악화된다. 진단방법은 방사선 검사(주로 T7~T13, L1~L2), 척수조영술의 실시이다.

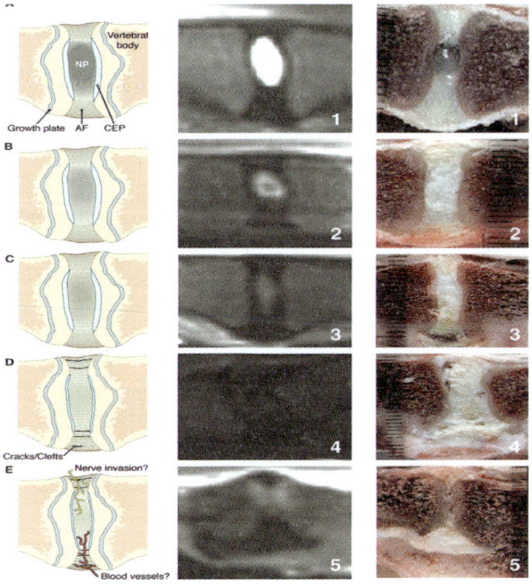

AF: 섬유륜, CEP: 연골끝판, NP: 속질핵

[그림 6-30] 추간판질환 퇴행 정도(A→E)

출처: Frontiers | Diagnostic Imaging in Intervertebral Disc Disease(frontiersin.org)

[그림 6-31] IVDD 환자에게 보조기구 장착

출처: Intervertebral Disc Disease(IVDD) in Dogs and Cats | the meowing vet

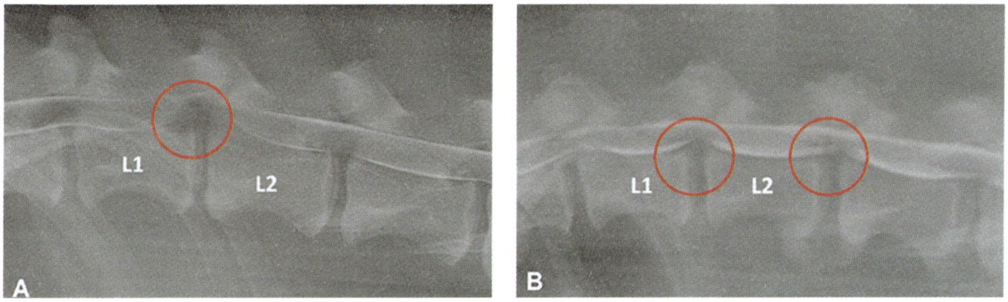

A: L1~L2 디스크 탈출증

B: L1~L2, L2~L3 부위에 디스크 돌출증

[그림 6-32] 디스크 탈출/돌출 방사선 사진(측면)

출처: Frontiers | Diagnostic Imaging in Intervertebral Disc Disease (frontiersin.org)

(5) 변형성 척추증

변형성 척추증(spondylosis deformance)은 척추에서 발생하는 퇴행성 병변으로, 척추골 증식증, 비대성 척추염, 변형성 화골성 척추염 등으로 불린다. 발생 원인은 노화이며, 자세, 운동, 외상, 영양 등이 영향을 미친다. 특히, 추체 변연부의 골극형성에 의한 기계적 요인이 중요하다. 추간판 섬유륜의 퇴행성 변화에 이어 발생한다. 임상증상은 무증상이나 통증(요통, 요배통), 지각·반사·운동 장애 등이 발생할 수 있다. 진단방법은 병력조사, 방사선 검사를 실시하여 L7~S1, T9~T10의 골증식, 추체 변연의 융기와 경화, 골극 형성, 추간관절 변형, 추간판 협소를 관찰하며, 보조방법으로 척수조영술, 추간판 조영술, 근전도 실험이 있다.

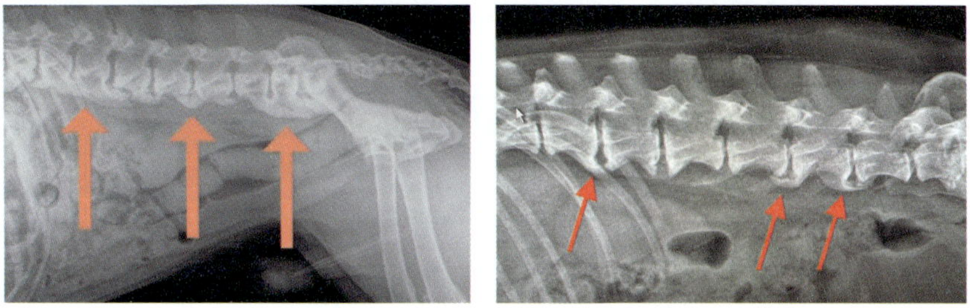

[그림 6-33] 변형성 척추증(추체 변연부에 골증식이 보임)

출처: Spondylosis Deformans in Dogs - Wellness Veterinary Hospital

3) 근육질환

(1) 근육병증

근육병증(myopathy)은 근육에 영향을 미치는 질병이다. 많은 유형의 근육병증이 존재하지만 가장 흔히 볼 수 있는 것은 염증성 근육병증, 면역매개성 근육병증 및 후천성 근육병증이다.

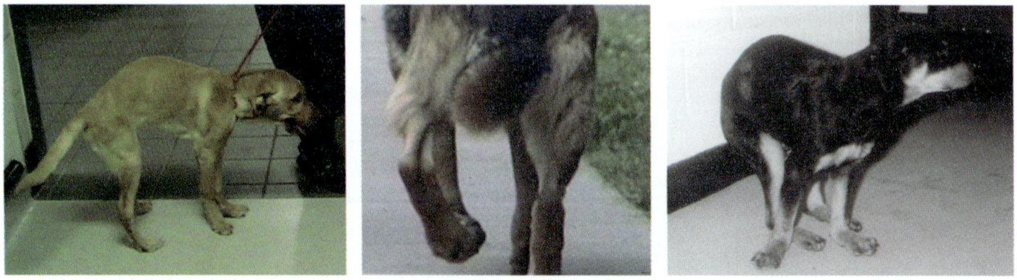

근육병증(래브라도 리트리버) 섬유성 근육병증 – 오리걸음 근위성 근육병증(로트와일러)

[그림 6-34] 근육병증에 걸린 개들의 임상증상 사진

출처: Myopathies: Disorders of Skeletal Muscle | Veterian Key

① 염증성 근육병증(Inflammatory Myopathies)

개와 고양이에서 드물게 발생하는 질병인 세균성 근염은 일반적으로 교상, 외상, 수술 후 감염으로 주로 포도상구균과 클로스트리듐 감염에 의한 발생이다. 원충성 근염은 톡소플라스마 양성 고양이의 근육 내에 포낭(cyst)이 형성될 때 발생한다. 포낭에 대한 면역반응으로 근육 감각과민증(hyperesthesia)이 나타난다.

② 면역 매개성 근육병증(Immune Mediated Myopathies)

다발근육염(polymyositis)은 개와 고양이에 발생하는 면역 매개 질환으로, 중간 연령대의 대형견에서 다발한다. 임상증상은 운동 후 악화되는 쇠약감, 촉진 시 감각과민증, 발열 및 쇠약이 나타나며, 일부 개에서 거대식도증이 관찰될 수 있고, 만성 시 근육 위축이 보인다. 진단방법은 근육생검 실시이다.

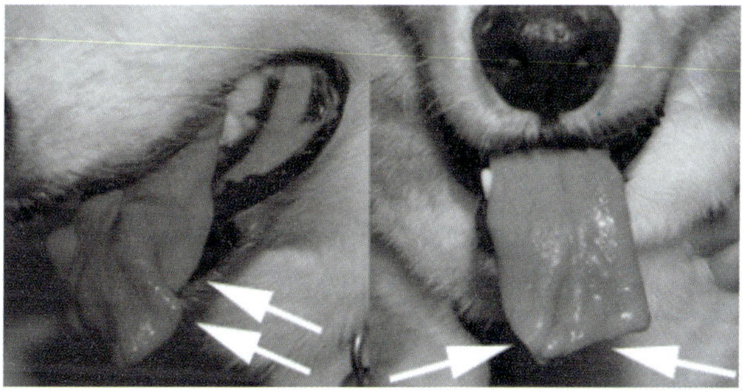

혀가 가늘어져 끝에서 구겨지고 회전한다.

[그림 6-35] 웰시코기의 다발근육염

출처: Polymyositis • MSPCA-Angell

- 저작근 근염(masticatory muscle myositis, 위축성 근염 또는 호산구성 근염): 저작근에는 세균의 항원과 유사한 특수한 섬유(2M형)가 있다. 신체의 다른 곳에서의 세균 감염은 이 근육섬유와 반응할 수 있는 면역반응을 유발할 수 있다. 처음에는 저작근육이 부어오르고 통증이 생긴다. 만성적으로 진행되면 근육이 위축되고 섬유화된다.

③ 후천성 근육병증(Acquired Myopathies)

고양이의 다발성 근육병증은 모든 연령대의 고양이에서 발생 가능하며, 발생 원인으로는 근육이나 근육조직의 손상, 영양 불균형, 독극물, 종양, 대사이상에서 기인한다. 저칼륨혈증은 경추의 등 쪽 만곡, 주기적인 쇠약 및 근육통을 유발한다. 임상증상으로 근육 약화, 통증, 부종 또는 위축이 나타난다. 진단방법은 근육 생검, 혈청화학검사(creatine kinase 증가) 실시이다.

④ 특발성 다발성 근염(Idiopathic Polymyositis)

골격근의 특발성 염증성 질환으로, 상완, 사지, 인·후두 및 식도 등의 골격근 장애에 의한 근력저하와 강직이 특징인 급성 또는 만성 질환이다. 발생원인은 자가면역이며, 임상증상으로는 여러 근육의 근육통, 근육강직 등 근력저하, 보행곤란, 저작곤란, 연하곤란, 구토 및 쉰소리, 저작근 통증, 종창, 위축 등이다.

4. 토끼, 페럿, 설치류

1) 토끼

(1) 외상(Trauma)

[그림 6-36] 외상에 의한 하지마비

출처: Traumatic Vertebral Fracture (Paralysis of the Hindquarters, Broken Back) // College of Veterinary Medicine (missouri.edu)

토끼(rabbit)는 개, 고양이에 비해 높은 근육비(뼈 대비 근육비율)와 약한 골격계로 되어 있다.

외상성 척추 탈구와 골절은 보정에 저항, 부적절한 취급, 갑작스러운 점프, 우리에 갇힌 토끼를 놀라게 할 때 이차적으로 발생할 수 있다. 임상증상은 부상 직후 완전마비나 부분마비, 방광이나 장 조절능력 상실 등이 관찰된다. 진단방법은 신체검사 및 병력검사, 신경계검사, 방사선 검사(척수조영술)를 실시한다.

(2) 요추의 척추관절강직증(Spondylosis of the Lumbar Spine)

[그림 6-37] 외상, 척추관절강직증에 의한 하지마비

출처: Paralysis - DisabledRabbits.com

요추의 척추증은 4세 이상의 대형과 중형 품종에서 흔한 질병이다. 요골관절(노뼈관절)은 일반적으로 L7 또는 미추골에서 발생하는 아탈구(부분탈구), 골절과 함께 뒷다리의 지렛대 역할을 한다. 하부 척추뼈는 돌기가 발달하여 인접한 척추뼈로 연결되어 척추의 유연성이 감소되어 있다. 발생원인은 과도한 체중과 부적절한 운동이다. 임상증상으로 달리기 및 점프 능력 감소(유연성 감소), 활동 시 통증, 화장실 사용 및 그루밍 어려움, 활동 기피, 허리 아래 마비, 통증감각 상실, 요실금이 나타난다. 진단방법으로 신체검사 및 병력조사, 방사선 검사(척추 골유합)를 실시한다.

(3) 벌어진 다리(Splay Leg)

어린 토끼에서 발생하며, 뒷다리는 벌어져 체중을 못 견딘다. 발생원인은 다양하며, 가족력 또는 다유전성일 수 있다. 임상증상이 다양하며, 경증 시 보행이 어설프게 보이며, 중증의 경우에는 뒷다리를 끌고 다닌다. 뒷다리를 모으지 못하며, 점프를 하지 못한다. 발바닥 염증이 있을 수 있으며, 배뇨통(scalding), 대변지림(soiling), 움직임 없는 거식증과 탈수증상, 통증, 기아가 나타난다. 진단방법으로 신경검사, 방사선 검사, 혈액검사 등을 실시한다.

[그림 6-38] 벌어진 다리(splay leg)

출처: Splay Leg // College of Veterinary Medicine(missouri.edu) / Splay Leg - DisabledRabbits.com

2) 페럿, 설치류

(1) 골절

페럿(Ferret)은 거친 놀이나 낙상으로 인한 외상성 장골의 골절이나 척추부상 외에 근골격계 질환은 드물다. 설치류(Rodents)에서는 낙상 및 거친 취급으로 인한 골절 및 탈구가 발생할 수 있다.

(2) 페럿의 근막염

페럿에서 보고된 새로운 질병으로, 근육과 주변 근막에 심각한 염증이 생기는 것이 특징이다. 6~18개월령의 어린 페럿에게 호발하며, 통증, 고열, 활동 거부, 구토, 설사, 식욕부진 등의 여러 증상을 보인다. 호중구 백혈구 증가증이 보일 수도 있으며, 항생제나 항염증제에 반응하지 않는다.

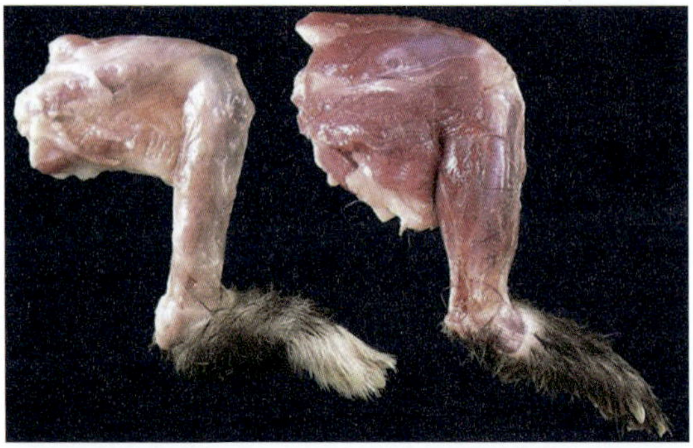

[그림 6-39] 근막염으로 인한 위축성 근육(왼쪽) / 정상 다리근육(오른쪽)

출처 : Disseminated idiopathic myofasciitis in ferrets. | Semantic Scholar

5. 조류

조류(Avian)에서 근골격계의 질환은 흔하게 발생한다. 주로 외상(천장 팬, 문, 큰 새, 새끼리 충돌, 개/고양이 공격, 화재)이 원인이고, 다른 원인으로는 영양 실조, 대사성 질환, 기생충, 신생물 등이다.

조류의 골격은 비행을 위해 가볍고 공기가 채워진 구조인 함기골로 이루어져 있으며, 다른 뼈는 강도를 높이기 위해 융합되어 있다. 용골(keel bone)은 큰 가슴근육을 지탱하는 데 적합하며, 날개근육은 혐기성 대사 능력을 증가시킨다. 그러나 비행을 위한 해부학적 구조는 외상성 부상에 취약한 약점이 있다.

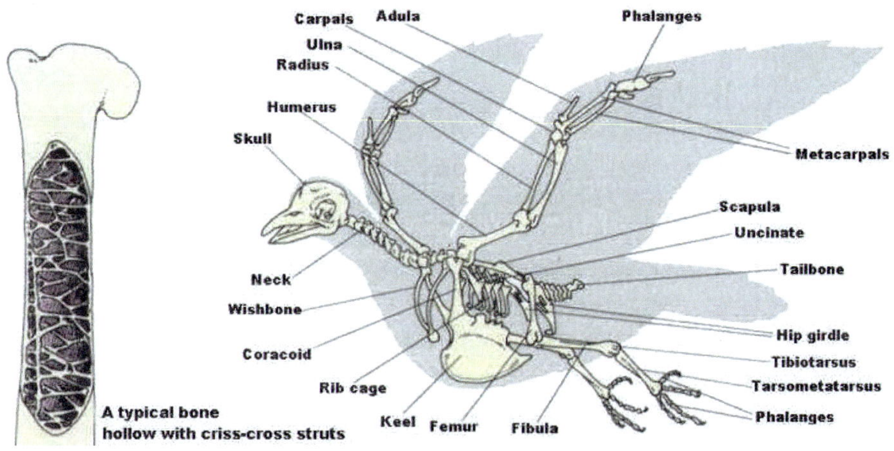

[그림 6-40] 조류의 뼈 해부학적 구조_함기골

출처 : Bird Skeleton(pinterest.com)

1) 외상

조류의 외상(Trauma)은 연부조직과 뼈에서 발생할 수 있다. 발생원인으로 연부조직 손상은 다른 새 또는 동물(개, 고양이)에게 물려서 생기는 경우, 날다가 떨어지는 낙상으로 인한 부상도 흔하게 발생한다. 날개를 너무 광범위하게 잘라내면 비만인 새가 착지 중에 흉골로 강하게 부딪히게 되어 골절 발생 시에도 부러진 뼈에 의한 개방성 골절은 근육을 손상시킬 수 있다. 새의 활동(비행, 착륙, 새장 내 활동) 중에 날개 또는 다리 부상이 발생할 수 있으며, 특히 천장 팬이 손상을 일으킬 위험이 높다. 자해(self mutilation)로 인한 외상은 코카투(cokatoos, 흉골), 모란앵무(lovebird), 코뉴어(conure), 퀘이커앵무새(quaker parakeet, 옆구리와 겨드랑이), 아마존앵무새(amazon parrots, 발)에서 일반적으로 발생한다. 임상증상은 상처 부위의 출혈, 타박상, 부종, 깃털 손실 또는 피가 묻은 깃털, 파행 또는 날개 처짐이 관찰된다. 진단방법은 신체검사(병변을 찾기 위해 깃털을 적셔야 할 수 있음), 방사선 검사, 병력 조사이다.

2) 파행

새의 파행(Lameness) 원인은 골절, 탈구, 관절염, 대사질환, 외상, 종양, 영양문제 등이다. 골절이나 탈구는 종종 외상의 결과로 나타나며, 파행은 일반적으로 급성으로 시작한다. 감염성 관절염(septic arthritis)은 뼈 침습 여부와 상관없이 부종, 통증이 발생할 수 있다. 대사 질환이나 종양으로 인한 파행은 더 느리게 시작되거나 급성으로 나타날 수 있다. 임상증상은 파행, 관절에 부종, 촉진 시 통증, 기타 전신질환의 증상, 횟대를 피하거나 발톱을 움켜쥐기를 꺼리는 것이 관찰된다. 진단방법은 신체검사, 방사선 촬영, 혈액검사, 혈청화학검사, 관절 흡인액의 배양 및 감수성 검사, 세포 흡인 검사(종양)이다.

3) 수축성 손상

수축성 손상(Constrictive Injury)은 핀치(finch), 카나리아(canary), 사랑앵무(budgie)에서 자주 발생한다. 다리 밴드, 둥지 재료 및 장난감 등이 발생원인이다. 다리 밴드 크기가 맞지 않으면 다리의 혈액순환이 저해되어 부기가 발생되고, 심한 경우 괴사가 발생할 수 있다. 핀치와 카나리아용으로 판매되는 섬유질 새 둥지의 재료(섬유질) 역시 다리 밴드와 같은 원인으로 손상을 일으킬 수 있으며, 섬유질은 종종 부종 때문에 관찰하기 어려울 수 있다(검진용 확대경과 펜 라이트 사용). 임상증상은 파행, 다리 또는 발 조직의 부종 및 변색이 관찰된다. 진단방법은 신체검사(밴드, 섬유소 확인), 손상된 다리를 확대하여 관찰하는 검사이다.

[그림 6-41] 수축성 손상

출처: Causes of Ring-Related Leg Injuries in Birds – Evidence and Recommendations from Four Field Studies | PLOS ONE

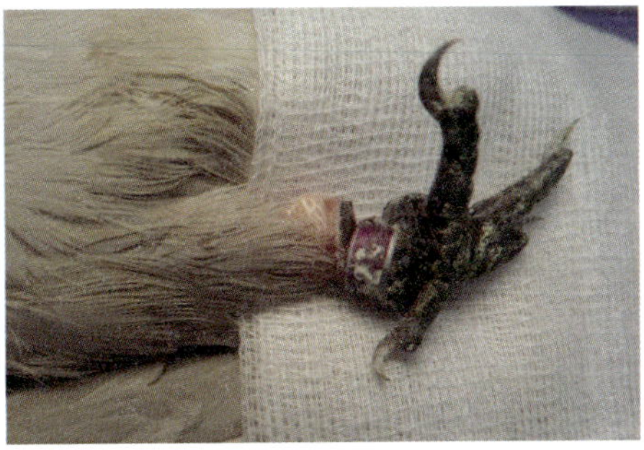

[그림 6-42] 밴드에 의한 수축성 손상

출처: Leg Bands On Birds - What Are They For? - Currumbin Valley Vet (currumbinvetservices.com.au)

6. 파충류(뱀, 이구아나, 거북이)

1) 뱀

(1) 대사성 골질환(영양성 속발성 부갑상선기능항진증)

영양성 속발성 부갑상선기능항진증(metabolic bone disease, nutritional secondary hyperparathyroidism)은 근골격계의 대표적인 질병이며, 드물게 발생한다. 어리고 빠르게 성장하는 파충류에게서 잘 발생한다. 칼슘과 비타민 D의 부족 및 불균형, 칼슘과 인 비율의 불균형과 같은 잘못된 식단과 자외선 노출이 부족한 사육이 발생원인이다. 쥐를 잡아먹는 뱀(Snakes)에게는 드물다. 체내에 순환하는 칼슘이 부족해지면 뼈의 재흡수를 자극해 불균형을 바로잡는데 시간이 지나면 뼈가 부드러워지며 쉽게 골절된다. 임상증상으로 뼈 구조의 기형(머리, 척추, 갈비뼈), 고무턱 증후군(rubber jaw)이 관찰된다. 진단방법은 식단 조사, 신체검사, 방사선 촬영(골밀도 부족, 피로골절), 혈청검사(Ca/P 혈청수치)를 실시한다.

(2) 신생물, 종양

하악골, 척추 부위에서 골육종이 발생될 수 있으며, 치료 전에 피부에 발생한 종양과 구분이 필요하다. 임상증상은 뼈 표면에 단단한 부종과 활동성 저하이다. 진단방법은 외피계 종괴, 농양, 육아종 등과 분별, 영상진단, 생검 실시이다. 전이 발생 가능성이 높아 예후가 좋지 않다.

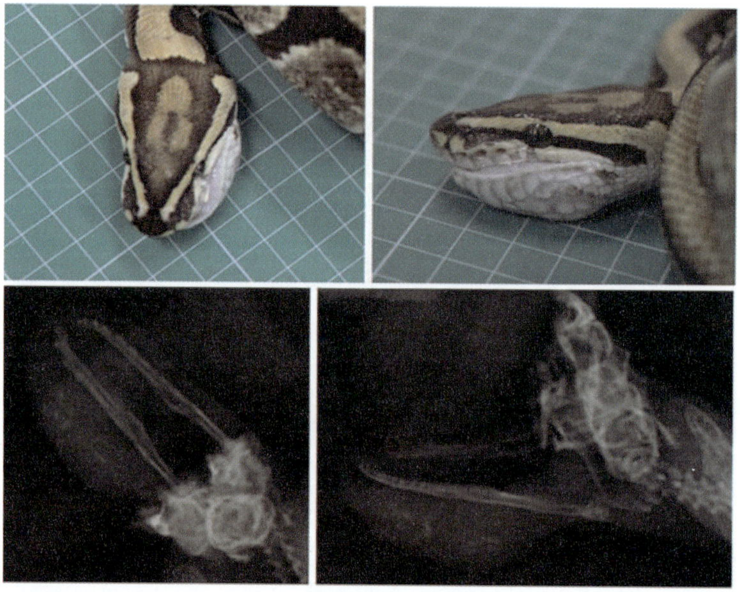

[그림 6-43] 뱀 하악골의 신생물

출처: Veterinary Sciences | Free Full-Text | A Case of Submandibular Leiomyosarcoma, Mimicking an Abscess, in a Ball Python(Python regius)(mdpi.com)

2) 이구아나

(1) 대사성 골질환

대사성 골질환(metabolic bone disease, MBD/nutritional secondary hyperparathyroidism)은 이구아나(iquanas), 바라니과에서 흔하며, 생리적으로 점진적으로 발병하는 질환이다. 자외선 노출 부족, 칼슘이나 비타민 D 또는 둘 다 장기적인 결핍, 햇빛 노출 부족, 칼슘과 인 비율의 불균형이 발생원인이다. 어리거나 빠르게 성장하는 파충류가 잘 걸린다. 만성 시 칼슘 부족이나 비타민 D 및 햇빛의 부족은 뼈의 재흡수를 증가시키고 몸 안의 모든 뼈를 약화시키고, 이후 병리학적인 골절이 발생과 치유된 뼈는 섬유조직으로 대체된다. 이구아나는 초식성(낮은 Ca, 높은 P 수치)이므로 대사성 골질환에 상당히 취약하다.

임상증상은 대표적으로 전신성 또는 뒷다리의 쇠약이나 마비이며, 성장실패, 전신쇠약, 거식증, 촉진 시 부드럽거나 유연한 하악골, 부풀어 오르거나 두꺼워진 긴뼈, 긴뼈의 골절, 떨림이나 미세 근육마비, 보행 시 몸통을 지면과 띄울 수 있는 능력 부족, 잡거나 올라가는 능력 부족, 균형 상실, 다리의 장골 주변의 부종(뽀빠이 다리), 체중감소, 거동 불편이나 꺼림 등이 나타난다. 진단방법은 병력조사(식단, 먹이 보충, 조명), 혈액검사, 혈청화학검사, 사육 환경 조사(햇빛 노출 부족, 모든 초식동물 먹이에서 칼슘 보충 부족, 비타민 D3 보충 부족), 긴뼈의 횡골절 가능, 골밀도 검사이다.

대사성 골질환이 있는 이구아나
(머리, 척추, 엉덩이관절 변형)

대사성 골질환은 결국 죽음으로 이르게 한다.

[그림 6-44] 대사성 골질환

출처 : Metabolic bone disease in reptiles - CHICAGO EXOTICS ANIMAL HOSPITAL(exoticpetvet.com)

(2) 꼬리절단(Tail Autotomy)

[그림 6-45] 자발적 꼬리절단

출처: Look 'Ma, No Tail: Tail Autotomy in Lizards | Exotic Animal Medicine for the Vet Tech(wordpress.com)

녹색이구아나를 포함한 많은 도마뱀은 꼬리를 자를 수 있다. 이것은 포식자에게 붙잡혔을 때 탈출방법을 제공한다. 이구아나의 꼬리에는 몸통과 꼬리에 있는 척추의 신경아치를 통과하는 수직 골절면이 있어 필요할 때 꼬리를 느슨하게 할 수 있다. 이구아나가 노령이 되면 이 골절면은 골화되는 경향이 있어 더 안정적인 꼬리가 된다. 느슨한 꼬리는 어린 개체에서 대체될 수 있지만, 새로 생긴 꼬리는 더 작고 원래의 꼬리와 다른 색을 나타낸다. 임상증상은 외상으로 인한 꼬리 잘림이 관찰되고, 진단방법은 동물에서 분리된 골절된 꼬리이다.

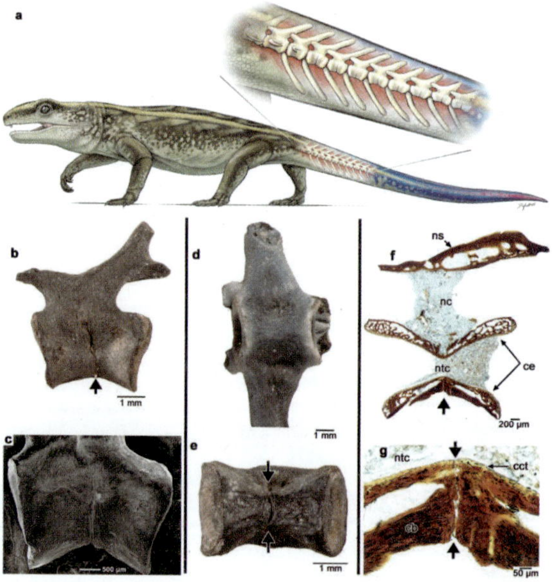

[그림 6-46] 꼬리척추의 수직골절면

출처: Caudal autotomy as anti-predatory behaviour in Palaeozoic reptiles | Scientific Reports(nature.com)

(3) 사지의 골절(Fractures of the Extermities)

이구아나에서 대사성 골질환 외 골절은 외상으로 발생한다. 파충류의 치유 속도는 느리고, 골절의 치유기간은 최대 2년이 걸릴 수 있다.

임상증상은 사지 파행이나 마비, 부종, 촉진 시 통증, 외상의 증상(타박상, 찢어진 피부, 출혈)이 관찰된다. 진단방법으로는 외상 병력, 신체검사, 방사선 촬영, 혈액검사, 혈청화학검사이다.

3) 거북이

(1) 대사성 골질환/영양 속발성 부갑상선기능항진증

대사성 골질환(rubber jaw, metabolic bone disease; MBD, nutritional secondary hyperparathyroidism)은 칼슘이나 비타민 D 부족, 칼슘(Ca)과 인(P)의 불균형 식단이나 햇빛(자외선) 노출이 적을 때 발생한다. 수생 거북(Turtles)과 도마뱀에서 흔하게 발생한다.

임상증상으로 무력함, 발육부진, 신경근 경련/긴장완화, 발작, 굽어진 다리, 골연화, 껍질 연화, 껍질 변형, 긴뼈의 두꺼워짐 또는 부기, 병적 골절, 보행장애, 배설강 탈출증 등이 관찰된다. 진단방법으로는 신체검사와 및 환경 조사, 혈액검사, 혈청화학검사(낮은 Ca 수치), 방사선 검사(골밀도 감소, 골절)이다.

[그림 6-47] 대사성 골질환

출처 : MBD – Metabolic... – San Diego Turtle and Tortoise Society | Facebook

chapter 07

내분비계 및 외분비계 질환

Diseases of Animals

1. 개요

내분비계(Endocrine system)는 신경계와 결합하여 이루어지며, 동물의 체내에서 일어나는 여러 가지 변화를 동물이 잘 적응할 수 있도록 조절하는 작용을 한다. 신경계는 즉각적인 반응을 보이는 반면 내분비계는 늦게 반응하여 오래 지속되는 특성을 보인다. 내분비계는 중추 조절, 분비샘, 표적기관 세 가지 단위로 나뉘어져서 작용이 이루어진다. 내분비샘은 호르몬을 분비하고 호르몬은 혈액을 통해 특정 표적 장기로 운반된다. 각 표적 장기는 특정 호르몬에만 작용하며, 다른 호르몬에는 반응하지 않는다. 소동물에서 질병과 관련되어 주의 깊게 다루어야 할 내분비샘은 갑상선(Thyroid Gland), 부갑상선(Parathyroid Gland), 부신(Adrenal Gland), 췌장(Pancreas Gland), 생식샘[고환(testis)과 난소(ovary)]이다. 생식샘에 관한 질병은 비뇨생식기계에서 다루도록 한다.

외분비계(Exocrine sytem)는 분비물의 고유한 도관을 거쳐서 분비되는 것을 말하며, 소화액, 땀샘 등을 들 수 있다. 소동물에서 질병과 관련된 외분비샘은 침샘(Salivary Gland), 췌장샘(pancreatic gland)이 있다.

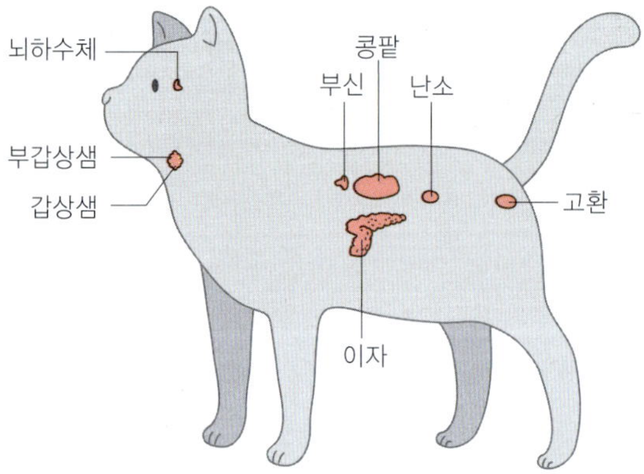

[그림 7-1] 고양이에서 중요한 내분비샘의 위치

출처: With permission from Colville T. Bassett JM 2001 Clinical anatomy and physiology for veterinary technicians. Mosby, St. Louis, MO, p. 290.

2. 내분비계 및 외분비계의 해부학적 개요

1) 갑상선

척추동물은 모두 갑상선(Thyroid gland)을 갖고 있다. 해부학적 위치는 기관지의 측면, 경부 복 측, 후두 바로 아래쪽에 있으며, 나비 모양으로 생긴 분비선이다. 건강한 동물에서는 일반적으로 촉진되지 않는다. 갑상선은 티록신(T4)과 트리요오드타이로닌(T3)을 생성하는 소포(follicles)로 이루어진 장기이며, 소포 내에 요오드를 함유한 교질용액을 포함한다. T3와 T4는 신체의 전반적인 대사 과정에 관여하여 조절하는 역할을 한다. 또한 칼시토닌(calcitonin)은 갑상선의 소포곁 세포에서 생성되며, 체내에 칼슘이 많을 경우 칼슘을 뼈에 저장시켜 혈중 칼슘 농도를 낮추는 역할을 한다. 갑상선과 관련된 질환은 소동물에서 자주 볼 수 있는데 갑상선기능항진증은 주로 고양이에게 흔하고, 갑상선기능저하증은 개에서 흔하게 발견할 수 있다.

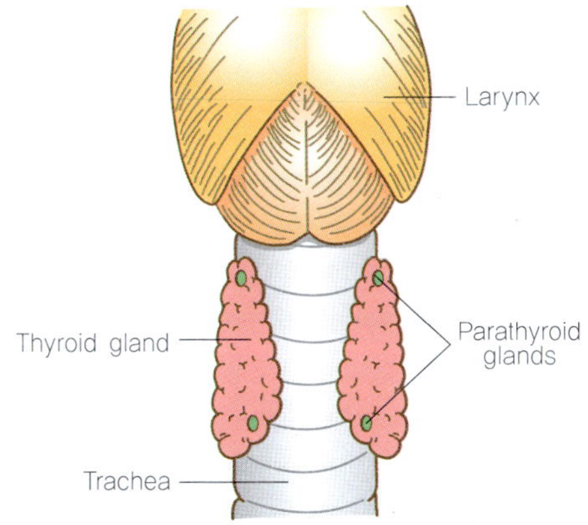

[그림 7-2] 개의 갑상선과 부갑상선

출처: From Christenson De. Veterinary Medical Terminology. Philadelphia, PA: Saunders; 2009 by permission.

2) 부갑상선

부갑상선(Parathyroid)은 갑상선 양쪽에 쌍으로 위치한 상피성 소체로, 소동물에서 부갑상선은 갑상선 안에 묻혀 있는 경우가 많다. 부갑상선은 혈중 칼슘 농도의 조절에 영향을 미치는 부갑상선 호르몬(PTH)을 분비하는 중요한 역할을 한다. 혈장의 칼슘 농도가 낮아지면 뼈에서 칼슘 유리가 증가하여 장에서 칼슘 흡수가 촉진되고, 신장에서 칼슘의 재흡수가 이루어져서 혈장의 칼슘 농도를 정상치로 회복시킨다. 부갑상선의 기능이 항진되면 혈중의 칼슘 농도가 올라가고, 요 중의 칼슘 농도가 높아지며, 칼슘침착으로 인해 신장에 결석이 생성되고, 뼈의 석회 부족증이 생긴다.

3) 부신

부신(Adrenal glands)은 양측 신장의 상단에 위치한 한 쌍의 삼각형 모양의 내분비샘이다. 상대적으로 작은 크기이지만 신체 내 다양한 생리적 과정을 조절하는 데 중요한 역할을 한다. 오른쪽 부신은 다소 피라미드 모양이고 왼쪽은 반월형이며, 부신피질(cortex)과 부신수질(medullary)이라는 두 개의 서로 다른 영역으로 구성된다.

부신피질로 알려진 부신의 바깥층은 코르티코스테로이드라고 불리며, 모두 콜레스테롤 유도체로서 스테로이드 호르몬이라 불린다. 스테로이드 호르몬은 탄수화물과 단백질대사에 작용하는 글루코코르티코이드(glucocorticoid), 수분 및 전해질대사에 작용하는 미네랄로코르티코이드(mineralocorticoid), 소량 분비되는 성호르몬(sex hormone), 총 세 가지 종류로 더 분류된다.

- 글루코코르티코이드(glucocorticoid) : 가장 두드러진 글루코코르티코이드는 신진대사를 조절하고 염증을 억제하며, 신체의 스트레스 반응을 돕는 호르몬인 코르티솔(cortisol)이다. 코르티솔은 혈당 수치를 유지하고, 단백질과 지방대사에 영향을 미치며, 면역 기능을 조절하는 데 중요한 역할을 한다. 쿠싱(Cushing's syndrome)은 부신에서 글루코코르티코이드가 과잉생산될 때 발생하는 질병이다.
- 미네랄코르티코이드(mineralocorticoid) : 알도스테론(aldosterone)은 체내 전해질 균형, 특히 나트륨과 칼륨을 조절하는 주요 미네랄코르티코이드이다. 알도스테론은 신장에 작용하여 나트륨 재흡수와 칼륨 배설을 향상시켜 혈압과 체액 균형을 조절하는 중요한 호르몬으로, 부족 시에는 생명을 위협할 수 있다.
- 안드로겐(androgen) : 주로 생식선에서 생산되지만 부신피질에서도 소량의 안드로겐 호르몬이 분비된다. 소량생산되어 미치는 영향은 적은 편이다.

부신수질로 알려진 부신의 가장 안쪽 층은 주로 에피네프린(아드레날린)과 노르에피네프린(노르아드레날린)인 카테콜아민을 합성하고 방출한다. 이러한 호르몬은 신체의 즉각적인 스트레스 반응(종종 투쟁-도피 반응(fight or flight)이라고도 함)의 중추적인 구성 요소다. 에피네프린과 노르에피네프린은 심박수를 높이고, 폐의 공기 통로를 확장하며, 간에 있는 글리코겐 저장소에서 포도당을 동원하고, 스트레스나 위험이 있을 때 혈류를 필수 기관으로 방향을 전환한다. 이러한 빠른 생리학적 적응은 신체가 인지된 위협에 맞서거나 그로부터 벗어날 수 있도록 준비하는 데 도움이 된다.

참고

부신 호르몬의 조절

부신에서 호르몬의 분비는 피드백 루프 및 다른 내분비선과의 상호작용을 포함하는 다양한 메커니즘에 의해 엄격하게 조절된다. 시상하부-뇌하수체-부신(hypothalamic-pituitary-adrenal axis, HPA) 축은 코르티솔 방출을 조절하는 데 특히 중요하다. 신체가 스트레스를 감지하면 시상하부는 부신피질 자극 호르몬 방출 호르몬(Corticotropin releasing hormone, CRH)을 분비하는데, 이는 뇌하수체 전엽(anterior lobe of the pituitary gland, AP)을 자극하여 부신피질 자극 호르몬(Adrenocorticotropic hormone, ACTH)을 분비하게 한다. ACTH는 차례로 부신피질(adrenal cortex)을 자극하여 코르티솔(cortisol)을 생성하고 방출한다. 코르티솔 수치가 높아지면 시상하부와 뇌하수체에 음성 피드백이 작용하여 CRH와 ACTH의 추가 방출이 억제되어 코르티솔 수치가 조절된다.

요약하면, 신장 위에 위치한 부신은 부신피질에서 스테로이드 호르몬과 부신수질에서 카테콜아민을 분비하여 다양한 생리적 과정을 조절하는 데 중요한 역할을 한다. 이러한 호르몬은 신진대사, 면역 기능, 전해질 균형, 스트레스에 대한 신체 반응에 영향을 미치며, 전반적인 건강과 항상성을 유지하는 데 중요한 역할을 한다.

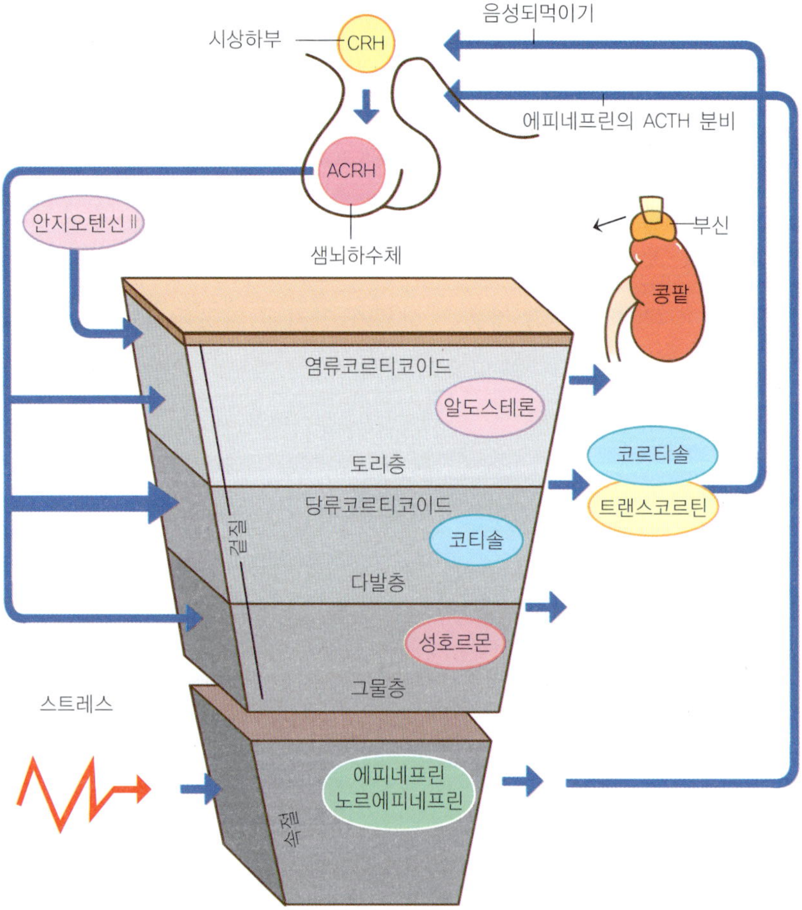

[그림 7-3] 부신호르몬(adrenal gland hormone)의 분비와 작용

출처: 라이프사이언스 기본동물해부생리학. p. 290.

4) 췌장

췌장(pancreas)은 위의 대만곡(greater curvature)에 인접하고 십이지장까지 뻗어 있는 소엽성 분비샘이다. 췌장은 소화에 필요한 췌액을 분비하는 외분비선과 물질대사에 필요한 호르몬인 인슐린(insulin)과 글루카곤(glucagon)을 생산하는 내분비선의 역할을 한다.

소화액을 분비하는 외분비선으로의 췌장은 아밀라아제, 리파아제, 프로테아

제 등의 소화효소를 췌장관을 통해 십이지장으로 분비하여 탄수화물, 지방, 단백질의 소화를 돕고 장에서 영양분의 흡수를 촉진한다. 또한 위산을 중화시키기 위해 중탄산을 분비하고, 소장내강에서 세균의 과도한 성장을 억제하며, 비타민 B1과 다른 영양소의 흡수를 돕는다.

내분비췌장으로서의 췌장은 췌장섬세포(islet cell)로 구성되어 있으며 인슐린을 생성하는 베타세포(β-cell), 글루카곤을 분비하는 알파세포(α-cell), 소마토스타틴(somatostatin)을 생산하는 델타세포(δ-cell)가 있다. 이 호르몬은 혈당 수치 및 기타 대사과정을 조절하는 데 중요한 역할을 한다.

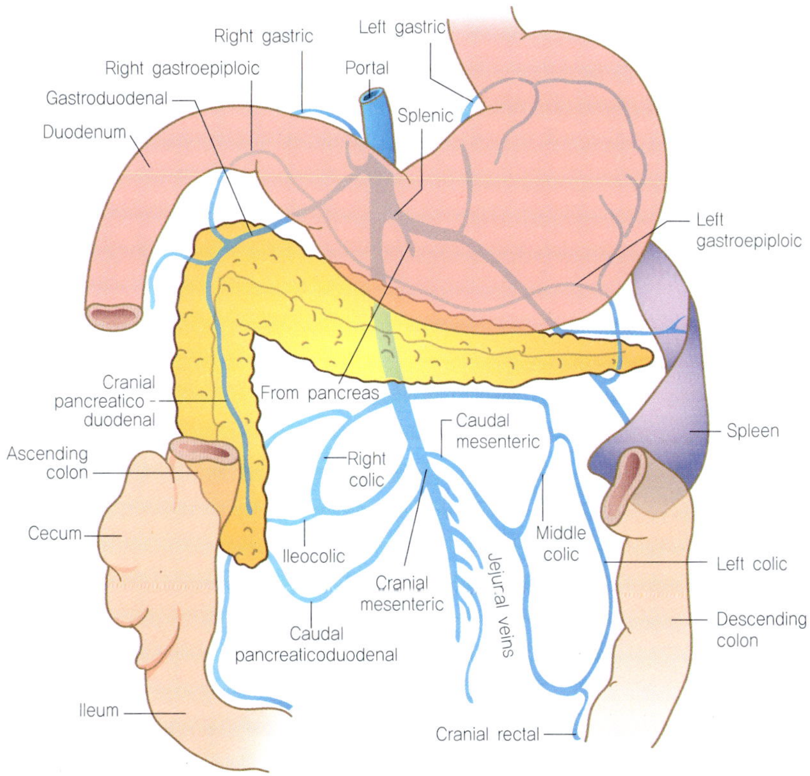

[그림 7-4] 개의 췌장 위치

출처: From Evans HE, De Lahunta A. Guide to the Dissection of the Dog. 7th ed. St. Louis, MO: Saunder; 2010.

인슐린이 부족하면 세포 내로 포도당의 이동이 줄어들고 간에서 포도당의 방출이 증가한다. 그 결과 혈장 내 포도당 농도가 너무 높아져 소변으로 배출되는 신장에서 포도당이 재흡수되는 역치를 넘는다. 따라서 당뇨병은 세포 내 포도당은 부족한데 세포 밖은 포도당이 너무 많아 밖으로 배출되는 질환이다. 또한 삼투물질의 혈장 농도가 높아져 체내 수분이 전해질과 함께 혈액으로 배출되기 때문에 물을 많이 마시고 소변을 많이 본다. 또한 인슐린의 결핍으로 단백질합성이 저하되고 아미노산의 혈장 농도가 증가되며, 혈장 중 유리지방산 농도가 증가되고 그로 인하여 아세틸CoA(acetyl-CoA)가 많이 생성된다. 이 아세틸CoA가 과정을 거쳐 당뇨병의 경우 혈액 속에서 케톤체가 되며, 케톤체가 증가하여 케톤증(ketosis)이 발생한다. 케톤체(ketone body)는 유기산이기 때문에 과량 발생하면 산증도 발생한다. 그 결과 단백질과 지방이 분해되어 체중이 감소한다.

5) 침샘

침샘은 쌍으로 존재하며, 99%의 수분과 1%의 점액질로 이루어진 타액을 생성한다. 침샘은 위치에 따라 광대샘(zygomatic gl.), 혀밑샘(sublingual gl.), 턱샘(mandibular gl.), 귀밑샘(parotid gl.)으로 나누어진다. 타액 생성은 음식 섭취, 수분 공급 상태, 환경 자극과 같은 다양한 요인의 영향을 받으며, 신경 및 호르몬 메커니즘에 의해 조절되는 과정이다. 타액은 음식 찌꺼기를 씻어내고, 산을 완충하며, 박테리아의 과증식을 예방하여 구강 위생을 유지하는 데 중요한 역할을 한다. 타액 분비와 관련된 침샘 또는 신경 경로에 영향을 미치는 장애는 개와 고양이에서 삼키는 기능을 손상시키고 연하곤란(삼키기 어려움)을 유발할 수 있다.

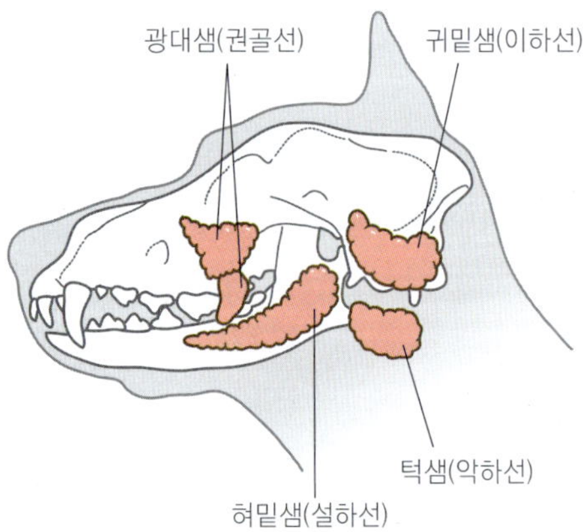

[그림 7-5] 개의 침샘 위치

출처: 동물해부생리학개론 98.

3. 질병

1) 갑상선기능항진증

갑상선기능항진증(Hyperthyroid Disease)은 10세 전후의 고양이에서 다발하는 고양이 내분비질환이다. 갑상선 호르몬은 대사 및 발열에 관여하고, 대사 중간 과정, 교감신경 유사 효과, 심혈관 및 성장, 신경계에 효과를 나타내는데, 갑상선 호르몬인 T3와 T4가 과도하게 분비되어 대사율을 항진시키고 이로 인해 증상이 나타나게 된다. 양측성 선종성증식증이 증례의 약 98~99%를 차지하며, 선암종은 1~2% 정도에 불과하다. 갑상선기능항진증에 걸린 동물은 체중감소, 다음다뇨, 활동성 증가 및 공격적 행동, 빈맥, 과식증, 구토, 망막박리를 동반한 실명 등의 증상이 나타난다.

진단은 촉진이 가능한 증대된 갑상선이 있는지 체크할 수 있으며, 혈청 T4농도의 증가 여부를 체크한다. 종종 다소 높은 PCV수치를 보일 수 있으며, ALT, ALP, LDH, BUN, CRE의 증가를 볼 수 있다. 갑상선 호르몬수치를 낮추는 치료는 종종 숨겨져 있던 신부전증 등을 발견할 수 있으며, 갑상선 호르몬 수치를 체크하며, 환자의 상태를 면밀히 모니터링하여 병발질환을 케어해야 한다. 또한 갑상선기능항진증이 있는 환자는 정기적으로 혈압을 체크해야 한다. 병원에서 주로 사용되는 치료법은 호르몬합성을 저해하는 메티마졸(Methimazole)을 투여하는 방법으로, T4농도 모니터링을 통하여 환자의 상태를 체크하며, 점진적으로 투여량을 늘린다.

2) 갑상선기능저하증

개에서의 갑상선기능저하증(Hypothyroid Disease)은 갑상선 호르몬의 생산과 방출에 이상이 있을 때 발생한다. 갑상선기능저하증이 갑상선 원발질환에 의한 것이라면 1차성 갑상선기능저하증, 뇌하수체에 있는 경우 2차성, 시상하부에 있는 경우 3차성으로 분류된다. 이는 일반적으로 자가면역질환인 갑상선

자가면역질환(Autoimmune thyroiditis) 또는 갑상선 수종으로 인한 상태일 수 있다. 갑상선 호르몬은 개의 신진대사를 조절하므로 부족한 경우에는 무기력, 체중증가, 비만, 에너지 부족, 피로감 등이 나타날 수 있다. 재발되는 피부 문제, 양측 대칭성 탈모, 꼬리털의 소실(rat tail), 추위 감도 증가 등도 발생할 수 있다.

진단은 혈액검사를 통해 갑상선 호르몬 수준을 확인함으로써 이루어지며, 고콜레스테롤혈증은 동물의 약 66~75%에서 나타나며, 동물의 25~40%는 가벼운 비재생성 빈혈을 보이고 일반적으로 측정하는 갑상선 호르몬으로는 tT4, fT4, cTSH를 포함한다. 진단 시 TSH는 정상수치(0.1~0.6ng/ml)보다 증가하고 total T4는 정상수치(1.0~4.5μg/dl)보다 감소하며, 갑상선수치는 다른 약물의 영향을 많이 받는다. 치료는 보통 갑상선 호르몬 보충 요법을 통해 이루어지는데, 합성 갑상선 호르몬제인 Levothyroxine(상품명 : 신지로이드)을 복용한다. 모니터링을 통해 적정용량을 결정하고 평생 복용해야 한다.

3) 부신피질기능항진증

부신피질기능항진증(Hyperadrenocorticism)은 쿠싱증후군(Cushing's syndrom)으로 알려져 있으며, 수의임상에서 아주 흔한 호르몬성 질병으로 과도한 코르티솔 호르몬을 분비하는 질병을 말한다. 이 질병은 종양성 질병으로 완치되지 않으며, 진단과 치료의 목적은 증상 완화와 합병증의 최소화에 있다. 뇌하수체종양인 PDH(pituitary-dependent hyperadrenocorticism)가 약 80~85% 정도를 차지하고 부신종양인 ADH(adrenal-depedent hyperadrenocorticism)는 약 15~20% 정도 되며, 의인성 쿠싱은 부신피질 호르몬제의 과량 투여로 발생한다. 중년령에서 노령의 개에게서 주로 발생한다. 증상은 다음, 다뇨, 다식, 무기력, 근육감소, 피부가 얇고 털이 푸석하고 털을 잘라낸 부분에 털이 자라지 않고 좌우대칭성 탈모가 생긴다. 또한 가벼운 운동에도 호흡곤란을 보이거나 휴식기에도 헐떡임(panting)을 보이고 복부의 늘어짐(pot belly)이 나타난다. 특징적인 임상증상을 바탕으로 호르몬검사를 실시하여 진단하며, ALT, ALP, TCHOL 등의 생화학검사를 통하여 수치상승을 알 수 있고 낮은 요비중, 부신의 초음파 검사 등을 통하여 진단한다. 치료는 주로 트릴로스탄(trilostane)으로 진행하며, 85% 정도의 증례에서 개선효과가 있고 부신의 영구적인 파괴가 아닌 투여하고 있을 때만 효과가 있으며, 부작용은 드물다. 모니터링을 통해 약의 용량을 조절한다.

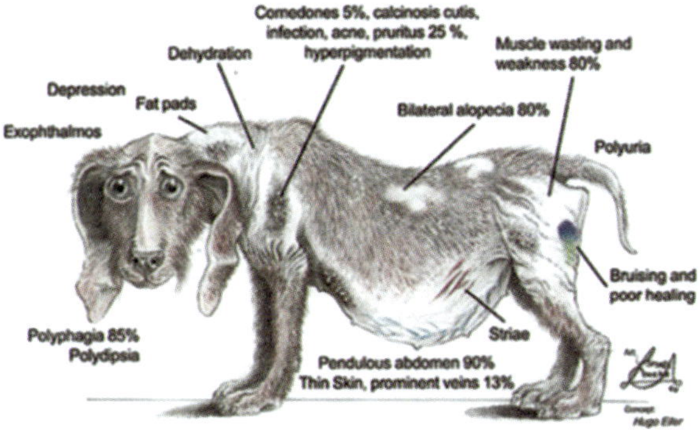

[그림 7-6] 쿠싱질환의 임상증상

참고 쿠싱 진단법(1차적 진단)

1) 부신피질자극호르몬검사(ACTH stimulation test: Cushing의 80~85% 검출)

진단보다 치료 중 약물 모니터링 검사로 추천하고 환자가 다른 심각한 질환이 있는 경우에는 LDDST보다 진단률이 뛰어날 수 있다. Pre 채혈 후 혈청분리(혈청량 0.5~1ml)를 하고 준비한 합성 ACTH(흡수가 빠른 제제 사용; Synacthen® 0.25mg/Head IM, 5μg/kg(0.1ml/5kg) IV)를 주사한다. 1시간 후에 채혈하여 혈청분리(혈청량 0.5~1ml)를 하고 혈청 cortisol을 정량한다.

2) Low dose dexamethasone 억제 시험(LDDST; Cushing의 90~95% 검출)

8시간 후 측정치에 억제가 확인되지 않는다면 쿠싱으로 판정한다. 부신 종양의 경우는 뇌하수체 억제에 관계없이 cortisol을 분비한다. 부신 종양과 뇌하수체 종양 모두 8시간 후에 cortisol이 억제되지 않는다. 뇌하수체성의 일부는 4시간 후에 억제되는 경우도 있다.(8시간 이후 억제되는 경우도 뇌하수체성) 측정하는 방법은 Pre 채혈하여 혈청분리(혈청량 0.5~1ml)하고 인산 dexamethasone 0.01mg/kg을 IV한다. 4시간 후(Post-1)에 채혈하여 혈청분리(혈청량 0.5~1ml), 8시간 후(Post-2)에 채혈하여 혈청분리(혈청량 0.5~1ml)하고 혈청 코르티솔을 정량하여 결과를 분석한다.

4) 부신피질기능저하증

부신피질기능저하증(Hypoadrenocorticism)은 애디슨병(Addison's disease)으로 알려져 있으며, 부신피질의 위축을 동반하며, 글루코코르티코이드와 미네랄코르티코이드 모두의 생성 감소를 유발한다. 부신피질기능저하증은 개에서 흔하지 않으며, 고양이에서는 더욱 보기 힘들다. 글루코코르티코이드는 스트레스 시에 자극되는 호르몬으로, 스트레스 상황 시에 코르티솔을 충분히 분비하지 못하여 문제가 생기므로 환자는 스트레스 상황에서 증상이 악화된다. 미네랄로코르티코이드는 수분과 전해질을 조절하는 호르몬으로, 이상 시에 탈수, 저혈량성 쇼크 등이 발생할 수 있다. 증상은 허탈, 식욕부진, 체중감소, 다음다뇨가 있고 특징적인 임상증상으로는 혈중 전해질 검사 시에 고칼륨혈증과 저나트륨혈증을 보이며, 저혈당증 및 알부민 저하를 보일 수 있다. Na:K 비율이 27:1 미만(normal range 27:2~40:1)이거나 비재생성 빈혈, 림프구 증가증 등이 동반될 수 있고 BUN, CRE 및 칼슘 수치가 증가할 수 있다. 검사는 부신피질기능항진증의 검사법과 동일하며, 부신피질호르몬의 농도검사를 통해 진단할 수 있다. 저혈압, 저혈당, 전해질을 교정하고 부신피질호르몬 유사제를 복용한다.

5) 췌장염

췌장의 염증인 췌장염(Pancreatitis)은 개와 고양이 모두에게 심각하고 잠재적으로 생명을 위협하는 질환이다. 원인은 다양할 수 있지만 고지방 음식 섭취, 비만, 푸로세마이드(furosemide), 아자티오프린(azathioprine), 설포나마이드(sulfonamide), 테트라사이클린(tetracycline) 같은 특정 약물, 고지혈증이나 당뇨병과 같은 기저 질환 등 무분별한 식습관에서 비롯되는 경우가 많고 어떤 경우에는 원인을 알 수 없는 경우도 있다. 임상증상에는 일반적으로 구토, 설사, 복통과 같은 위장 증상이 포함되고 식욕부진, 무기력함의 징후를 보일 수 있으며, 질소혈증, ALT 증가, 고지혈증, 열, 탈수 및 황달을 나타낼 수 있다. 개와 고양이의 췌장염을 진단하려면 임상평가, 혈액검사 및 영상연구가 필요하며, 혈액검사를 통해 아밀라아제, 리파아제 등 췌장 효소 수치가 상승된 것으로 나타나는 경우가 많지만, 이러한 결과가 항상 결정적인 것은 아니다. 초음파나 복부 방사선 검사 같은 영상 기술은 비대, 체액 축적 또는 염증과 같은 췌장의 변화를 시각화하는 데 도움이 될 수 있다. 어떤 경우에는 최종 진단을 위해 췌장 생검이 필요할 수 있다. 췌장염 치료의 목표는 증상을 완화하고 근본 원인을 해결하는 것에 있으며, 일반적으로 탈수 및 전해질 불균형을 교정하기 위해 정맥 수액 치료를 위한 입원이 지시된다. 통증 관리도 중요하며, 종종 아편유사제나 비스테로이드성 항염증제(NSAID)와 같은 약물을 사용한다. 심한 경우에는 영양 공급관을 통해 영양을 공급하여 췌장을 쉬게 하고 추가 자극을 예방한다. 또한 향후 발병을 예방하기 위해 저지방 식단을 먹이는 등의 식이요법 수정이 권장될 수 있다. 췌장염의 예후는 상태의 중증도, 합병증의 유무, 치료에 대한 환자의 반응에 따라 다르다. 가벼운 경우에는 며칠 내에 지지요법을 통해 해결될 수 있지만, 심각하거나 재발하는 경우에는 보다 집중적인 치료와 모니터링이 필요할 수 있다. 췌장염은 어떤 경우에는 치명적일 수 있으며, 특히 췌장 괴사, 패혈증 또는 장기 부전과 같은 합병증이 발생하는 경우는 심각할 수 있다.

6) 당뇨병

개와 고양이의 당뇨병(Diabetes mellitus)은 인슐린 분비가 없거나 분비된 인슐린을 사용하지 못하는 경우로, 흔한 질병 중 하나다. 개와 고양이는 유사한 증상을 나타내지만 개의 당뇨병은 주로 인슐린이 완전히 결핍된 인슐린 의존성 당뇨병(type 1)이며, 고양이는 주로 인슐린이 있지만 충분하지 못하거나 인슐린 기능을 간섭하는 상태인 인슐린 비의존성 당뇨병(Type 2)인 경우가 대부분이다. 개는 고양이에 비해 당뇨병에 걸릴 확률이 더 높으며, 인슐린 생산 부족이나 인슐린 저항성으로 인해 발생하여 혈당 수치가 상승하고, 푸들, 슈나우저, 래브라도 리트리버와 같은 특정 품종은 위험이 더 높다. 고양이의 경우 당뇨병은 나이가 많고 비만인 경우 더 흔히 나타난다. 당뇨병의 증상은 다음다뇨를 비롯하여 다식이 있으나 체중은 감소한다. 또한 당뇨병성 백내장과 피부질환, 방광염을 일으킬 수 있다. 케톤산증은 위험할 정도로 높은 혈당 수치와 케톤 생성을 특징으로 하는 조절되지 않는 당뇨병의 심각한 합병증이며, 고양이보다 개에서 더 흔하다. 인슐린 결핍으로 인해 신체가 포도당을 에너지로 사용할 수 없게 되면 지방이 분해되기 시작하여 케톤이 생성된다. 케톤은 혈액 pH를 낮추어 대사성 산증을 유발하며, 이는 즉시 치료하지 않으면 생명을 위협할 수 있다.

당뇨병성 케톤산증 시에는 무기력, 식욕저하, 구토, 설사, 탈수 등의 증상을 보인다. 탈수 및 전해질 불균형을 교정하기 위한 수액 요법, 혈당 수치를 낮추기 위한 인슐린 투여, 인슐린 결핍의 근본 원인 해결 등 즉각적인 치료가 중요하다. 당뇨 관련 증상들은 혈액검사를 통해 쉽게 발견할 수 있으며, 다른 호르몬 관련 질환들, 부신피질 관련 질환, 갑상선 관련 질환 등과 병발하여 증상을 유발할 수 있기 때문에 종합적인 진단이 필요하다. 혈액검사를 통한 당뇨의 진단 이후에는 혈당곡선을 그려서 개체에 알맞은 인슐린의 양을 조절할 수 있다. 인슐린 주사는 하루에 두 번을 기본으로 하며, 경우에 따라 하루에 한 번 투여를 하는 경우도 있다. 당뇨병은 완치가 되는 질병이 아니라 관리하는 질병이므로 당뇨병에 걸린 개와 고양이는 일관된 인슐린 요법과 식이관리가 필요하다.

7) 타액선 점액낭종

타액 점액낭종 또는 타액낭종이라고도 알려진 타액선 점액낭종은 주로 고양이보다는 개에서 관찰되는 가장 흔한 침샘질환이다. 이러한 낭종은 일반적으로 타액선의 외상이나 폐쇄의 결과로 발생하며, 이로 인해 타액선이나 인접 조직 내에 타액이 축적된다. 타액선 점액낭종의 원인은 정확하게 알려져 있지 않으며, 차량 사고, 다른 동물과의 싸움, 낙상 등으로 인해 머리나 목 부위의 외상으로 인해 침샘이 손상되어 낭종이 형성될 수 있다. 또한 타액관의 폐쇄로 타액의 정상적인 흐름이 방해되어 타액이 축적되어 낭종을 형성할 수 있다. 감염,

면역 매개 질환으로 인한 타액선 염증 상태는 점액낭종을 형성할 수 있고, 타액선 내의 종양은 관을 막거나 정상적인 선 기능을 방해하여 개에게 점액낭종이 발생하기 쉽게 만든다. 타액선 점액낭종의 가장 두드러진 임상증상은 영향을 받은 타액선 부위에 단단하고 유동적인 부종이 존재한다는 것이며, 부종은 턱 아래, 목 근처 또는 얼굴 측면을 따라 관찰될 수 있다. 점액낭종이 있는 개는 특히 낭종이 커지거나 염증이 생길 때 통증이나 불편함의 징후를 보이며, 영향을 받은 부위로 먹거나 마시는 것을 꺼리고 큰 낭종이 삼키는 데 방해가 되어 먹거나 마시는 데 어려움을 겪을 수 있고 일부 개는 구강 내에 타액이 축적되어 과도하게 침을 흘릴 수 있다. 개의 타액선 점액낭종 진단법은 임상증상과 함께 타액선 점액낭종의 존재를 확인하고 크기, 위치를 확인한 후 세침 흡인(FNA)으로 세포학적 검사를 위해 미세한 바늘을 낭종에 삽입하여 체액을 흡인하게 되며, 세포 수가 적은 끈적하고 피가 섞인 액체를 확인할 수 있다. 또한 경우에 따라 낭종의 크기와 위치를 시각화하고 주변 구조와의 관계를 평가하기 위해 방사선 사진(X-ray) 또는 초음파를 수행하여 다른 기저 질환을 배제하고 타액관에 조영제를 주입한 후 타액조영술이나 타액내시경 검사와 같은 영상검사를 통해 타액관의 해부학적 구조를 평가하고 장애물이나 이상 여부를 확인할 수 있다. 타액선 종양이나 기타 신생물 과정이 의심되는 경우, 조직병리학적 검사를 위한 조직 샘플을 얻기 위해 생검이 권장될 수 있다. 치료는 작고 무증상인 낭종은 면밀한 모니터링을 통해 소극적 관리를 할 수 있고 낭종이 감염되거나 염증이 생긴 경우, 염증을 줄이고 통증을 완화하며 감염을 조절하기 위해 항생제, 항염증제, 진통제를 사용할 수 있으며, 크거나 증상이 있는 낭종은 진정제나 전신 마취하에 외과적 절제를 통하여 제거할 수 있다.

chapter 08

비뇨생식기계 질환

Diseases of Animals

1. 개요

비뇨생식기계(urogenital system)는 생식 활동을 위한 생식기계(reproductive system)와 비뇨기계(urinary system)를 포함하는 기능적 · 해부학적 구분이다. 이 두 개의 계(系, system)가 한데 묶이는 이유는 해부학적인 위치가 가깝고, 같은 발생 기원을 갖고, 그 기능을 수행하는 데 공통적인 경로를 이용하기 때문이다.

본 단원에서는 신장-요관-방광-요도에 이르는 비뇨기계 전반에 걸친 개요와 질병, 생식기계의 대표적인 질병을 다루되, 생식기계의 해부학적 · 생리학적 개요는 다루지 않는다.

2. 비뇨기계의 해부학적 개요

신장(kidney)-요관(ureters)-방광(bladder)-요도(urethra)로 구성되는 비뇨기계는 체내에서 생성된 노폐물 제거, 혈액량과 혈압의 조절, 전해질과 대사산물의 농도 조절, 혈액 pH 조절 등의 기능을 맡고 있다. 위와 같은 일련의 과정들은 소변(urine) 형태를 통해 외부로 배출되며 이루어진다.

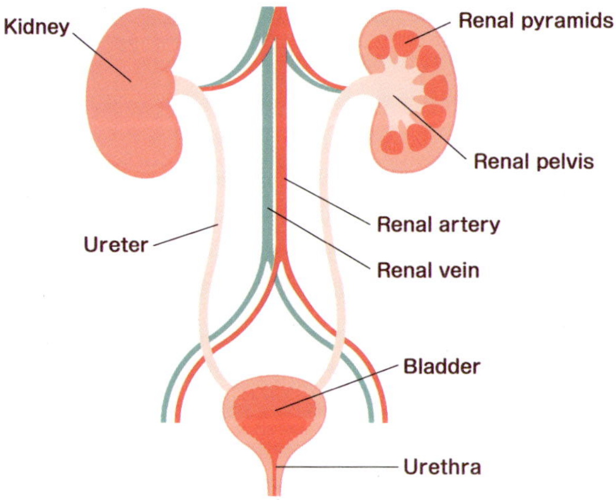

[그림 8-1] 비뇨기계의 구성

출처: https://www.shutterstock.com/shutterstock/photos/2448195375/display_1500/stock-vector-anatomy-of-urinary-system-vector-illustration-2448195375.jpg

1) 신장

신장은 쌍으로 구성된 복막 뒤에 위치한(retroperitoneum) 장기이다. 신장은 배출, 대사, 분비, 조절의 다양한 기능을 가진 장기이다. 단순히 혈액을 걸러내는 역할 외에도 대사, 분비, 조절의 기능을 갖는 장기이기에 신장의 질병은 다양한 결과를 보인다.

피질(cortex)과 수질(medulla)로 구성된 신장의 해부학적 구조는 신장 소체(사구체와 보먼주머니), 세뇨관(tubule), 간질(interstitium), 혈관으로 구성되어 있다. 이런 신장의 각 구조들은 분리되어 독립적으로 존재하기에 좁고 구역화된 병변을 보이는 특징이 있다. 신장은 구조적·기능적으로 고깔 모양(cone)의 엽(renal lobule)으로 구성되어 있으며, 각 엽들은 신장의 기능적 기본 단위인 네프론(nephron)이 모인 구조물로, 각 엽의 형태와 구성은 동물별로 다르다. 네프론을 통과한 소변은 작은 술잔, 큰 술잔(minor and major calyx)을 거쳐 콩팥깔때기(신우, renal pelvis)로 배출된다.

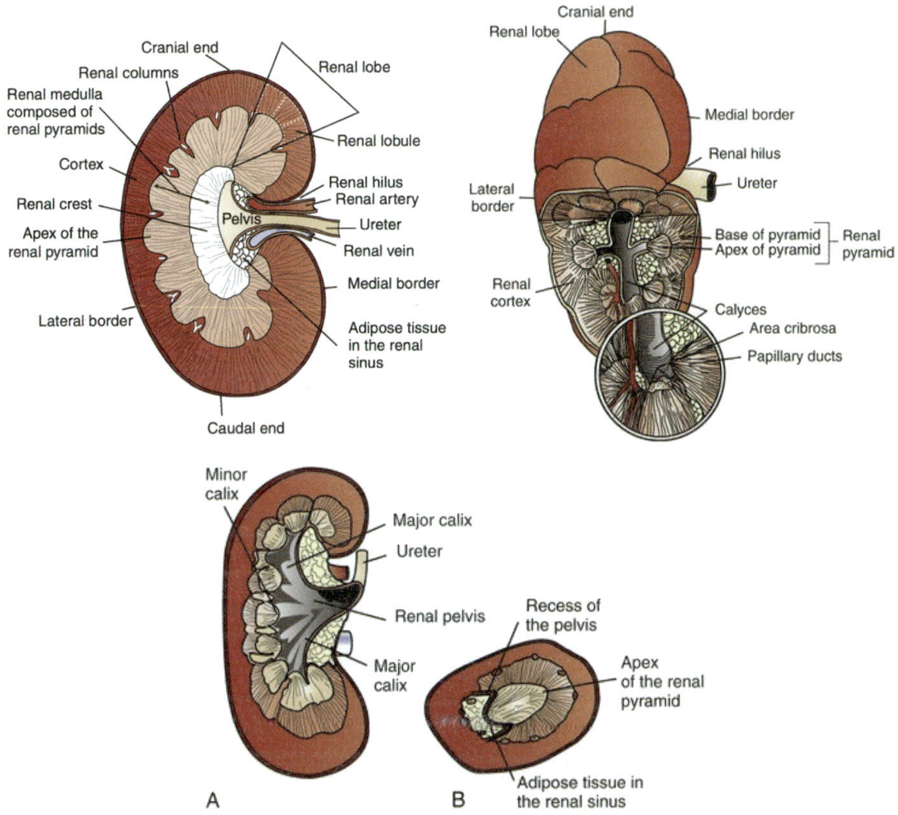

[그림 8-2] 개, 소, 돼지의 신장 형태 및 단면

출처 : https://veteriankey.com/the-urinary-system-3/

신장의 기능적 단위인 네프론은 신장 소체와 세뇨관으로 구성되어 있다. 네프론은 여과, 재흡수, 분비, 배출, 이 4가지 기전에 의해 혈액에서 소변을 만들어낸다.

신장 소체는 모세혈관 다발인 사구체(glomerulus)와 컵 모양의 보먼주머니(Bowman's capsule, 토리주머니)로 구성되어 있다. 신장 소체 내에서 신장으로 들어온 혈액은 혈압, 분자량, 전기적 상태에 의해 걸러지며, 재흡수, 물질 교환 등도 이루어진다.

세뇨관은 근위 세뇨관-헨레고리-원위 세뇨관(proximal tubule-loop of Henle-distal tubule)으로 구성되며, 끝에서는 집합관(collecting tubule)으로 연결되어 배출된다. 세뇨관의 각 부위는 위치에 따라 고유의 기능을 맡고 있으며, 각 부위마다 재흡수, 배출, 교환하는 이온과 물질의 차이가 있다.

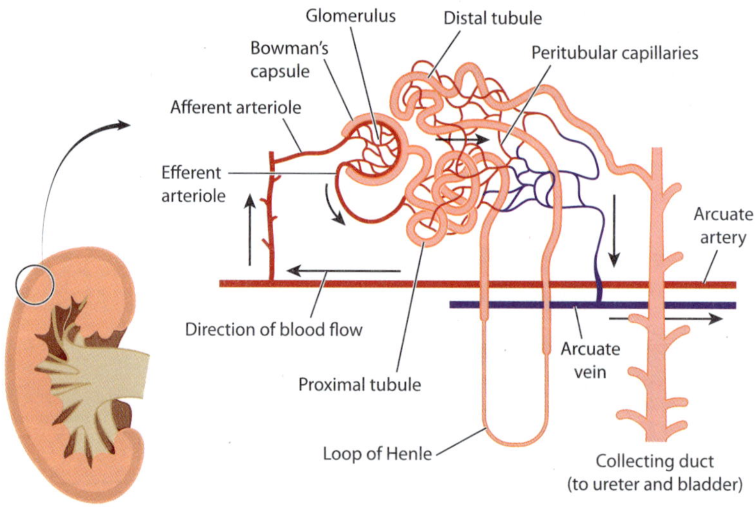

[그림 8-3] 신장 소체의 구조

출처: https://www.shutterstock.com/image-vector/cross-section-through-kidney-detail-tubule-329844029

신장의 간질(interstitium)은 세뇨관 사이의 공간을 메꾸고 있는 섬유-혈관 구조물로, 섬유모세포, 혈관, 신경, 결합조직 등으로 구성되어 있다.

신장의 혈관은 복부 대동맥에서 바로 분지되는 신장 동맥(renal artery)의 공급을 받는다. 상대적으로 작은 크기의 혈관임에도 불구하고 심박출량의 약 20~25% 정도의 혈액이 지나는 만큼 신장 동맥 및 신장의 혈액 분포는 매우 중요하다. 신장으로 들어온 신장 동맥은 엽간 동맥(interlobar artery)으로 분지되는데 이 엽간 동맥은 신장의 각 엽(lobule)으로 분지되므로 독립적으로 존재하고, 이웃한 엽간 동맥과 연결되지 않은 독립적인 구조이다. 각 엽으로 분지된 엽간 동맥은 신장 피질 부위에서 활꼴 동맥(arcuate artery)으로 분지된다. 신장의 혈관 분포는 이렇듯 각 엽이 독립된 구조를 보이므로 신장의 혈류에 이상이 생길 시 각 엽이 독립적으로 영향을 받는 독특한 형태를 띤다(신장 경색 참조).

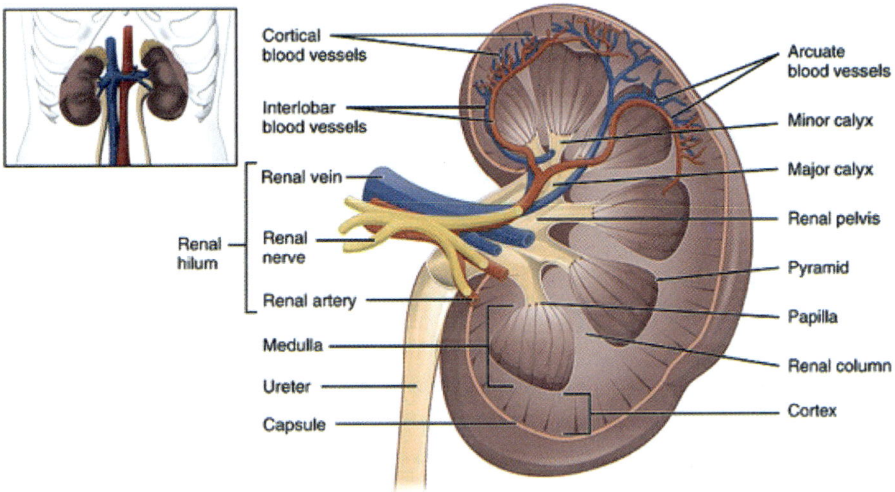

[그림 8-4] 신장의 혈관 분포

출처: https://commons.wikimedia.org/wiki/File:2610_The_Kidney.jpg

신장은 크게 대사 노폐물을 제거하기 위해 소변 생산, 사구체에서 여과된 중탄산염(bicarbonate)을 재흡수하여 체내 산-염기 조절, 세뇨관에서 수분 재흡수를 통해 체내 수분량 조절, 세뇨관에서 재흡수와 배출을 통해 세포 외 칼륨 이온량 조절, 내분비 기능을 통한 호르몬 배출; 혈압 조절, 적혈구 생산 촉진, 비타민 D 활성화의 5가지 기능을 한다.

신장 손상에 대한 반응은 신장의 주요 구조인 신장 소체, 세뇨관, 간질, 혈관에 따라 달라지며, 신장 질병 초기에는 특정 자극은 특정 부위의 손상을 유발한다. 예를 들어, 면역 매개 질환에서는 사구체가 영향을 받고, 독성 물질에 의한 손상에서는 세뇨관이 주로 영향을 받는다. 이들 신장 구조는 서로 밀접하게 연결되어 있어 하나의 구조에 문제가 생기면 다른 구조에도 영향을 끼친다. 만성 질환에서는 네프론 소실로 대표되는 신장 기능이 점진적으로 악화되며, 이는 다양한 손상 원인에 공통으로 나타나는 말기(end-stage) 신장 질병으로 이어진다.

포유동물과 다르게 **조류의 신장**은 머리쪽(cranial), 가운데(middle), 꼬리쪽(caudal)의 3개 엽으로 구성되어 있으며, 합엉치뼈(synsacrum, 복합천골) 안쪽에 붙어 있다. 신장에서 나온 요관(ureter)은 총배설강(cloaca)으로 이어지며, 방광과 요도(urethra)가 존재하지 않는다. 피질과 수질로 나뉘지만, 그 경계는 명확하지 않으며 콩팥깔때기는 존재하지 않는다. 총배설강은 소화기, 생식기, 비뇨기의 마지막 부분이 한데 모이는 곳으로, 양서류, 파충류, 조류, 일부 포유류에서 볼 수 있는 독특한 배설·배출 기관이다. 네프론은 종에 따라 그 형태가 다르며, 포유류에 비해 단순화된 구조로, 헨레고리의 유무 또한 종마다 다르다.

파충류의 신장은 한 쌍으로 이뤄져 있으며, 요관을 통해 총배설강으로 연결되어 있다. 방광은 종에 따라 존재하기도 하며, 방광이 존재하는 경우 총배설강의 배 쪽 방향에서 요도로 연결되어 있다. 파충류의 신장은 포유류와 조류의 신장보다 간단한 구조로, 콩팥깔때기와 신추체(renal pyramid)가 존재하지 않고 피질과 수질의 구분이 없다. 수십~수백만 개의 네프론이 존재하는 포유류와 달리 파충류는 수천 개 정도의 네프론을 가지고 있으며, 그 길이 또한 짧다. 네프론의 구조 또한 간단하며 헨레고리가 존재하지 않는다. 헨레고리가 존재하지 않기에 소변에서 수분 재흡수율이 떨어져 농축된 소변을 생산하기 어렵다.

포유류는 체내 질소 화합물을 요소(urea) 형태로 배출하는데, 요소는 요산(uric acid)에 비해 독성이 강하지만 물에 잘 녹기에 다량의 물과 함께 배출한다. 반면, 조류와 파충류는 요산의 형태로 질소 화합물을 배출하는데, 요산은 요소에 비해 독성이 약하며 배출에 물이 필요 없다. 이를 통해 파충류는 건조한 환경에서 체내 수분을 아낄 수 있고, 조류는 물이 필요 없는 만큼 무게를 줄일 수 있어 비행에 적합한 형태라는 이점이 있다.

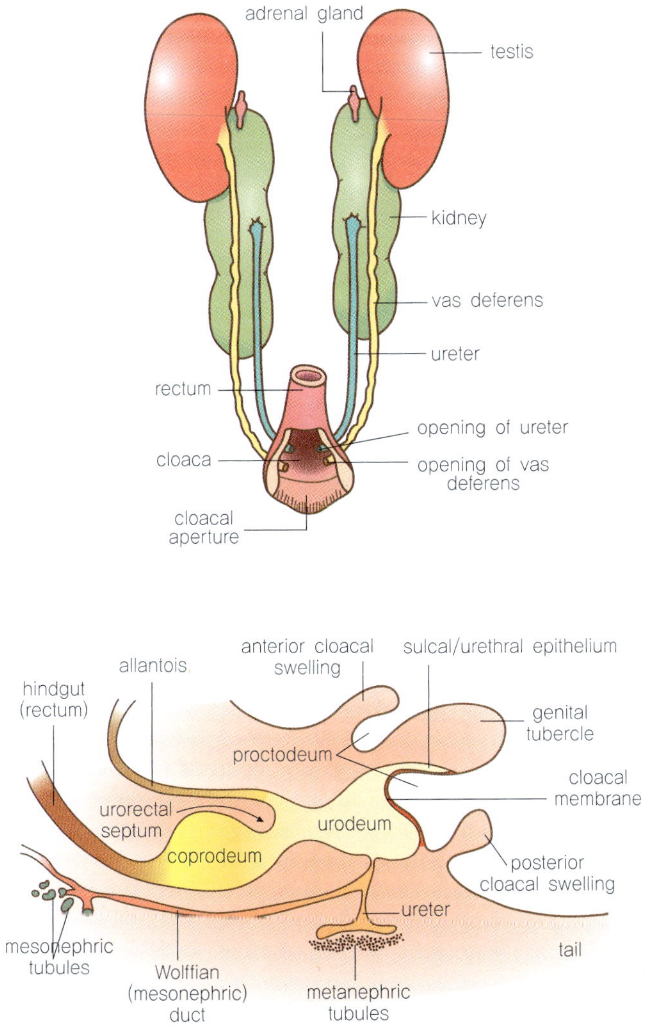

[그림 8-5] 조류 신장의 형태와 총배설강

출처: (상) https://www.notesonzoology.com/phylum-chordata/pigeon-phylum-chordata/urinogenital-system-of-pigeon-with-diagram-chordata-zoology/7989#google_vignette /
(하) https://www.researchgate.net/figure/Embryonic-amniote-cloacal-anatomy-Schematic-drawing-of-the-developing-amniote-cloaca-and_fig4_264797248

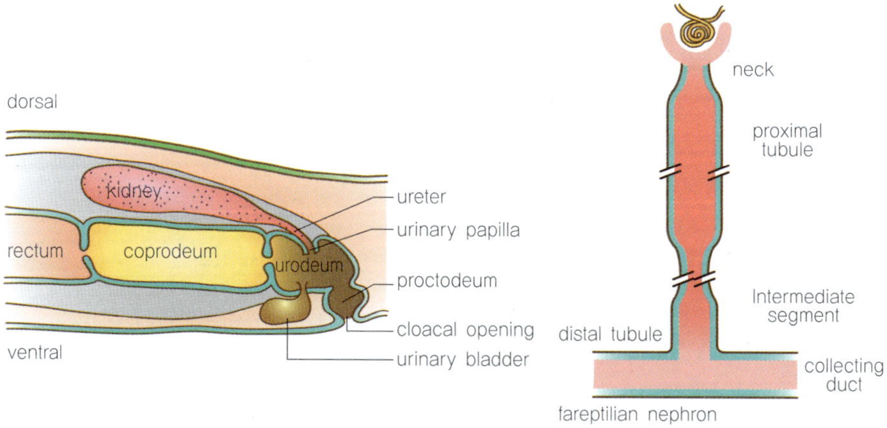

[그림 8-6] 파충류의 신장, 총배설강, 네프론

출처: Holz, P. H. (2020). Anatomy and Physiology of the Reptile Renal System. Veterinary Clinics of North America: Exotic Animal Practice, 23(1), 103–114.

〈표 8-1〉 포유류, 조류, 파충류의 소변 생성 및 배출 기전

	포유류	조류	파충류
콩팥깔때기	O	X	X
헨레고리	O	△	X
수분 재흡수	헨레고리에서 효율적으로 작용	일부 종은 헨레고리를 가지고 있으나 수분 재흡수에 효율적이지 않으며, 총배설강이 수분 재흡수를 보조	신장에서 이루어지지 않고 총배설강이나 방광에서 수분 재흡수
소변 농축	O	O	O
배출되는 질소 화합물	요소	요산	요산
소변 형태	액체	반고체	반고체
배출 경로	소화기와 분리된 요도를 통해 배출	소화기와 합쳐진 총배설강을 통해 배출	

* 종에 따라 다른 소변 생성, 배출 기전을 가질 수 있음

2) 방광

방광은 소변을 일시적으로 저장하는 근육으로 이루어진 속이 빈 장기이다. 방광은 배뇨근(detrusor muscle)으로 구성되어 있으며, 자율신경계의 지배를 받는 불수의근으로 배뇨반사에 의해 배뇨가 일어난다. 신장에서 여과된 소변은 2개의 요관(ureter)을 타고 방광으로 모인 뒤, 1개의 요도(urethra)를 통해 방광에서 체외로 배출된다. 방광의 안쪽 벽은 요로상피(urothelium) 혹은 이행상피(transitional epithelium)로 구성되어 있는데, 소변으로 인해 방광이 이완과 수축함에 따라 입방상피와 원주상피의 형태로 전환되는 세포이다.

3) 요관 및 요도

요관(ureter)은 신장에서 방광으로, 요도(urethra)는 방광에서 체외로 소변을 전달하는 관상(tubular) 구조물이다.

콩팥깔때기에서 나와 방광으로 이어진 요관에는 방광요도판막(vesicoureteral valve)이라는 방광에서 신장으로 소변이 역행하는 것을 막는 구조물이 점막층에 형성되어 있다. 요관은 요로상피로 구성되어 있어 내용물에 따라 확장될 수 있다.

반면, 요도는 머리 쪽은 요로상피, 꼬리 쪽은 중층입방상피로 구성되어 있다.

방광은 불수의근이므로 방광의 수축을 조절할 수 없지만 요도 주변에는 요도 조임근(urethral sphincter muscles)이 있어 이들의 수축을 통해 배뇨를 참을 수 있다. 요도 조임근은 안쪽(internal)과 바깥쪽(external), 2개가 존재하는데 안쪽은 불수의근이지만 바깥쪽은 체성 신경계의 영향을 받는 골격근이므로 의지에 따라 수축과 이완을 조절할 수 있다.

3. 비뇨생식기계 질병

1) 소변

신장에서 생성되어 요관-방광-요도를 타고 체외로 배출되는 소변(urine)은 비뇨기의 상태를 알 수 있는 시료이다. 동물종에 따라 다르지만 수분, 질소 화합물, 다양한 이온들로 구성되어 있으며, 색, 냄새, 점도, 양, 빈도 등을 통해 비뇨기의 건강 상태를 알 수 있다. <표 8-2>에 각종 소변의 상태를 지칭하는 병리학적 용어를 소개한다.

〈표 8-2〉 소변의 상태를 설명하기 위한 용어

용어		내용
Anuria	무뇨	소변이 배출되지 않음
Oliguria	핍뇨	요량이 현저히 감소함
Polyuria	다뇨	요량이 현저히 증가함
Pollakiuria	빈뇨	비정상적으로 빈번한 배뇨
Stranguria	배뇨통	배뇨에 통증을 느끼고 배뇨가 쉽지 않음
Dysuria	배뇨통	배뇨에 통증을 느끼고 배뇨가 쉽지 않음. 양이 적은 노력성 소변 시도
Hematuria	혈뇨	소변에 비정상적인 양의 적혈구가 섞여 나옴
Glucosuria	당뇨	포도당이 소변을 통해 배출되는 것
Proteinuria	단백뇨	단백질이 과도하게 소변을 통해 배출되는 것 (Albuminuria, Myoglobinuria, Hemoglobinuria)
Periuria	이상배뇨	부적절한 곳에서, 지정하지 않은 곳에서 배뇨
Hypersthenuria	고장뇨	소변이 농축된 상태
Isosthenuric	등장뇨	소변이 농축되지도 희석되지도 않은 상태, 혈장과 같은 농도
Hyposthenuria	저장뇨	소변이 희석된 상태

2) 급성 신부전

급성 신부전(Acute Renal Failure, ARF, Acute Kidney Failure, AKF)은 급성으로 나타나는 신장의 기능 부전으로 원인에 따라 신장에 공급되는 혈류에 문제가 생기는 신전성(pre-renal), 신장 자체의 구조나 기능에 문제가 생기는 신성(intra-renal), 소변 배출 경로 폐색 등의 이상이 생기는 신후성(post-renal)이 있다.

신전성 급성 신부전은 신장으로 들어가는 혈류가 줄어들거나 효과적이지 않을 때 발생하며, 이에 따라 사구체 여과율(glomerulus filtration rate, GRF)이 감소한다. 탈수, 출혈 등으로 인한 저혈량증, 저혈압, 심부전, 혈전, 색전 등의 원인이 있으며, 이와 같은 원인으로 신장으로 흘러 들어가는 혈류에 영향을 미친다.

신성 급성 신부전은 직접적으로 신장 자체에 손상이 가해졌을 때 발생한다. 신장 소체, 세뇨관, 간질 등 신장을 구성하는 어느 부위에서도 발생할 수 있다. 감염 등에 의해 발생하는 염증성 병변 외에도 횡문근융해증과 같이 혈액 내 사구체에서 걸러내기 분자량이 큰 물질이 많은 경우에도 발생한다.

신후성 급성 신부전은 신장에서 생산된 소변의 배출이 막혔을 때 발생한다. 전립선 종양, 요도 폐색, 요로 결석 등 소변의 배출을 막거나 흐름에 장애를 주는 다양한 원인에 의해 발생한다.

동물에서 급성 신부전으로 인해 사망에 이르는 경우는 혈중 칼륨 농도 상승으로 인한 심혈관계 이상, 대사성 산증(metabolic acidosis), 폐부종(pulmonary edema) 등이 있다.

3) 만성 신부전

만성 신부전(Chronic Renal Failure, CRF)은 지속적인 신장의 손상으로 인해 네프론이 소실되고, 치유 과정에서 과도한 섬유 조직이 정상 조직을 대체하며 발생한다. 신장 기능 이상으로 인해 발생하는 다양한 증상 외에도 만성 신부전 특이적인 지표는 칼슘-인 균형이 깨지는 것이다.

만성적인 신장 질환으로 인해 체내 인 배출에 이상이 생겨 고인산혈증(hyperphosphatemia)이 발생하고, 높아진 혈중 인산 농도와의 균형을 맞추기 위해 칼슘을 배출해 저칼슘혈증(hypocalcemia)이 이어진다. 그 결과 낮아진 혈액 내 칼슘 농도를 높이기 위해 부갑상선 호르몬(parathyroid hormone, PTH)의 분비가 촉진된다. 이렇듯 만성 신부전으로 인한 인 배출 장애로 혈중 칼슘 농도는 계속 낮아지지만, 이를 해결하기 위해 부갑상선 호르몬이 계속 분비되는 상황이 이어지면서 혈액 내 칼슘 이온은 다양한 조직과 장기에 침착되어 석회화가 발생하고 이차적으로 부갑상선 항진증이 발생한다.

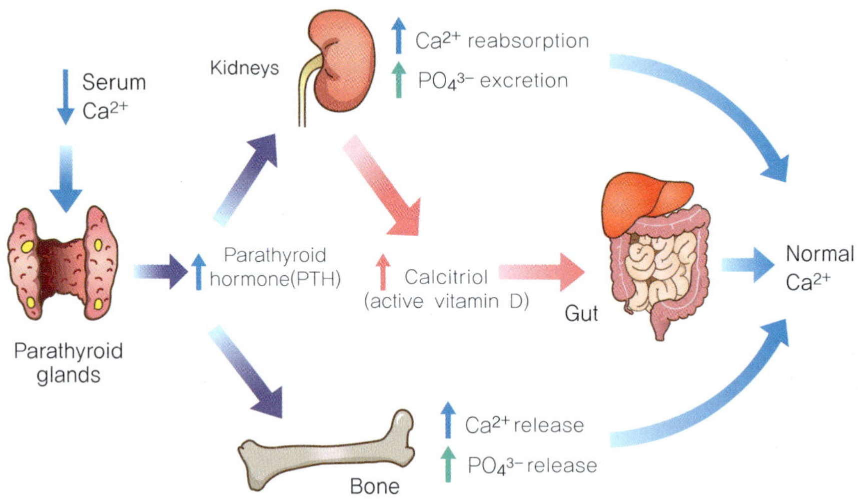

[그림 8-7] 낮아진 혈중 칼슘 농도에 따른 정상적인 생리학적 반응

출처: https://pharmaceutical-journal.com/article/ld/remedying-calcium-and-phosphate-problems-in-chronic-kidney-disease

4) 질소혈증과 요독증

질소혈증(azotemia)은 혈액 내 질소 화합물(요소, 요산, 각종 아미노산 등)이 과도하게 축적된 상태이며, 요독증(uremia)은 신장의 기능이 감소하면서 체내에 쌓인 노폐물들이 배설되지 못해 나타나는 질병을 말한다.

질소혈증이 질소 화합물이 혈액에 과하게 축적된 '상태'를 말한다면 요독증은 다양한 원인으로 인해 신부전이 발생하고 신부전으로 인한 병리학적인 문제를 일으키는 '임상적인 증후군'으로 정의된다. 문헌에 따라 혈액 내 요소(urea) 농도가 올라간 상태를 요독증이라 하는 경우도 있다.

5) 요독증

요독증(uremia)은 신부전에 이어서 나타나는 임상적인 증후군이므로 다양한 조직과 장기에 영향을 끼친다. 약 90가지가 넘는 요독성 물질이 알려져 있으며, 이들은 다양한 분자량과 물질에 대한 친화도를 가지고 있다. 요독성 물질은 그 자체로 세포나 조직에 손상을 주어 염증, 궤양, 괴사 등을 유발할 수 있으며, 세균이 요소를 분해해 암모니아를 생성하며 조직이나 장기에 영향을 끼치는 경우도 있다. 특히, 암모니아 생성에 의한 병변은 구강과 위에서 자주 발생하며, 이로 인해 요독증의 특징적인 병변인 궤양성 구내염(ulcerative stomatitis), 궤양성 설염(ulcerative glossitis), 궤양성 위염(ulcerative gastritis)이 발생한다.

혈관 내 요독성 물질은 혈관 내피세포에 직접적인 영향을 끼쳐 혈관 내피세포 손상을 일으키는데, 이로 인해 부종(edema)이 발생한다. 특히, 폐부종은 요독증으로 인한 사망에 주요한 원인이다.

6) 신장 경색

신장은 심박출량의 20~25% 정도의 혈액이 흐르는 장기이므로 혈전과 색전에 영향을 받기 쉽다. 혈전과 색전에 의해 혈관이 막히고(경색, infarction) 해당 부위에 혈류가 흐르지 않는다면 신장은 국소적인 허혈(ischemia) 상태가 되고 응고 괴사가 발생한다. 혈전이나 색전이 신장 동맥을 막아 신장 전체가 영향을 받는 일은 드물며, 상대적으로 작은 혈관인 엽간 동맥이나 활꼴 동맥에 경색이 발생한다. 엽간 동맥과 활꼴 동맥의 해부학적 구조로 인해 신장의 각 엽의 혈관 분포는 독립되어 있어, 만약 엽간 동맥이나 활꼴 동맥에 경색이 발생한다면 해당 엽에서만 경색에 의한 병변이 관찰된다. 따라서 신장에 경색 병변은 주로 원뿔 혹은 삼각형 모양으로 관찰된다.

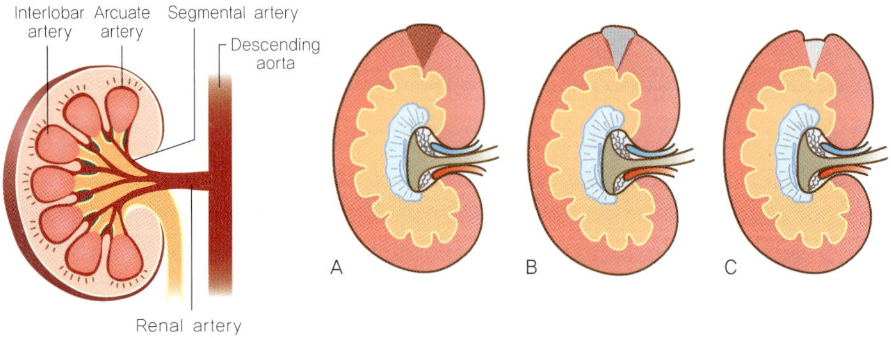

[그림 8-8] 신장 혈관 분포와 경색 병변

7) 신장 낭종

신장 낭종(renal cyst)은 얇은 섬유성 결합조직으로 둘러싸여 액체가 들어 찬 병변으로, 한 개 이상 발생하며, 대부분 세뇨관에서 발생한다. 낭종은 신장 내 세포들의 비정상적인 활동으로 인해 발생하기도 하지만 가장 흔하게 발생하는 원인은 세뇨관의 폐색이다.

선천적으로 여러 개의 낭종이 존재하는 경우 '다낭성 신장 질환(polycystic kidney disease, PKD)'이라고 하며, 선천적인 유전자 결함에 의해 발생한다. 상염색체 우성(Autosomal dominant, AD)과 상염색체 열성(Autosomal recessive, AR) 형태가 있으며, 형태에 따라 발생 확률이 높은 종이 존재한다.

낭종이 생긴 부분은 네프론을 비롯한 정상 신장 조직이 존재하지 않고, 낭종에 물이 들어차며 주변 조직을 압박하여 정상적인 활동에 영향을 미치므로 신장 낭종이 발생한 신장의 기능은 저하된다.

8) 수신증

수신증(hydronephrosis)은 요관(ureter)이나 콩팥깔때기(renal pelvis)가 막히거나 정상적인 구조를 갖지 못해 소변의 배출이 정상적으로 이루어지지 않을 때 발생한다. 발병 초기에는 신장에서 소변이 모이는 콩팥깔때기의 확장이 관찰되며, 시간이 지나며 신장 내 배출되지 못한 소변으로 인해 압력이 높아지고 세뇨관의 확장과 더불어 신장 소체에도 영향을 미친다. 결과적으로 신장 각 구조물은 압력에 의해 위축되고 혈류가 흐르지 않으며, 최종적으로 기능을 상실하게 된다. 편측성으로 발생해 임상적인 증상이 관찰되지 않아 한쪽 신장에 발생한 수신증을 진단하지 못하고 계속 방치하면 신장의 형태를 간직하나 얇은 섬유성 피막으로 구성된 액체 주머니로 관찰된다.

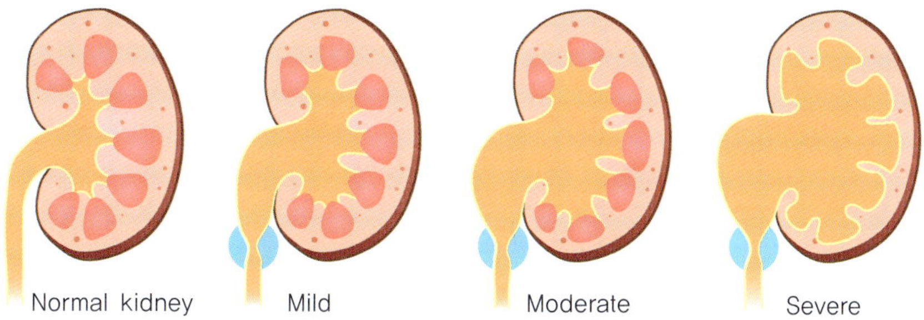

[그림 8-9] 수신증 단계에 따른 신장의 변화

9) 신우신염

신우신염(pyelonephritis)이란 콩팥깔때기(renal pelvis)의 염증(신우염, pyelitis)이 신장 실질로 확장되는 것이다. 신우신염은 하부 요로계(lower urinary tract, LUT)에서 시작된 감염이 요도에서 신장으로 상행성 감염(ascending infection)되어 콩팥깔때기와 신장 수질까지 그 감염이 진행된다. 신우신염의 주요 원인은 세균 감염이다. 그러므로 하부 요로계 감염, 요도 삽관, 요도 결석, 요정체 등의 병력을 가진 개체에서 신우신염의 발병 확률이 높다. 그 외에도 혈행성 감염에 의해 혈액을 타고 온 세균이 콩팥깔때기의 염증을 유발할 수 있으며, 이 경우 하행성 감염(descending infection)이 된다.

신우신염은 암컷에서 더 흔하게 발병하는데, 그 이유는 암컷이 상대적으로 하부 요로계가 짧기 때문에 감염에 감수성이 더 높기 때문이다.

가장 흔하게 동정되는 세균은 *Escherichia coli*이며, 그 외에도 *Proteus* sp., *Klebsiella* sp., *Staphylococcus* sp., *Streptococcus* sp., *Pseudomonas aeruginosa* 등의 세균이 흔하게 하부 요로계 감염을 통해 신우신염을 유발한다.

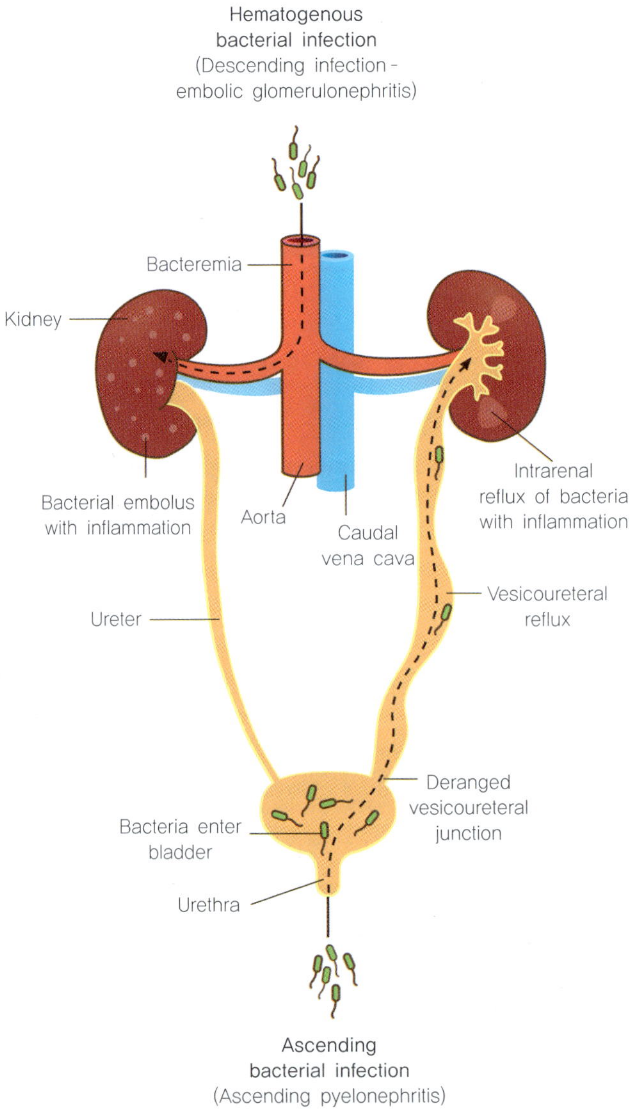

[그림 8-10] 신우신염을 일으키는 상행성 감염과 하행성 감염

10) 아밀로이드증

아밀로이드증(amyloidosis)이란 베타 병풍구조(β-pleated)의 비정상적 구조를 가진 원섬유(fibril)로 구성된 단백질인 아밀로이드(amyloid)가 세포, 조직, 장기 등에 쌓여 유발하는 질병을 말한다. 아밀로이드는 세포나 조직에 공간을 차지하여 주변 세포를 압박하며 위축을 유발하고, 장기적으로는 만성 신장 부전, 혈전 등의 문제를 일으킨다. 아밀로이드는 한 종류의 특정 단백질이 아닌 비정상적 구조, 물에 녹지 않음, 원섬유로 구성 등의 특징을 갖는 단백질의 총칭이며, 수십 가지 이상이 알려져 있다. 아밀로이드는 우연히 체내에서 발생할 수 있으나, 기저 질환이나 유전적으로 정상 단백질이 아밀로이드화되는 경우 아밀로이드 침착에 의한 질병으로 발전 가능성이 커진다.

흔하게 문제를 일으키는 아밀로이드는 일차적인 AL(amyloid immunoglobulin light chains) 아밀로이드와 염증에 의해 이차적으로 발생하는 AA(serum amyloid protein A) 아밀로이드가 있다. 사람에서는 AL 아밀로이드가 가장 흔한 아밀로이드증의 원인이지만 동물에서 AL 아밀로이드는 흔하지 않고, 대부분 AA 아밀로이드가 병적인 상태를 유발한다.

아밀로이드는 모든 조직과 장기에서 침착될 수 있지만, 가장 흔하게 아밀로이드 침착에 의한 아밀로이드증을 일으키는 신장이다. 개의 경우 사구체에 가장 흔하게 침착되며, 고양이와 샤페이(Shar-Pei) 견종은 신장 수질의 간질에 흔하게 침착된다.

늙은 개에서 흔하게 발병하며, 단백뇨의 증상을 보이지만 고양이와 샤페이 견종의 경우 신장 수질에 아밀로이드가 침착되기에 단백뇨는 흔하지 않다.

아밀로이드증을 보이는 신장은 육안으로 비대해지며 매끈한 표면(waxy)으로 관찰된다. 요오드(Lugol's iodine)로 염색 시 영향을 받은 사

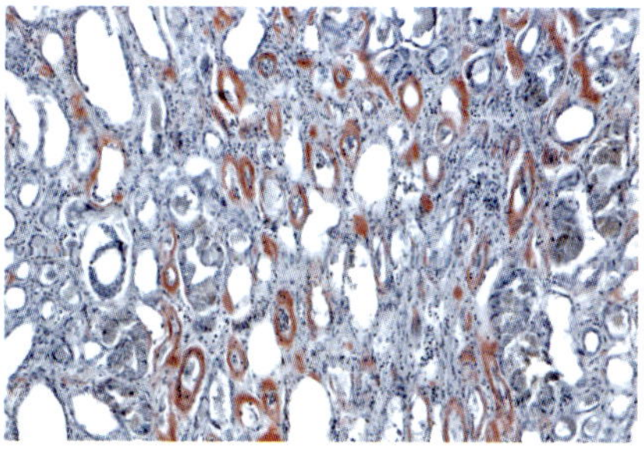

[그림 8-11] 신장 실질에 쌓인 아밀로이드 (콩고레드 염색)

출처: https://www.shutterstock.com/ko/image-photo/light-micrograph-amyloidosis-human-kidney-medulla-2443143805

구체는 적갈색으로 염색되기에 진단을 내릴 수 있다. 확진을 위해서는 조직병리학적 검사에서 콩고레드(Congo red) 염색을 통해 아밀로이드를 염색하는 방법을 이용한다.

11) 요로결석

요로결석(urolithiasis)은 돌이나 결석(calculi)이 비뇨기계에 존재하는 것이다. 결석이 생성되는 원인은 유전, 식이, 병리적인 상태 등 다양하며, 결과적으로 소변으로 배출되어야 할 대사 노폐물이 육안적으로 관찰되는 돌의 형태가 되는 것이다. 결석을 이루는 성분은 다양하며, 무기물(mineral)이 주를 이룬다면 결석이라고 하고 점액질, 단백질, 염증 부산물 등의 유기물이 주를 이룬다면 요도 마개(urethral plugs)라고 한다. 요로결석은 콩팥깔때기에서 요도에 이르기까지 어느 비뇨기계에도 위치할 수 있다. 결석 생성에 영향을 주는 환경은 pH, 식이, 호르몬, 약물, 섭취한 이물질 등이 있으며, 어떤 환경이나 영향에 의해 생성되었는지에 따라 결석의 구성 성분 또한 다양하다. 눈으로 보이지 않는 크기의 결석은 소변에서 현미경 검사를 통해 확인할 수 있지만, 눈에 보일 정도로 커진 결석은 요로 폐색의 원인이 된다. 요로 폐색은 수컷에서 흔하게 발생하는데, 수컷의 요도는 암컷에 비해 길고 직경이 좁기 때문이다.

수컷 고양이는 struvite crystal과 유기물, 단백질로 구성된 요도 마개가 요도 전체를 채우고 있을 수가 있다.

12) 신장 독성 물질

신장은 화학물질의 대사물이 최종적으로 배출되는 곳이며, 사구체에서 미세여과되기에 독성을 가진 화학물질에 영향을 받기 쉬우며, 급성 세뇨관 손상(acute tubular injury)을 유발한다. 동물에서 급성 세뇨관 손상을 포함한 신장 독성을 유발하는 물질은 <표 8-3>에 나열하였다.

〈표 8-3〉 신장 독성을 유발하는 물질

구분		내용
항생제	Aminoglycosides	• 세뇨관 상피 손상 • 가역적 손상
	Tetracyclines	• 개에서 급성 세뇨관 손상 유발 • 신장 기능 저하 동물에게는 사용 금지 • 반합성체인 Doxycycline은 신장 독성이 보고되지 않음
	Sulfonamides	• 특히 탈수 상태에서 위험 • 물에 잘 녹지 않아 결정(crystal)을 형성하여 신장 독성 • 가까운 쪽(proximal) 세뇨관에 주로 영향을 끼침 • 최신 세대의 Sulfonamides는 물에 잘 녹아 독성의 위험이 낮음
항진균제	Amphotericin B	• 신장으로 가는 혈관을 수축시켜 신장 혈류를 감소시킴 • 신장 세뇨관 상피에 직접적인 독성
화학물질	Ethylene glycol	• 부동액(antifreeze solution)의 주성분 • 자체로는 독성이 낮으나 간에서 신장 독성을 가진 glycoalde hyde, glyoxylate, oxalate로 대사 • calcium oxalate 결정이 신부전을 유발
	Melamine	• 과거 분유에 단백질을 늘리기 위한 물질로 첨가되어 대규모의 신장 독성 발생을 일으킨 물질 • 주로 먼 쪽(distal) 세뇨관에 결석을 생성하며 신장 독성 • 급성으로 발전 시 먼쪽 세뇨관 괴사, 염증 등의 특징을 보임
곰팡이 독소	Mycotoxin	• 곰팡이가 생산하는 독성 물질(ochratoxins, citrinin, fumonisin, oxalate 등) • 가까운 쪽 세뇨관의 변성과 위축, 간질의 섬유화 등의 신장 독성
식물	*Lilium* spp.	• 나리(백합) 속 식물은 고양이에서 신장 독성을 유발 • 가까운 쪽 세뇨관의 괴사 • 고양이의 경우 신장뿐 아니라 췌장의 괴사도 유발
	Grapes and raisins	• 개에서 가까운 쪽 세뇨관의 변성과 괴사를 통해 신장 독성

13) 자궁 내 태아 사망

자궁 내에서 접합체(zygote)나 배아(embryo) 단계에서 임신 실패가 된다면 자궁 내에서 흡수되거나 밖으로 배출된다. 하지만 임신 후기에 태아(fetus)가 사망하면 미라화(mummification), 침지(maceration), 혹은 유산(abortion)된다.

유산은 태아가 생존이 가능한 시기 이전에 임신이 종료, 배출되는 것을 말한다. 사산(stillborn)은 생존이 가능한 시기에 죽은 태아가 배출되는 것을 말한다.

미라화는 태아가 죽은 뒤 배출되지 않고 자궁 내에 남아 천천히 탈수되어 마르고, 단단하며, 헤모글로빈이 분해되어 검은색이나 갈색을 띠는 상태이다. 미라화가 되기 위해서는 태아가 자가 분해(autolysis)되지 않을 정도로 성장한 상태여야 하며, 일반적으로 세균 감염이 없을 때 발생한다. 미라화의 흔한 원인으로 개에서는 Canine herpesvirus 감염이 있고, 고양이에서는 자궁뿔의 꼬임이 있다.

침지는 태아가 액화(liquefied)된 상태이다. 태아 침지는 세균 감염으로 대부분 발생하며, 세균은 태아를 죽인 뒤 침지시킬 뿐 아니라 미라화와 다르게 자궁에도 영향을 끼쳐 자궁내막염이나 자궁축농증 같은 병변을 만든다. 뼈와 일부 털은 침지화가 되지 않기에 남아있으며, 뼈가 자궁을 뚫어 추가적인 손상을 유발할 수 있다.

돼지, 소, 양 등을 포함하는 많은 산업 동물에서 *Brucella* spp. 감염은 태아 사망을 유발하여 그 위험성이 크다. 고양이는 *Brucella* spp. 자연 감염에 저항성이 있으며, 개도 일부 균주에 저항성이 있으나, 돼지, 소, 양에서 유산을 유발하는 *Brucella* spp.에 감염되어 유산, 고환염, 부고환염 등의 생식기계 질병이 발생한다.

4. 개의 질병

1) 이소성 요관

이소성 요관(Ectopic ureter, 딴곳요관)이란 선천적으로 요관이 정상적으로 방광 삼각(trigone of urinary bladder)으로 이어지지 않고 요도, 질, 방광목, 정관, 직장 등으로 이어지는 상태를 말한다. 이소성 요관은 개에서 가장 흔하게 관찰되며, 수컷보다 암컷에서 더 자주 진단된다. 편측성, 양측성으로 모두 발생할 수 있으며, 보통 단독으로 발생하기보다는 방광 무형성, 방광 저형성, 신장 저형성 등 다른 비뇨기계의 형성 부전과 함께 관찰된다. 이소성 요관은 감염이나 폐색에 더 취약하며, 요관이 이어진 위치에 따라 증상은 다양하지만 보통 요실금(urinary incontinence)이 관찰된다. 요관이 방광목에 이어지면 방광에 저장이 되지 않고 바로 배출되는 경로를 갖게 되고, 요관이 바깥 요도 조임근 안쪽으로 이어지면 소변이 요도에서 방광으로 역행하며 방광을 채우게 된다.

2) 포도 독성

개의 포도(grape) 혹은 건포도(raisin) 섭취는 구토, 무기력, 식욕부진, 설사 등을 동반한 급성 신장 독성과 요독증을 유발한다. 독성을 유발하는 포도류의 섭취량은 개체에 따라 다르며, 신장 독성은 세뇨관의 변성과 괴사를 통해 나타나지만, 정확한 기전은 알려지지 않았다.

3) 렙토스피라 감염증

Leptospira spp. 세균 감염으로 발생하는 렙토스피라 감염증(Leptospirosis)은 인수공통전염병이다. 균주에 따라 다양한 숙주를 가지며, 설치류, 너구리, 반추동물 등 다양한 동물에 감염되고 서로 간의 전파도 가능하다. 렙토스피라균은 소변이나 오염된 물에서 점막, 피부 상처 등을 통해 체내로 감염되며, 주로 간에서 시작되어 신장 세뇨관으로 퍼진다. 렙토스피라 감염으로 발생하는 병변은 주로 혈관염(vasculitis)으로, 급성 신장 부전과 간 부전을 일으켜, 열, 식욕부진, 구토, 탈수, 황달, 응고 장애 등의 증상을 보인다.

개에서 렙토스피라 감염 증상은 비특이적으로 임상증상 없이 보균자(reservoir)로서 병원균을 다른 동물이나 환경, 사람에게 전파하는 경우가 있다. 병변은 간질성 신장염의 형태로 관찰되며, 임신 중인 경우 유산, 사산, 불임 등의 결과를 보이므로 수컷보다 암컷에서 그 중요성이 큰 감염성 질병이다.

4) 자궁축농증

자궁축농증(pyometra)은 급성 혹은 만성의 화농성 염증이 자궁에 발생한 것으로, 자궁 내강에 농이 쌓인 형태로 관찰된다. 일반적으로 자궁 내 쌓인 농은 자궁목(cervix)의 존재로 흘러나오지 않기에 병변이 진행되면서 농이 찬 자궁은 점점 커진다. 자궁축농증은 개에서는 흔하게 발생하지만, 고양이에게서는 흔하지 않다.

개의 자궁축농증은 나이가 많고 출산 경험이 없는 개체에서 자주 발생하며, 발정기(estrus) 몇 주 후가 가장 흔하게 발병하는 시기이다.

임상적인 증상은 무기력, 식욕부진, 구토, 다갈, 다뇨, 질 분비물 등이 있으며, 병리학적인 병변은 진행 단계에 따라 다양하다. 발병 초기에는 미약한 염증반응과 더불어 자궁은 약간 확장되지만, 병이 진행되면 눈에 띄도록 자궁과 자궁뿔이 내부에 들어찬 농에 의해 확장된다. 만약 자궁에 들어찬 농이 배출되지 않는다면 탈수 증상과 더불어 자궁이 파열되어 복막염(peritonitis)으로 진행될 수 있다. 원인이 되는 세균에 따라 특유의 농의 색, 냄새, 질감 등을 갖기에 원인체를 유추할 수 있지만, 정확한 진단과 치료를 위해서는 세균 동정 후 알맞은 항생제 처치가 권장된다.

육안으로 자궁 내막의 증식(endometrial hyperplasia)이 관찰되며, 발병이 발정후기(diestrus)에 주로 발생하기에 황체(corpora lutea)의 존재와 높은 프로게스테론 농도가 자궁내막염 발병과 관련이 있다는 연구 결과가 있다.

가장 흔하게 동정되는 세균은 *Escherichia coli*이며, 대부분은 자궁내막염을 유발하는 *E. coli*와 분변에서 동정 되는 *E. coli*는 비슷한 균주이다.

세균 독소와 세균혈증에 의해 다른 장기들도 영향을 받으며, 저혈압으로 인한 신장 혈류 감소로 인해 신전성 요독증이 관찰된다. 신장 세뇨관 기능 부전으로 소변을 농축하지 못해 다뇨가 발생한다.

5) 유선종양

암컷 개에서 유선종양(mammary neoplasia)은 매우 흔하게 발생하며, 발생은 나이 및 중성화 여부와 관련이 있다고 알려져 있다. 주로 2살 이상에 중성화하지 않은 암컷에서 많이 발생하며, 첫 발정기 이전에 중성화 수술을 한 경우 발생 가능성이 매우 낮아진다. 나이가 든 암컷 개에서 중성화 수술을 해도 유선종양 발생률을 줄일 수 있다는 연구 결과가 있다. 유선의 과증식부터, 이형성, 양성 종양, 악성 종양에 이르기까지 단계는 매우 다양하다.

최종 확진은 조직병리학적 검사를 통해 이루어지며, 종양의 종류와 명칭은 연구에 따라 계속 추가되거나 통합되는 등의 변화가 있다.

6) 잠복 고환

잠복 고환(cryptorchidism)이란 고환과 주변 부속물(부고환, 정관, 혈관 등)이 복강에서 음낭(scrotum)으로 완전하게 내려오지 않은 경우를 말하며, 수컷 말과 고양이에서 가장 흔하게 발생한다. 잠복 고환은 불임의 가능성이 높으며, 특히 개의 잠복 고환은 고환 종양의 위험성이 높아진다.

대부분 유전적인 원인에 의해 발생하며, 고환 자체의 문제가 아니라 고환과 연결된 인대의 형성 부전으로 인해 고환이 제 위치로 내려오지 못하는 경우도 있다.

성성숙 이전의 잠복 고환은 정상 고환과 기능적 · 구조적으로 차이가 없으며, 성성숙 이후에 잠복 고환은 크기가 작아지며 기능적 · 구조적 차이를 보이는데, 원인은 정상 위치인 음낭보다 복강 내 온도가 높아 정자 생성에 악영향을 끼치기 때문이다.

개의 경우, 특히 오른쪽 고환이 잠복 고환인 경우가 많은데, 이는 해부학적으로 오른쪽 고환이 내려오는 경로가 더 길고, 오른쪽 고환길잡이(gubernaculum)가 왼쪽에 비해 덜 발달하였기 때문으로 알려져 있다.

7) 전립선 비대증

테스토스테론과 에스트로겐에 의존적으로 발생하는 전립선 비대증(prostatic hyperplasia)은 수컷 개에서 매우 흔한 전립선 증식성 질병이다. 전립선 비대는 최초에는 전립선 자체가 전체적으로 증식하여 비대해지며, 이후에는 결절성(nodular) 증식, 낭(cyst) 생성, 압박에 의한 주변 조직 위축 등의 양상을 보인다. 나이가 들어가며 발생 확률은 높아지며, 연구 결과에 따라 다르지만 약 80%의 수컷 강아지가 노령기에 전립선 비대증이 나타난다고 알려져 있다.

전립선의 해부학적 구조로 인해 전립선 비대증이 발생한 개체는 대변의 배출이 어려워 변비가 발생하는 경우가 많다. 사람의 전립선 비대와는 다르게 요도 압박으로 인한 요정체(urinary retention)는 개의 전립선 비대증에서 흔하지 않다.

전립선 비대증은 중성화하지 않은 개에서 발병하며, 성성숙 이전에 중성화한 경우, 전립선 비대증은 발생하지 않고 성성숙 이후에 중성화하는 경우 오히려 전립선의 크기가 축소(위축)된다.

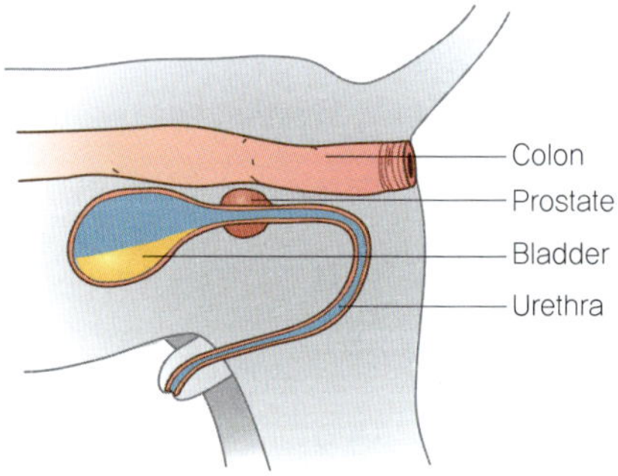

[그림 8-12] 개 전립선의 해부학적 위치

출처 : https://www.pdsa.org.uk/pet-help-and-advice/pet-health-hub/conditions/enlarged-prostate-in-dogs

5. 고양이의 질병

1) 고양이 하부 요로계 질병

고양이 하부 요로계 질병(feline lower urinary tract disease, FLUTD)은 고양이에서 생기는 특발성(idiopathic) 질병으로, 하부 요로계에서 발생하는 다양한 질병이나 증상을 통칭하는 질병이다. 그 원인은 다양하며, 하부 요로계 감염, 요로결석, 요도 마개, 선천적 혹은 후천적인 방광이나 요도의 결함 등에 의해 발생한다. FLUTD를 유발하는 가장 주요한 원인은 고양이 특발성 방광염(Feline idiopathic cystitis, FIC)이다.

지역, 문헌, 고양이 종, 연구 등에 따라 FLUTD의 원인은 다양하지만, 대부분은 특발성으로 명확한 원인을 지목하기 어렵다. 지역에 따라 다르지만, 병원에 내원하는 고양이의 1.5~4.5% 정도가 FLUTD로 진단받는다. 주로 10살 이상의 고양이, 중성화 암컷 고양이는 세균 감염성 FLUTD의 발생이 높다고 알려져 있으며, 수컷에게서는 요도 마개로 인해 FLUTD가 발생한다고 알려져 있다.

2) 고양이 특발성 방광염

고양이 특발성 방광염(feline idiopathic cystitis, FIC, feline interstitial cystitis)은 FLUTD에서 흔하게 관찰되는 형태의 질병으로, 약 55~67%의 FLUTD 환자는 FIC로 진단된다. FIC는 방광, 신경계, 부신(adrenal gland), 심리, 환경 등의 원인이 복합적으로 작용해 발생한다. 증상으로는 배뇨장애, 배뇨통, 혈뇨 등이 있다. 신경에 문제가 있으면 방광이나 요노 소임근을 조절하지 못해 발생한다. FIC는 요도가 막히느냐에 따라 폐쇄성과 비폐쇄성으로 나뉘며, 비폐쇄성 FIC가 주로 진단된다. 이렇듯 원인과 증상이 다양한 FIC는 복합적인 증후군으로 여겨진다.

FIC는 일차적으로 세균 감염 때문에 발생하지 않으므로 만약 감염성 세균이 방광에서 동정되었을 경우, 하부 요로계에서 상행성 감염을 통한 세균성 방광염을 의심한다. 다양한 연구에서 FIC의 주요 원인은 스트레스로 지목된다.

3) 나리속 독성

일부 나리속(*Lilium* spp., 백합속) 식물은 고양이에게 급성 신장 독성을 유발한다. 개체에 따라 꽃가루만 핥아도 독성을 보이는 예도 있고, 식물을 담갔던 물을 섭취해도 독성을 보이는 개체가 있지만, 꽃 한 송이를 통으로 섭취해도 영향을 받지 않는 개체가 있다. 하지만 일반적으로 나리속 식물은 고양이에게 신장 독성을 유발하니 주의를 요한다. 나리속 식물은 개에서는 신장 독성을 유발하지 않는다.

중독된 고양이는 다뇨, 다갈증(polydipsia), 당뇨, 단백뇨, 등장뇨, 질소혈증, 구토, 탈수 등이 관찰된다. 병변은 세뇨관에 급성으로 손상을 일으키는 것으로 보고되었으며, 섭취량, 고양이의 상태, 경과 시간 등에 따라, 미약한 염증반응에서 괴사까지 손상의 정도는 다양하다.

4) 육아종성 신장염

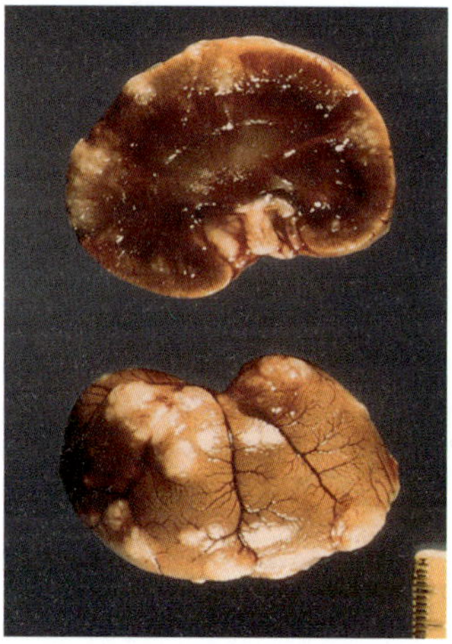

[그림 8-13] 신장 단면 및 표면에 관찰되는 육아종

출처: https://journals.sagepub.com/doi/10.1016/j.jfms.2008.09.008

혈관염 이후 다발성 화농성·육아종성 신장염(suppurative · granulomatous nephtiris)이 관찰된다. 세포 매개성 면역반응에 의해 말초 혈관 및 신장 소체의 혈관이 영향을 받으며, 염증반응과 괴사가 일어난다. 괴사 부위 주변으로 대식세포, 림프구, 형질세포, 호중구 등이 모여 화농성·육아종성 병변을 형성한다. 육안적으로 다수의 옅은 회색을 띠는 육아종 병소가 불규칙적으로 신장 표면에서 관찰된다.

5) 자궁축농증

고양이의 자궁축농증(pyometra)은 개와 비슷하지만 발정 주기의 차이에 의한 다른 점이 존재한다. 1년에 한두 번의 발정 주기를 가지는 단발정동물(mon-oestrus)인 개와는 다르게 고양이는 계절성 다발정동물이자 유도발정 동물로, 자궁축농증으로 폐사한 고양이는 개와는 다르게 황체가 형성되지 않은 경우가 있다. 이를 통해 고양이에서의 자궁축농증 발생과 황체의 존재에는 상관관계가 있다는 연구 결과가 있다.

6) 유선종양

고양이의 유선종양(mammary neoplasia)은 개에 비해 흔하게 발생하지 않는다. 하지만 약 75~90% 정도는 악성 종양인 육종(sarcoma)이며, 대부분 전이된다. 개와 마찬가지로 중성화는 유선종양 발생 예방에 효과가 있으며, 1살 이전에 중성화를 한다면 그 발생률은 현저히 낮아진다. 고양이의 유선종양은 대부분 악성이고 전이되므로, 평균 생존 기간이 짧아 고양이 유선종양 연구는 활발하게 이루어지지 않았다.

7. 조류의 질병

1) 통풍

요산 형태로 질소 화합물을 배출하는 조류는 주로 요산 나트륨(sodium urate) 결석이 쌓여 생기는 형태의 통풍(gout)이 자주 관찰된다. 조류 특유의 생리학적 이유로 암모니아를 배출하기 쉬운 형태의 요산으로의 전환이 완벽하지 않으므로 조류에서 고요산혈증과 통풍이 흔하다. 또한 알 생산 증진을 위해 사료는 고지방과 고단백 위주로 조성되므로 통풍의 위험성이 증가한다. 조류의 통풍은 관절형(articular)과 내장형(visceral) 형태를 띤다.

관절형 통풍은 요산이 관절 주변에 쌓이는 것으로, 천천히 진행되며 관절 주변에 통풍 결절(tophi)이 생성되며 붓고 경화된다. 최초 발생되는 지점은 주로 발허리뼈발가락관절(metatarsophalangeal)로 알려져 있으며, 매우 고통스러운 질병으로, 발병한 다리를 딛거나 사용하지 못하는 증상을 보인다.

내장형 통풍은 요산이 내장에 쌓이는 것으로, 임상 검사를 통해 진단하기 쉽지 않으며, 대부분의 경우 폐사 후 부검 시 진단된다. 주로 요산이 쌓이는 내장은 심막(pericardium), 간, 비장으로 알려져 있으나, 모든 장기에서 요산 침착을 관찰할 수 있다. 신장 실질에 요산 침착되는 경우 급성 신부전을 보이며, 염증 반응이 시작되기 전에 급사하므로 진단이 어렵다.

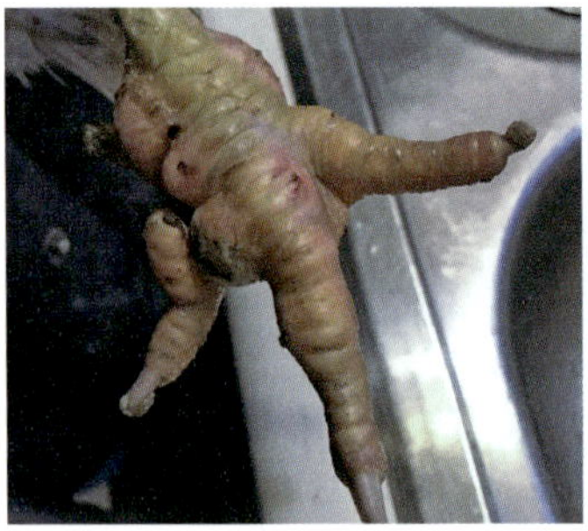

[그림 8-14] 관절형 통풍

출처: https://poultrydvm.com/condition/gout

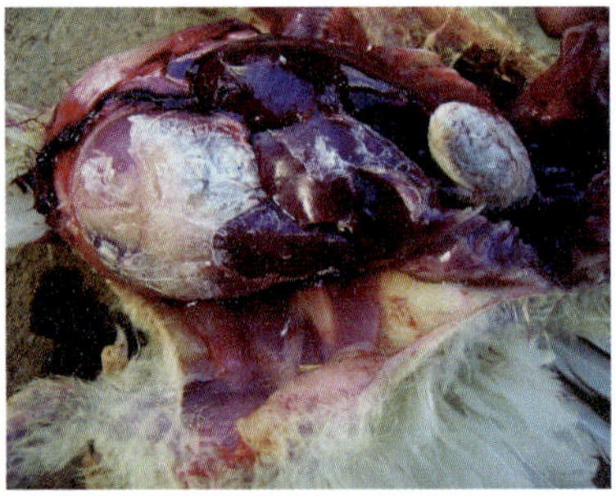

[그림 8-15] 내장형 통풍

출처: https://www.researchgate.net/figure/Severe-visceral-gout-in-an-affected-chicken_fig4_279533765

2) 알 정체

조류에서 알 정체(egg binding, egg retention, egg stasis, dystocia)는 정상적인 속도로 알이 체외로 배출되지 못하는 것이다. 조류에서 알 정체가 발생하는 원인은 나이, 영양 상태, 환경 등의 개체 상태나 비타민이나 칼슘, 무기질의 불균형과 같은 영양 상태에 의하는 등 다양한 원인으로 발생한다. 알은 난소에서 생성되어 난관을 지나며 노른자(yolk)로 시작하여 흰자(albumin), 껍질(shell)이 생성되는 단계를 거치는데, 알이 정체되는 위치와 단계에 따라 알 정체의 증상과 예후는 다양하다.

난관에서 발생한 알 정체는 주변 조직을 압박하여 경색 병변을 유발할 수 있고, 난관 내에서 알이 부패하여 주변 조직 괴사 및 패혈증을 유발할 수 있다.

총배설강에서 알 정체가 발생하면 주변 조직의 경색, 괴사 등을 유발하며, 소화기와 비뇨기에서 배출된 노폐물이 체외로 배출되지 못해 총배설강의 염증과 괴사를 유발한다.

8. 파충류의 질병

1) 통풍

파충류의 통풍(gout)은 조류와 같은 기전과 형태로 나타난다. 파충류의 생태상, 수분 공급이 원활하지 않아 탈수 상태에서 통풍이 쉽게 발병한다. 특히, 녹색 이구아나 같은 완전 초식성 파충류는 단백질 공급의 과잉으로 인해 식이성(dietary) 통풍이 발병하기 쉽다.

2) 알 정체

파충류의 알 정체(egg binding, egg retention, egg stasis, dystocia)는 조류와 비슷한 형태로 발생한다. 발생 기전이나 형태는 조류와 큰 차이가 없으나 파충류의 사육 환경에 의해 알 정체가 쉽게 발생한다. 파충류는 실내 사육하는 경우가 많아 햇빛을 보기 어려운 환경에 노출되어, 자외선(특히 UV-B)을 인공 램프를 통해 제공하여야 한다. 자외선이 부족한 파충류는 소화기에서 칼슘 흡수에 필수적인 비타민 D3를 합성하지 못해 칼슘 부족으로 인한 알 정체가 발생하기 쉽다.

3) 비타민 D 불균형

파충류 사육에 필수적인 비타민 D, 특히 비타민 D3는 인공적으로 설치한 램프를 통해 파충류 자체적으로 합성하거나 식이에 추가하는 경우가 있다. 비타민 D가 과다하면 고칼슘혈증을 유발하여 칼슘이 심장, 혈관, 폐, 장, 신장 등에 침착되는 결과를 낳는다. 비타민 D가 부족한 경우, 골다공증 등의 골격계 장애와 더불어 요산 배출에 영향을 주는 신장 세뇨관 상피의 변성을 유발한다는 연구 결과가 있다.

4) 대사성 골질환

파충류는 칼슘, 인, 비타민 D3의 불균형으로 인해 근골격계가 영향을 받아 뼈가 약해지는 대사성 골질환(Metabolic bone disease)이 발생한다. 특히, 빠르게 성장하는 개체 혹은 알을 생산하는 개체에서 발생한다. 신장은 칼슘과 인 비율을 조절하는 중요한 장기이기에 신장의 기능 부전은 파충류에서 대사성 골질환을 유발한다.

파충류는 신장에서 UV-B를 통해 합성된 비타민 D3를 활성화된 형태인 칼시트리올(clacitriol)로 전환하는데, 이 칼시트리올은 장에서 칼슘 흡수를 돕는다. 만약 신장 부전으로 인해 칼시트리올의 전환이 정상적으로 이루어지지 않는다면 저칼슘혈증이 발생한다.

신체의 칼슘과 인 비율 조절에 있어 신장은 칼슘을 재흡수와 인 배출을 담당하고 있다. 신장 기능에 이상이 생기면 인 배출이 되지 않아 고인산혈증으로 인해 칼슘 농도가 낮아진다.

저칼슘혈증은 부갑상선호르몬(parathyroid hormone, PTH) 분비를 촉진하는데, PTH는 뼈에서 칼슘을 내보내고, 신장과 장에서 칼슘 재흡수를 촉진하고 비타민 D3를 칼시트리올로 활성화한다. 신장 기능에 이상이 생기면 PTH 호르몬에 제대로 대응할 수 없어 높은 PTH 농도에도 불구하고 저칼슘혈증이 발생한다. 이를 이차적 부갑상선기능항진증(secondary hyperparathyroidism)이라 한다.

chapter
09

신경계 질환

Diseases of Animals

1. 개요

신경계(Nervous system)는 뇌와 척수로 구성된 중추신경계와 뇌신경, 척수신경과 말초신경으로 구성된 말초신경계로 나눌 수 있다. 말초신경계와 중추신경계의 기능적 세포 단위는 뇌에서 전기자극을 전달하는 뉴런이다. 전기신호 전달체계의 해부병리학적 변화는 전기신호 전달의 변형 및 중단과 그에 따른 신경계 임상증상을 초래한다. 신경계 임상증상은 병변의 위치에 따라 나르나.

2. 신경계의 해부생리학

1) 신경계의 해부학적 구분

신경계는 해부학적으로 중추신경계(Central Nervous System, CNS)와 말초신경계(Peripheral Nervous System, PNS)로 구분할 수 있다. 중추신경계는 뇌와 척수로 나뉘며, 말초신경계는 체성신경과 자율신경으로 나뉜다.

(1) 중추신경계(Central Nervous System, CNS)

① 발생학에 따른 뇌의 구분

- 앞뇌(Prosencephalon) : 끝뇌(Telencephlon) - 대뇌(Cerebrum)와 측뇌실
  사이뇌(Diencephalon)-시상(Thalamus)과 제3뇌실
- 중간뇌(Mesencephalon) : 중간뇌–중뇌(Midbrain)와 중뇌수도관(Mesencephalic aqueduct)
- 마름뇌(Rhombencephalon) : 후뇌(Metencephalon)-소뇌(Cerebellum), 제4뇌실, 다리뇌(Pons)
  숨뇌(Myelencephalon)-숨뇌(연수, Medulla oblongata)

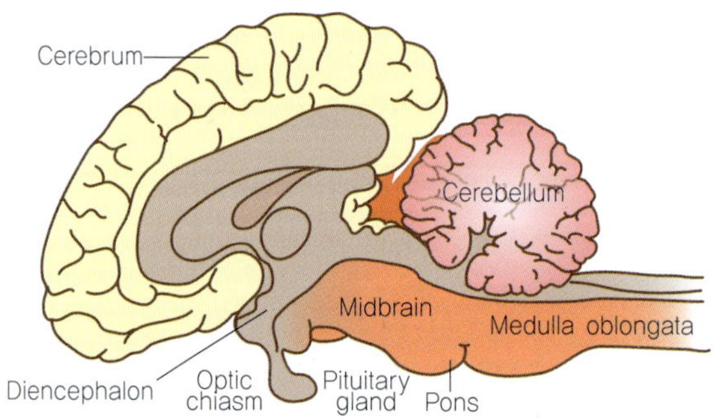

[그림 9-1] 뇌의 해부학적 구분

출처 : Small Animal Internal Medicine, 5th, Richard W.Nelson, Elsevier

② 척수의 구분

척수는 척주의 목(경추, C), 가슴(흉추, T), 허리(요추, L), 엉치(천추, S), 꼬리(미추, Cd)에 숫자를 붙인 분절로 나뉜다. 기능적으로 분절하면 C1~C5, C6~T2, T3~L3, L4~S1, S1~S3으로 나뉜다.

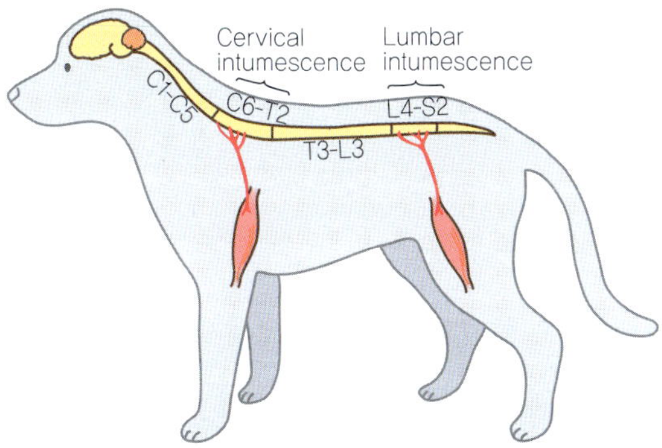

[그림 9-2] 척수의 해부 · 기능적 구분

출처 : Small Animal Internal Medicine, 5th, Richard W.Nelson, Elsevier

(2) 말초신경계(Peripheral Nervous System, PNS

말초신경계(Peripheral Nervous System, PNS)에서 체성신경계는 운동신경과 감각신경으로 분류 가능하다. 운동신경에서 하위 운동신경 뉴런(Lower Motor Neuron, LMN)은 뇌줄기(Brainstem)의 운동신경 세포체(motor neuron cell body), 척수 신경(spinal nerve), 뇌 신경(cranial nerve), 말초신경, 신경-근육 연접부(neuromuscular junction), 근육으로 구성된다. 앞다리 신경의 운동신경 세포체는 C6~T2 척수 분절에 존재하고 합쳐져서 상완신경총(brachial plexus)을 형성하고, 뒷다리 신경의 운동신경 세포체는 L4~S1 척수 분절에 존재하고 합쳐져서 요-천추신경총(lumbosacral plexus)을 형성한다. 감각신경은 감각신경 수용체, 말초신경, 척수신경, 뇌신경, 뇌척수신경절(craniospinal ganglia)에 위치한 세포체, 중추신경에 위치한 투사신경(projections)으로 구성된다. 자율신경은 교감신경과 부교감신경으로 나뉘며, 신경절 이전 신경세포체(preganglionic neuron cell body)는 중추신경계에 위치하고, 신경절 이후 신경세포체(postganglionic neuron cell body)는 중추신경계 밖에 위치한다. 신경절 이전 교감신경 세포체는 흉-요추 척수에 분포하며 신경절 이전 부교감신경 세포체는 천추-척수 분절과 제3, 7, 9, 10 뇌신경 핵 안에 위치한다. 머리 신경분포는 제12뇌신경에 의해 공급된다.

2) 병변 위치에 따른 임상증상

(1) 뇌

뇌(Brain)에서 일어나는 임상증상은 어느 뇌에서 병변이 발생하는지에 따라 달라진다. 먼저 전뇌 병변 중 대뇌 병변은 정상보행은 유지하나 발작과 의식의 변화를 보인다. 병변 반대편에 자세 반응과 위협 반사의 결여, 안면 통각감퇴(hypalgesia)가 나타난다. 사이뇌 병변은 체온조절, 자율기능, 대사기능, 내분비기능 이상을 나타낼 수 있다. 중뇌에 병변이 발생하면 의식에 영향을 미치고 보행장애, 전신 고유감각 운동실조(General Proprioceptive(GP) ataxia), 상위 운동신경(Upper Motor Neuron, UMN) 장애, 자세 반응 장애를 보인다. 대뇌와 달리 병변과 같은 쪽에서 이상이 나타나며 임상증상은 제3, 4뇌신경의 기능장애와 관련이 있다. 후뇌 병변 중 다리뇌 병변은 의식에 영향을 미칠 수 있고, 병변과 같은 쪽의 보행장애, GP/UMN 장애와 자세 반응 장애가 나타날 수 있다. 또한 제5뇌신경 기능장애에 의한 임상증상이 나타날 수 있다. 소뇌 병변은 보행(소뇌성 운동실조, cerebella ataxia)에 영향을 미칠 수 있고 경증의 자세 반사 장애를 일으킬 수 있다. 정상 시력과 머리의 의도 진전(intention tremor), 위협 반사 결여가 나타날 수 있다. 숨뇌 병변은 의식에 영향을 미치고 보행장애, GP/UMN 장애, 병변과 같은 쪽의 자세 반응 장애를 일으킨다. 제6~12뇌신경 기능이 연관되어 있는 장애가 나타나며, 제8뇌신경 기능장애는 두위편위(head tilt), 전정계성 운동실조(vestibular ataxia), 비정상적인 안구진탕(nystagmus)을 일으킨다. 뒤쪽소뇌다리(inferior cerebellar peduncle), 타래결절엽(flocculonodular lobe), 소뇌

꼭지핵(fastigial nucleotoxin)을 포함하는 병변은 병변과 반대쪽 증상을 수반하는 발작성 전정계 질병을 일으킨다.

(2) 척수

척수(Spinal Cord)는 기능 분절 위치에 따른 병변에 의해 임상증상이 달라진다. C1-C5 척수병증(Myeloopathies)은 사지 모두에 GP/UMN 장애와 고유감각성 운동실조가 나타나며 중증 병변은 횡격막과 늑간근 마비로 인한 호흡부전을 일으킬 수 있다. C6-T2 척수병증은 앞다리의 LMN(Lower Motor Nueron) 장애와 뒷다리의 GP/UMN 장애가 나타난다. T1-T3 척수 분절은 눈에 분포하는 교감신경계 신경절 이전 뉴런을 포함한다. 따라서 같은 쪽에 호너신드롬(Horner's Syndrome)이 나타날 수 있다. T3-L3 척수병증은 앞다리는 정상이며, 뒷다리의 GP/UMN 장애가 나타나며 L4-S1 척수병증은 뒷다리의 LMN 증상으로 나타난다. 마지막으로 S1-S3 척수병증은 감소~결여된 항문조임근과 요도조임근 긴장(LMN bladder)에 기인하는 배뇨/배변 실금을 일으킨다.

(3) UMN 병변과 LMN 병변의 임상증상 차이

UMN 병변과 LMN 병변의 임상증상은 LMN은 감소된 긴장(근육긴장저하)과 중증의 근육위축을 일으키며 UMN은 위축이 약간 있거나 없는 상태에서 정상~증가된 긴장(근육긴장항진)을 보인다.

3. 발작

1) 정의

발작(Seizure)이란 신경학적 또는 비신경학적 원인에 의한 발작적 증상의 발현 또는 이것이 반복적으로 일어나는 것을 말한다. 발작을 분류했을 때 간질성 발작(epileptic seizure)은 대뇌피질에서 과동기화된 비정상적 신경세포의 활동에 의한 행동과 보행 운동에 불수의적 변화가 임상적으로 발현된 것을 말한다. 부분적 발작(partial seizure)은 대뇌피질의 국소부위 문제에 의해 일어난다. 단순 부분발작(simple partial seizure)이 일어나는 동안에는 의식 변화가 없지만, 복합 부분발작(complex partial seizure)이 일어나는 동안에는 의식 변화가 일어난다. 전신성 발작(generalized seizure)은 대뇌반구(hemicerebrum) 또는 시상(thalamus)에서 유래하며 국소적 사건으로 시작해 전뇌 전체가 연관되어 진행할 수 있다. 또한 발작 형태에 따라 긴장성-간대성(tonic-clonic), 간대성(clonic), 무긴장성(atonic), 근간대성(myoclonic)으로 구분할 수 있다. 배뇨, 배변, 과다침분비(hypersalivation)와 같은 자율신경 교란이 흔히 일어나며 의식의 변화를 자주 동반한다.

발작의 임상증상은 단계적으로 분류가 가능하며 전구기-전조-졸증-발작 후로 나뉠 수 있다. 전구기(prodrome)는 발작이 발병되기 전의 기간으로, 불안, 숨기 등의 행동 변화를 보이며 며칠 동안 지속될 수 있다. 전조(aura)는 발작의 초기발현으로, 침흘림(salivation), 구토, 짖기 등이 나타나며 수 초에서 수 분까지 지속될 수 있다. 졸증(ictus)은 실제 발작 시기로 불수의적 움직임, 비정상적 근육 긴장, 감각 및 행동이 포함되며 수 초에서 수 분간 지속한다. 발작 후 단계(postictal)는 비정상적 행동, 방향감각 장애, 쇠약, 시력상실 및 감각기능 장애와 운동신경 장애가 일어나며 수 분에서 48시간까지 지속될 수 있다. 발작 간 기간(interictal period)은 발작과 발작 사이 시간으로 이 기간에 환자는 임상적·신경학적으로 정상이다. 간질지속증(Status Epilepticus, SE)이란 5분을 초과하여 발작이 지속되거나, 발작과 발작 사이에 의식이 돌아오지 않고 발작이 반복되는 것을 의미하며 군발작(Cluster Seizure, CS)은 24시간 동안 2번 이상의 발작이 발생하는 것을 말한다.

2) 원인, 유병률 및 발생률

기저 원인에 따라 증후성, 반응성, 특발성, 잠복성으로 구분할 수 있다. 증후성 간질성 발작(symptomatic epileptic seizure)은 해부학적 구조 이상의 뇌장애에 의해 발생한다. 반응성 간질성 발작(reactive epileptic seizure)은 대사성 교란 또는 중독에 의해 일어나며, 해부학적 구조 이상은 없다. 특발성 간질성 발작(idiopathic epileptic seizure)은 인지할 수 있는 대사성 또는 구조상의 기저 원인이 없고, 유전적 원인에 의해 일어날 수 있다. 잠복성 간질성 발작(cryptogenic epileptic seizure)은 찾아낼 수 없는 대사성 뇌장애 또는 구조상의 뇌장애에 의해 일어날 수 있다.

간질(epilepsy)은 흔히 기저 원인을 분명히 할 수 없는 상황에 적용되며, 발작의 유전적 성질이 있을 수 있다. 개는 특정 품종에서 특발성 간질에 대한 혈통적 소견이 있으며, 발병 나이는 1~5년령이다. 개에서 1년령 미만은 주로 중추신경계의 선천적 이상, 염증성 질환 또는 문맥전신성단락(portosystemic shunt, PSS)에 의해 나타난다. 1~5년령에서는 특발성 간질이 가장 흔하며, 선천적 이상이 늦게 발병되는 경우도 가능하다. 5년령 이상에서는 종양이 흔한 원인이지만 기저 원인이 발견되지 않는 경우 잠재성 간질을 의심할 수도 있다. 고양이에서 1년령 미만은 감염성/염증성 질병, 중추신경계의 선천성 이상, 대사성 장애, 문맥전신성단락(PSS)이 주로 나타나며 1~7년령에서는 감염성/염증성 질병, 외상, 혈관계 손상이 주로 나타난다. 7년령 이상에서는 종양, 대사성 질병(신성 뇌증, renal encephalopathy), 혈관계 손상이 주로 발생한다.

3) 병태생리

발작은 신경세포의 일시적이고 발작적이며, 억제되지 않고 동기화된 전기적 방전으로부터 전개된다. 과도한 전기적 방전의 원인은 신경세포의 증가된 흥분성 때문일 수 있다. 일반적인 기전은 주요 억제성 신경전달물질(gamma aminobutyric acid, GABA)과 주요 흥분성 신경전달물질(Glutamate) 사이의 평형에 있어서 변화, 즉 Glutamate의 훨씬 더 높은 농도를 의미한다. 발작은 다양한 이차적인 두뇌 내 영향을 초래할 수 있다. 흥분성 신경전달물질의 축적은 신경독성과 신경세포 죽음을 일으킬 수 있으며 신경세포 기능과 통합성의 파괴는 뇌압 증가와 전신성 뇌관류 감소에 의한 뇌부종을 일으킬 수 있다. 신경세포는 발작이 일어나는 동안 많은 에너지를 요구하므로 혐기성 해당작용, 대뇌 산증(cerebral acidosis), 그에 따른 신경세포의 기능장애와 죽음이 일어난다. 두뇌 외부의 변화로는 고체온증(hyperthermia), 저환기(hypoventilation), 저산소증(hypoxia), 전신성 고혈압(systemic hypertension)이 일어난다.

4) 임상증상

단순 부분발작(simple partial seizure)은 신체의 한 부분에서 비정상적인 움직임을 보이며 의식 변화는 없다. 복합 부분발작(complex partial seizure)은 의식 변화 및 비정상적 운동기능을 보인다. 전신성 발작(generalized seizure)은 의식장애와 몸과 머리의 과도한 비정상적 움직임을 보이며 비정상적 움직임에 따라 긴장성 시기(tonic phase)에는 환자는 경직되고 과도하게 편 자세(hyperextended posture)를 보이며 간대성 시기(clonic phase)는 사지, 턱, 목근육이 강하게 경련하는 움직임을 보인다. 자율신경계 교란으로 인해 과다침분비, 배뇨, 배변 등이 나타날 수 있다. 무긴장성(atonic seizure), 근간대성(myoclonic seizure) 및 결여성 발작(absence seizure)은 인지하기 어렵고, 동물에서 정의 내리기 어렵다. 기타 임상증상으로는 시력의 일시적 상실, 방향감각 상실, 보측(pacing) 변화 등이 발생할 수 있다.

4. 뇌질환

1) 수두증

수두증(Hydrocephalus)은 뇌실계 또는 거미막하강 내에 뇌척수액의 부피가 증가하는 것으로 뇌척수액이 뇌실질이 차지하지 않는 뇌 내의 공간에 축적되거나, 뇌척수액의 흐름 또는 흡수의 차단으로 뇌실 확장이 일어나 뇌실질의 손실이 발생하는 것이다.

원인으로는 폐쇄성 수두증(obstructive hydrocephalus)으로 인한 뇌척수액의 배출 폐쇄가 발생하거나, 뇌척수액의 재흡수 불량으로 인한 뇌척수액의 부피 증가, 보상성 수두증(compensatory hydrocephalus)인 대뇌저형성/대뇌무형성, 자궁 내 바이러스 감염으로 인한 뇌실질 파괴, 뇌혈관 사공 따른 대뇌 괴사, 후천적 수두증(acquired hydrocephalus)인 뇌척수액의 흐름이나 흡수를 방해하는 종양, 종괴성 병변, 감염, 염증, 출혈 등으로 인해 나타날 수 있다. 임상증상으로는 전뇌 증상으로 의식 교란, 수면 증가, 활동 저하, 추진 선회(propulsive circling), 두부 압박(head pressing), 발작, 행동 변화, 치매 및 시각장애(동공반사는 정상)가 발생할 수 있으며 사이뇌(brainstem)가 관련된 경우 운동장애로 경직성 불완전 마비(spastic paresis) 발생한다. 소뇌가 관련되었다면 소뇌성 운동실조가 발생한다. 그 외에는 감각 장애, 고유감각성 운동실조가 발생할 수 있다.

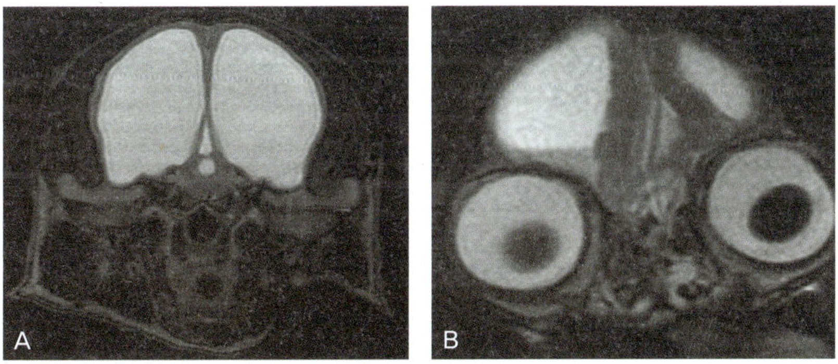

[그림 9-3] 수두증의 MRI T2 이미지(A: 개, B: 고양이)

출처 : Practical Guide to Canine and Feline Neurology 3rd, Curtis W.Dewey, Wiley Blackwell

2) 선천성 소뇌 장애

선천성 소뇌 장애(Congenital Cerebellar Disorders)는 소뇌의 발달 결함 또는 기형을 의미하며 대부분 기형의 원인은 알려져 있지 않지만, 일부는 유전성으로 추측한다. 저형성(hypoplasia)은 고양이와 개에서 파보바이러스의 자궁 내 감염에 의해 일어날 수 있다. 개에서 소뇌 무형성/저형성은 여러 형태가 보고되었다. Dandy-Walker syndrome이라는 독특한 소뇌기형은 무형성 소뇌, 뒤쪽오목(caudal fossa) 또는 제4뇌실의 낭성 병변 및 수두증의 특징을 보인다. 저형성은 소뇌 외부 배아층(external germinal layer)이 파보바이러스에 의해 자궁 내에서 파괴되고 그로 인해 과립층의 저형성과 purkinje cells의 무질서화를 동반한다. 또한 바이러스와 그에 의한 염증은 이미 분화된 purkinje 신경세포와 소뇌 실질을 파괴하기도 하며, 소뇌위축을 유발한다. 임상증상은 동물이 걸을 수 있을 때부터 존재하고 비진행성이다. 다리를 넓게 벌리고 서 있는 자세, 경련성-측정과다성 보행(spastic-hypermetric gait : 소뇌성 보행실조), 균형 소실 및 의도진전(intention tremor) 등의 증상이 나타난다.

3) 뒤쪽 후두기형 및 척수물공동증

후두골 기형/저형성은 뒤쪽오목(caudal fossa)의 과밀(overcrowding)과 큰후두구멍(foramen magnum)에서 경부수질부위(cervicomedullary junction)의 압박(compression)으로 뇌척수액 차단 및 척수물공동증(syringohydromyelia) 등을 유발한다. 척수물공동증은 척수(syrinx) 및 중심관(myelocoele) 내에 뇌척수액 축척으로 인해 확장된 것을 말한다. Chiari-Like Malformation(CLM)이라고 부르기도 한다.

후두골 기형은 큰후두구멍을 통한 소뇌벌레(cerebellar vermis)의 신장과 뒤쪽 변위를 유발한다. 척수는 연수에 의해 뒤쪽으로 밀리고 꼬인 형태를 나타낼 수 있다. 뇌척수액의 흐름 폐쇄로 인한 경증에서 중증도의 폐쇄성 수두증 및 척수물공동증이 나타난다. 척수물공동증은 경부 척수에서 가장 흔히 발생하지만, 척수의 어느 부위라도 발생할 수 있다. 카바리에 킹 찰스 스패니얼에서 매우 많이 나타나지만, 어느 품종이라도 병에 걸릴 수 있으며, 특히 소형 품종에서 자주 나타난다. 6개월~10년령 범위를 가지며, 증상은 급성으로 나타나거나 수개월~수년에 걸쳐 잠행성의 진행을 보이기도 한다. 임상증상으로는 뇌 내 증상으로 발작과 뇌신경 7, 8번의 장애가 나타난다. 척수 증상으로 경부통증, 경부 근육 긴장 이상, 감각 과민, 고유감각성 운동실조, 비정상적 자세 반응, 다양한 정도의 불완전 마비와 측정과대증 및 운동불내성이 나타난다. 발작적, 불수의적으로 옆구리와 목을 긁는 것을 관찰할 수 있다. 측위 부분 근육의 탈신경(denervation)과 척수의 등쪽신경로에 있는 병변은 근육위축과 척주옆굽음증(scoliosis)을 유발할 수 있다.

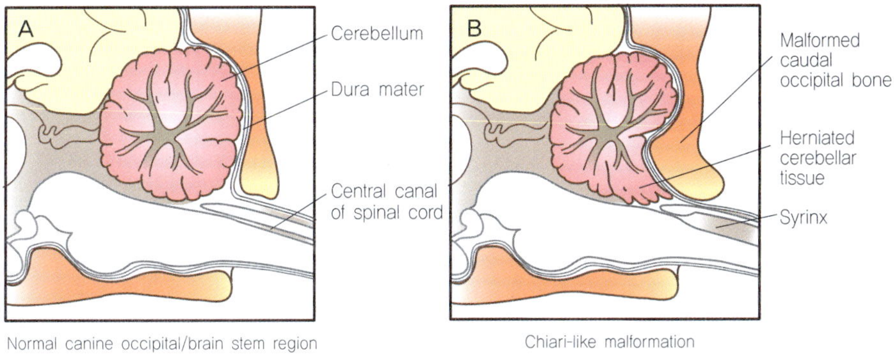

[그림 9-4] CLM 이미지(A: 정상, B: CLM)

출처: Practical Guide to Canine and Feline Neurology 3rd, Curtis W.Dewey, Wiley Blackwell

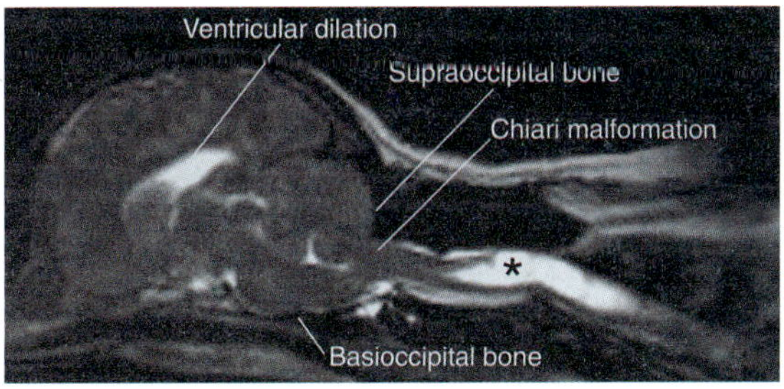

[그림 9-5] CLM과 척수물공동증의 MRI T2 이미지

출처: Small Animal Internal Medicine, 5th, Richard W.Nelson, Elsevier

4) 개 디스템퍼 뇌척수염

개 디스템퍼 뇌척수염(Canine Distemper Encephalomyelitis)은 개 디스템퍼 바이러스(CDV)의 CNS 감염에 의한 질환으로, CNS 감염은 회색질과 백색질 모두에서 국소성 또는 다발성 병변을 유발할 수 있다. 감염의 전형적인 부위는 대뇌피질, 소뇌백색질, 소뇌다리, 시신경, 시각로, 뇌간 및 척수이다. 아교세포와 신경세포의 괴사를 동반한 급성 회색질 뇌척수염은 미성숙하거나 면역결핍인 개에서 발생한다. 탈수초화를 동반한 만성 백색질 뇌척수염은 노령 또는 면역이 억제된 개에서 발생한다. 염증성 병변은 궁극적으로 괴사성으로 진행된다. 병리학적 병변은 신경세포 변성, 신경아교증(gliosis) 및 신경세포와 신경아교세포 내의 호산성 봉입체(eosinophilic inclusion body)이다. 임상증상은 회색질 질환으로 인한 비화농성 수막염을 반영하는 증상으로 발작, 혼미, 운동실조 등을 관찰할 수 있으며, 2~3주 이내 폐사하거나 회복 후 백색질 질병으로 발전할 수 있다. 백색질 질환은 증상이 다발성이고 다양하다. 흔히 소뇌전정성 운동실조와 척수 완전마비가 관찰되며, 가끔 한쪽 다리 또는 관자근(temporalis m.) 및 교근(masseter m.)에 간대성근경련증이 발생한다. 일부 개는 초기 감염 후 4~5주에 폐사하고 일부는 최소한의 CNS 손상만을 받고 회복하기도 한다. 임상증상이 나타나거나 나타나지 않으면서 지속적인 CNS 탈수초화와 비화농성 염증이 지속되기도 한다.

5) 육아종성 수막뇌척수염

육아종성 수막뇌척수염(Granulomatous Meningoencephalomyelitis, GME)은 비감염성, 염증성의 특발성(단핵세포성) 수막뇌척수염으로, 주조직적합복합체(Major Histocompatibility Complex, MHC) class II와 CD3(Cluster Differentiation 3) 항원-양성 림프구의 존재에 기초하는 면역매개성 질병으로 추측하고 있다. 파종성(disseminated), 국소성(focal), 안구성(ocular)의 3가지 형태로 구분한다. 병변은 주로 백색질에서 염증세포의 혈관주위성/중심성 증식으로 나타나며, 혈관주위성 세포 축적은 림프구, 형질세포 및 단핵구성 세포로 구성된다. 임상증상은 급성/빠른 진행성이면서 치명적이거나, 만성/잠행성으로 나타난다. 국소형은 국소적 장애를 일으키고, 파종형은 다발성 증상을 일으킨다. 신경계 증상은 병변의 위치와 분포를 반영한다. 뇌간증상(침울, 경련성 사지 불완전마비, 전정성 운동실조, 두부편위, 비정상적 안구진탕)과 소뇌증상이 가장 흔하다. 전뇌증상으로 발작, 침울, 선회 및 시각장애 등이 나타난다. 안구형은 시각장애, 동공부동증(anisocoria) 및 비정상적인 동공반사 등이 나타난다.

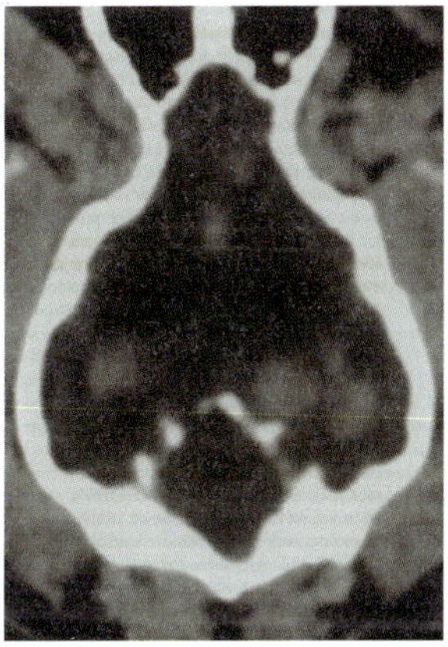

[그림 9-6] multifocal GME의 brain CT 이미지

출처 : Practical Guide to Canine and Feline Neurology 3rd, Curtis W.Dewey, Wiley Blackwell

6) 괴사성 수막뇌척수염

괴사성 수막뇌척수염(Necrotizing Meningoencephalomyelitis, NME)은 비감염성, 염증성의 특발성(괴사성) 수막뇌척수염으로, 퍼그, 몰티즈, 시츄 및 다른 소형 품종 개에서 발생하며 면역매개성 질병으로 추정하고 있다. 비화농성 수막뇌염과 대뇌 괴사로 이루어진다. 전형적으로 대뇌반구에 침범하며, 연수막(leptomenings)에서 대뇌피질을 통해 대뇌부챗살(corona clinica)까지 염증이 연장되어 뇌의 회색질과 백색질 사이의 구별을 소실시킨다. 임상증상은 9개월~4년령 범위에서 발병하며 빠른 진행성이고 치명적이다. 전뇌 증상(발작, 침울, 선회,

시각장애 등)과 운동실조, 불완전 마비, 감각 이상 등의 뇌간과 소뇌 증상도 가능하다.

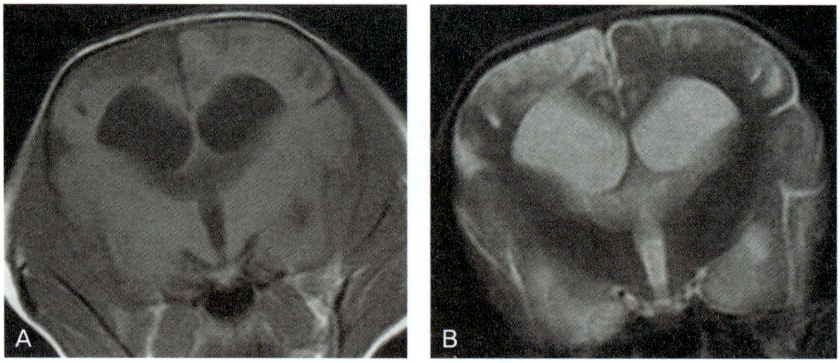

[그림 9-7] NME의 MRI T1(A), T2(B) 이미지

출처 : Practical Guide to Canine and Feline Neurology 3rd, Curtis W.Dewey, Wiley Blackwell

7) 두부 외상

두부 외상(Cranial Trauma)에 의한 속발적인 신경계 기능장애로 뇌 타박상(contusion), 열상(laceration), 부종 또는 출혈에 의해 유발된다. 함몰된 두개골절은 아래에 있는 뇌실질을 압박하고 손상을 유발하기도 한다. 뇌의 미만성, 축삭 손상을 유발할 수 있다. 두개골에 대한 뇌의 충격은 충격 부위 아래 조직과 충격의 반대편 조직에 손상을 초래한다. 출혈과 혈종형성은 뇌실질을 압박할 수 있다. 최종 결과는 뇌의 혈관원성 부종이다. 임상증상으로 전뇌 손상이 발생하면 중증의 경우 의식손실을 초래하지만, 주로 선회, 정신상태 변화 및 병변 반대쪽의 자세 반응 장애, 시력상실, 통각감퇴 등을 유발한다. 뇌간 손상은 정신상태 변화(침울, 둔감, 혼수상태 등), 동공 변화, 안구 동향 운동(conjugate movement) 소실 등을 유발한다. 소뇌-전정 손상은 운동 거리 조절 이상, 소뇌성/전정성 운동실조, 평형감각 장애(disequilibrium), 두부편위, 안구진탕 등을 유발한다. 진행성 임상증상은 대뇌부종, 허니아(hernia) 또는 혈종형성을 암시한다.

5. 척수질환

1) 환축추 아탈구

환축추 아탈구(Atlanto-Axial Subluxation)란 환축추 관절의 불안정 또는 기형으로 인해 C1-2 척추관절이 과도하게 굽혀진 것을 말하며 Atlanto-Axial Instability(AAI)라고도 한다.

어린 토이~소형 품종 개에서 가장 흔히 발생하며 아탈구는 환축추 및 이를 지지하는 인대의 정상적인 구조발달의 실패와 관련이 있다. 결과적으로 축추(axis) 추체의 앞쪽 면이 척수를 배 쪽으로 누르게 되며 관절 불안정이 있는 경우 가벼운 외상에 뒤따라 발생할 수도 있다. 임상증상은 환추(atlas)에 의한 척수의 진탕과 압박에 의해 나타난다. 발병은 보통 급성이나 증상은 천천히 진행할 수 있고, 증가하거나 감소하기도 한다. 목 통증, 운동실조, 사지 불완전마비, 자세 반응 장애가 척추굽힘과 함께 일어난다. 사지마비가 있으면 호흡부전으로 인한 폐사 위험이 있으며, 종종 뇌간 기능부전을 볼 수 있다.

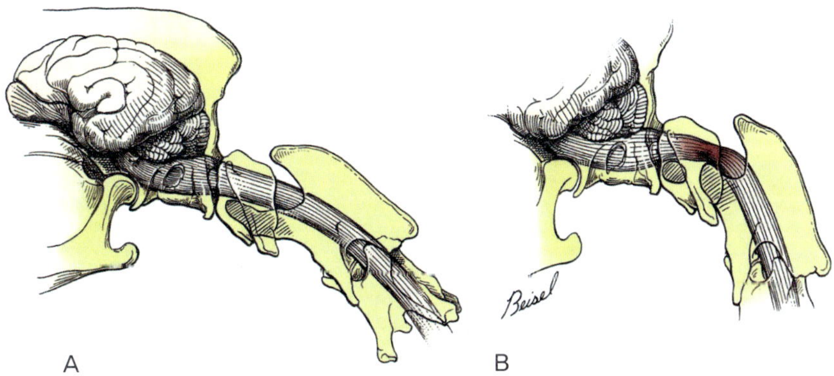

[그림 9-8] 환축추 아탈구 이미지(A: 정상, B: AAI)

출처 : Handbook of veterinary Neurology, 5th, Michael D.Lorenz, Elsevier

2) 추간판탈출증

추간판탈출증(Intervertebral Disc Disease, IVDD)은 추간판 구조의 변성과 그 결과 척추관 안으로 추간판 물질의 허니아가 생긴 것으로 1형과 2형으로 나뉠 수 있다. 제1형 한센 병변(Hansen type 1 lesion)은 수핵이 섬유륜을 통해 탈출한 것을 말하며 제2형 한센 병변(Hansen type 2 lesion)은 수핵의 변위에 의해 섬유륜이 돌출한 것을 의미한다.

제1형 추간판탈출증은 연골이형성 품종과 연골이형성 유사품종에서 흔히 발생한다. 연골 모양 척수 사이 원반 퇴행과 흔히 관련되어 있다. 증상의 급성발현과 관련되며, 종종 수핵이 석회화된다. 3~5년령 사이의 개에서 주로 발생한다. 제2형 추간판탈출증은 노령의 연골무형성이영양증(achondrodystrophic) 품종에서 흔히 발생한다. 수질의 섬유성 화생(metaplasia) 특징이 있는 퇴행과 관련되며 느린 진행성 척수 압박을 유발한다. 6~9년령 사이의 개에서 주로 발생한다. 고양이에서는 흔하지 않지만, 발생하면 제1형 추간판탈출증이 자주 관찰된다. 임상증상은 침범된 척수 부위를 반영한다. 흉요추 추간판탈출증이 주로 보이며 위치는 T11~L3 척추 사이에서 발생한다. 통증, 불완전마비 및 운동실조, 운동능력 상실, 통각(심부통증 인지) 상실 등을 유발한다.

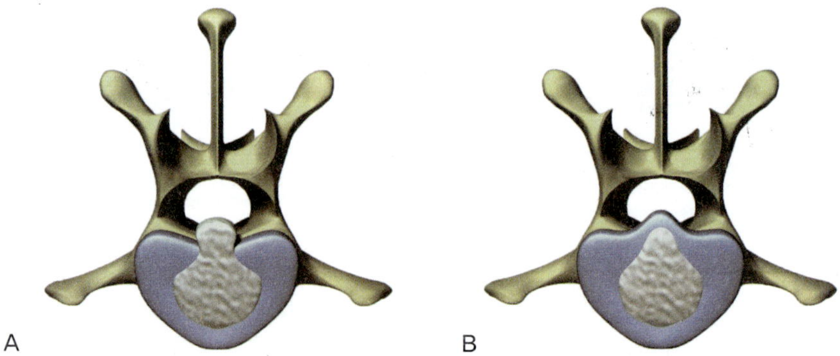

[그림 9-9] IVDD type 1(A), type 2(B) 이미지

출처 : Practical Guide to Canine and Feline Neurology 3rd, Curtis W.Dewey, Wiley Blackwell

3) 경부 척추척수병증

경부 척추기형 또는 관절기형(malarticulation)은 경부 척수 분절의 압박을 초래하며 경부 척추척수병증(Cervical Spondylomyelopathy) 혹은 Wobbler syndrome이라고도 한다.

주로 수컷, 대형~거대품종의 개에서 발생한다. 도베르만 핀셔, 그레이트 데인은 유전인자가 의심된다. C5~6, C6~7 척추와 추간판에 가장 흔히 발생한다. 임상증상은 경부 척수의 만성 압박을 반영하며 증상은 점진적으로 진행된다. 초기 증상은 보통 뒷다리에서 시작하고 사지마비로 진행하며 증상은 C1~5, C6~T2 척수증을 반영한다. 목을 움직이지 않으려 하지만, 목 통증은 흔하지 않다.

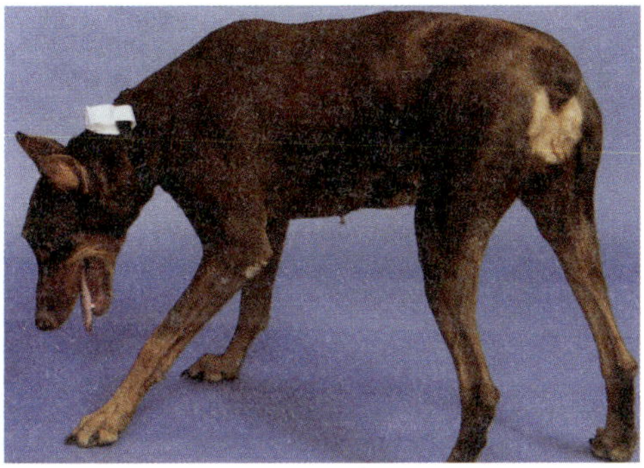

[그림 9-10] 경부 척추척수병증으로 인한 목 통증을 호소하고 있는 도베르만 핀셔의 자세

출처: Practical Guide to Canine and Feline Neurology 3rd, Curtis W.Dewey, Wiley Blackwell

4) 변형성 척추굳음증

변형성 척추굳음증(Spondylosis Deformans)은 만성, 퇴행성, 비염증성 질병으로 추간판 공간을 가로지르는 돌기 또는 완전한 골성 융기의 형성을 초래하는 척추의 골증식체 형성을 특징으로 한다. 강직척추굳음증(ankylosing spondylosis), 강직척추염(ankylosing spondylitis)라고도 한다. 골증식체 형성은 추간판의 퇴행성 변화에 대한 반응으로 노화에 따라 속발적으로 일어난다. 모든 품종

의 개에서 발생할 수 있지만, 암컷 복서에서 높은 발생률 때문에 유전질병이라고 추측한다. 개에서 뒤쪽 흉추, 요추, 요천추 척수 분절이 가장 자주 침범을 받는 부위이고, 고양이에서는 T7~L7 부위에서 가장 많이 발생한다. 척추관 내로 골증식체가 돌출하여 척수 또는 척수 신경을 압박하는 일은 드물다. 드물게 신경조직 압박이 고유감각 장애, 운동실조, 불완전마비/완전마비, 신경병증 등을 유발할 수 있다.

5) 퇴행성 척수병증

퇴행성 척수병증(Degenerative Myelopathy)이란 축삭 변성과 탈수초화로 구성된 느리게 진행하는 비염증성 척수질병으로 만성 퇴행성 신경뿌리 척수병증(chronic degenerative radicular myelopathy)이라고도 한다. 면역 관련 변성으로 추측되고 있으며 저먼 셰퍼드 종은 유전적 소인을 가지고 있을 수 있다. 병적 변화가 적핵(red nucleus), 외측 전정신경핵(lateral vestibular nucleus), 치아핵(dentate nucleus)뿐만 아니라 척수 전체에 걸쳐 확인된다. 병변은 척수 흉추 분절에서 가장 현저하다. 임상증상은 보통 뒷다리의 무통성, 잠행성, 진행성 운동실조와 하반신 불완전마비(paraparesis)에서 6~12개월에 걸쳐 요실금과 하반신 완전마비(paraplegia)로 발달한다. 통각(심부통증 인식)은 보통 침범하지 않는다. 고양이에서는 드물다.

6) 추간판척추염/척수골수염

추간판척추염(Diskospondylitis)은 추간판과 인접 척추의 감염이고, 척수골수염(Vertebral Osteomyelitis)은 척추감염만을 말한다.

*Staphylococcus intermedius*가 가장 흔히 관련되어 있지만, *Streptococcus* spp., E.coli, *Brucella canis*, *Actinomyces* spp., *Aspergillus* spp.도 관찰된다. 감염은 멀리 떨어진 감염 병소로부터 혈행성으로 전파되거나 척추 주위 감염이 확장되거나, 외상, 외과적 수술 또는 식물의 이행에 의해 전파될 수 있다. 고양이에서는 드물다.

한 개의 부위 또는 여러 부위가 감염될 수 있다. L7-S1 공간이 가장 많이 침범된다. 흉요추 척주가 경추 척주보다 더 흔히 침범된다. 임상증상은 병변 위치를 반영한다.

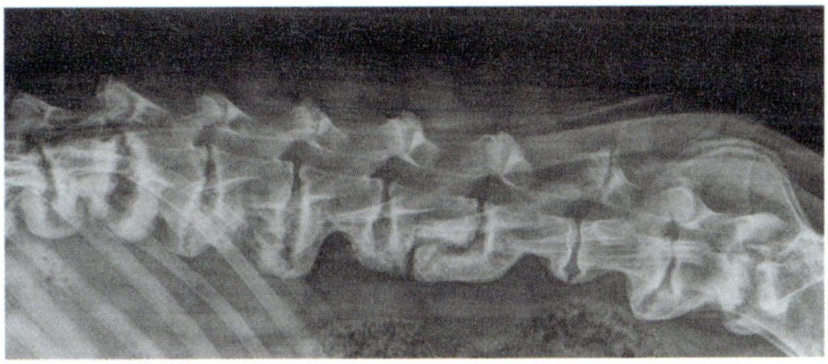

[그림 9-11] Diskospondylitis의 방사선 이미지

출처 : Small Animal Internal Medicine, 5th, Richard W.Nelson, Elsevier

7) 스테로이드 반응성 수막염-동맥염

스테로이드 반응성 수막염-동맥염(Steroid-Responsive Meningitis-Arteritis)은 수막 및 그와 관련된 혈관계에 침범하는 비감염성, 염증성 질병으로 괴사성 혈관염, 다발성동맥염증후군, 무균성 화농성 수막염 등으로 불리기도 한다. 원인과 발병기전은 잘 알려져 있지 않다. 면역계 조절 부전을 유발하는 환경인자에 의해 촉발될 수 있다. 면역글로불린A(IgA)가 발병기전에 역할을 할 수도 있다. 급성으로 발생하거나 수 주에서 수개월에 걸쳐 증상이 심해졌다가 약해지는(wax and wane) 경과를 나타낸다. 경부경직과 함께 열이 나고 식욕부진과 지각과민을 보인다. 병발하는 면역매개성 디발성관절염 또는 사구체신염이 있을 수 있다. 신경계 장애, 쇠약, 운동실조가 만성에서 나타난다.

6. 말초신경 질환

1) 급성 다발성 신경근염

급성 다발성 신경근염(Acute Polyradiculoneuritis)은 척수신경뿌리를 포함하는 염증성 장애로 개에서 가장 흔한 말초신경증으로 생각되며, 고양이에서 비슷한 상태가 보고된 적은 있지만 개보다는 드물다. 추정되는 원인에 따라 3가지로 하위분류할 수 있다.

- 개에서 Coonhound 마비는 너구리에서 물리거나 긁힌 일이 발생한 7~10일 뒤에 나타난다. 너구리 침의 단백질 구성성분은 수초(myelin)에 대해 지연된 과민반응을 유도할 수 있다.
- 예방접종(특히 광견병)이 급성 다발성 신경근염의 가능한 원인의 한가지로 추정된다.
- 발병, 임상증상, 경과 및 병리학적 소견을 고려했을 때 Coonhound 마비와 동일하지만 너구리에 노출된 적이 없는 개에서 발병했을 때 특발성 다발성 신경근염이라고 부른다. 정확한 발병기전은 알려지지 않았지만 면역매개성 과정이라고 추측한다. 축삭(axon)과 수초에 침범하는 염증반응에 의해 유발되며 주로 배쪽신경뿌리에서 발생한다. 사지가 뻣뻣하고 기마자세와 같은 짧은 보폭의 보행을 보인다. 초기에 뒷다리 쇠약이 나타난 뒤 빠르게 상행하여 발병 10일 내에 정점에 도달하는 이완성 대칭성 사지 불완전마비/완전마비를 초래한다. 안면쇠약과 근육무긴장 증상이 있음에도 불구하고 뇌신경은 거의 침범되지 않는다. 통각은 그대로 남아 있고, 지각과민으로 인해 촉진에 상당한 불편감을 느낀다. 일부 개에서 늑간근육과 횡격막 마비의 결과로 완전한 호흡마비로 진행할 수 있는 호흡기계 약화가 나타날 수 있다.

2) 중증 근무력증

중증 근무력증(Myasthenia Gravis, MG)은 신경전달물질인 아세틸콜린에 대한 시냅스 후 막의 감수성을 감소시키고 신경근 전달의 실패를 초래하는 기능적인 아세틸콜린 수용체의 결핍이 특징인 질병으로, 후천성과 선천성으로 나눌 수 있다. 후천성 중증 근무력증은 신경근접합부의 시냅스 후 막에 있는 니코틴성 아세틸콜린 수용체의 항체 매개성(주로 IgG) 파괴로부터 발생한다. 특발성이거나 속발성이다. 갑상샘종을 포함한 다양한 종양과 관련된 방종양 증후군이나 갑상샘기능저하증, 부신피질기능저하증, 전신성 홍반성낭창 및 다발성 근육염이 소인이 될 수 있다. 근육막에 존재하는 시냅스 후 아세틸콜린 수용체에 결합하는 항체가 신경근전달을 차단한다. 아세틸콜린 수용체의 결핍이 신경근전달 부전을 초래한다. 선천성 중증 근무력증은 한 개 또는 그 이상의 특이적 기전에 의해 신경근전달의 안전경계가 약화되는 유전성 장애로 시냅스 전, 시냅스, 시냅스 후 결함에 의해 발생 가능하다. 근육 아세틸콜린 수용체 수의 감소가 선천성 중증 근무력증에서 나타나는 시냅스 후 결함의 속발적인 일관된 소견이다. 임상증상은 운동에 의해 악화되고 휴식으로 해소되는 반복적인 쇠약으로 나타난다. 후천성 중증 근무력증에는 3가지 개별적 임상형이 있다.

- 국소형은 고립된 근육의 쇠약을 특징으로 한다. 다리근육 쇠약은 없으며 거대식도증, 연하곤란(인두 기능장애), 안검 반응 감소(안면근육)와 관련되어 있다.
- 전신형은 전신적 사지근육 쇠약이 일어난다. 개의 식도에는 골격근 양이 많아 역류와 흡인성 폐렴을 일으키는 거대식도증 병발 또한 흔하다. 안면/후두/인두 쇠약이 사지근육 쇠약과 동반되기도 한다.
- 급성, 전격성 형태는 거대식도와 관련하여 많은 양의 액체의 잦은 역류와 횡와(recumbency)를 초래하는 근력의 빠른 소실이 특징이다. 호흡기계 부전은 일관되게 나타나는 합병증이고 폐사의 주요 원인이다.

3) 진드기 마비

진드기 마비(Tick Paralysis)는 암컷 진드기에 의해 기생성 영양 섭취 동안 숙주로 타액 신경독이 이동되어 발생한다. 신경독은 아세틸콜린 방출을 방해하고, 신경근전달 부전을 유발한다. 대부분 *Dermacentor*, *Ixodes* spp.가 이 질병을 유발한다. 진드기가 붙은 후 5~9일 정도에 빠르게 상행하는 LMN 마비의 임상증상이 명백하게 나타난다. 쇠약은 뒷다리에서 시작하여 빠르게 상행하며 앞다리로 발병한다. 치료하지 않고 방치하면 호흡근 마비로 인해 폐사하게 된다.

4) 보툴리즘

보툴리즘(Botulism)은 상한 고기나 익히지 않은 고기에 들어 있는 *Clostridium botulinum*이 생산한 독소를 섭취하며 발생한다. *Clostridium botulinum*은 혐기성 부패성 세균이다. 항원적으로 서로 다른 독소가 존재한다(A, B, C1, C2, D, E, F, G형). 이 중에서 C1이 가장 자주 보고되는 보툴리눔 독소이다. 미리 형성되어 있는 독소는 섭취 후에 콜린성 수용체에 흡수되고 분포한다. 독소는 신경근 접합부에서 시냅스 전 수용체와 결합한다. 독소는 축삭종말로 확산되고 아세틸콜린 방출을 방해하여 신경근전달 부전을 유발한다. 임상증상으로는 분절성 척수반사 결여를 동반한 진행성, 대칭성 쇠약에서 중증의 사지완전마비까지 보인다. 안면마비, 발성장애, 연하곤란, 감소한 턱 긴장도, 거대식도증과 같은 뇌신경 이상이 나타날 수 있다. 자율신경계 불균형은 건조각막결막염(keratoconjunctivitis sicca), 변비, 뇨정체, 비정상적으로 반응하는 동공산대 등을 유발할 수 있다.

7. 설치류 신경계 질병

1) 페럿

원발성 신경계 질환은 흔하지 않다. 중추신경계(CNS) 질환 대부분은 저혈당, 심장질환, 에스트로겐 중독, 부신질환 또는 독소 섭취와 같은 전신질환 과정의 결과로 나타난다. 추간판질환(IVDD)은 중년~노년 페럿에서 흔하며, 운동실조, 후지마비, 발작 등을 일으킬 수 있다.

2) 설치류

유전적 원인에 의해 발작이 발생한다. 뇌의 효소 결핍에 따른 결과이다. 일반적으로 기간이 짧고 영구적인 손상은 남기지 않는다.

3) 토끼

토끼에서 신경 증상은 흔히 발생한다. 신경계의 일차 질환이거나 일부 전신질환에 따른 이차적인 문제일 수 있다. 보행이상(Lameness)은 절뚝거림의 원인으로 족피부염, 골절, 탈구, 척추질환, 관절염, 종양, 뼈농양, 비대성 골병증이 포함될 수 있다. 엔세팔리토준증(Encephalitozoonosis)은 소포자충 *Encephalitozoon cuniculi*에 의한 감염으로 인해 발생한다. 신장과 뇌에 육아종을 형성할 수 있으며, 전정계 질환, 발작, 사경, 운동실조, 마비, 급사 등이 발생할 수 있다. 척추 질환은 선천적 결함, 영양 결핍, 퇴행성 디스크 질환 및 외상이 가장 흔한 원인이다. 척추 기형은 그루밍 불가, 비정상적 보행, 식변(cecotroph) 섭취 불가, 항문 주위 피부염 등을 유발할 수 있다.

8. 조류 신경계 질병

1) 해부학적 특징

포유류의 대뇌피질 표면에 발달해 있는 신피질(neocortex)이 조류에서는 표면(superficial)에 있지 않고 피질 내 깊은 곳에서 발견된다. 뉴런(neuron)을 재생시키고, 중추신경계 내에서 구역(tract)을 복구(reestablish)할 수 있다. 고도로 발달된 색각(color vision)과 뛰어난 청각 및 발성(vocalization) 능력을 가진다. 신경질환은 반려 조류에서 흔한 질병이지만 포유류에서 사용되는 대부분의 검사들이 조류에 적용되지 않아 진단하기 어렵다.

2) 경련

뇌에서 발작성(paroxysmal)의, 통제되지 않는(uncontrolled), 전기적인 방출(electrical discharge)로 정의된다. 경증~중증, 전신적~부분적, 빈번~드물게 나타날 수 있다. 포유류와 같이 다양한 경련 이후 기간(postictal period)으로 진행될 수 있다. 임상증상은 강직(rigid)되거나 과한 운동성(excessive motor activity) 등의 비정상적 운동, 의식상실, 방향감각 상실, 횃대에서 떨어짐, 날개 혹은 다리의 떨림(tremor) 등이 보일 수 있다.

3) 편측 다리 부전마비

다리 혹은 날개의 편측 부전마비(paresis)는 반려 조류에서 흔하게 발생한다. 상완신경총(brachial plexus) 또는 천골신경총(sacral plexus)의 손상 또는 종양과 관련이 있다. 임상증상으로 골절이 없는 날개 또는 다리의 쇠약 또는 마비, 근육위축, 급성 발병 등이 나타날 수 있다.

4) 운동실조 및 사경

운동실조(Ataxia)와 머리떨림은 소뇌 질환의 결과인 반면, 사경(Head Tilt)은 일반적으로 전정계 질환과 관련이 있다. 소뇌를 수반하는 대부분의 질병은 부검에서 진단된다. 환자를 검사할 때 소뇌 질병과 전정계 질병을 구별하는 것이 중요하다. 임상증상으로 사경, 선회운동(circling), 운동실조, 안구진탕, 횃대에 앉을 수 없음 등이 나타날 수 있다.

5) 뉴캐슬병

뉴캐슬병(Newcastle Disease)은 닭에서 발생하며 Viscertropic Velogenic Newcastle Disease(VVND)로 알려져 있다. 파라믹소바이러스(Paramyxovirus)의 일종인 뉴캐슬병 바이러스(NDV)에 의해 발생한다. 감염은 공기감염, 새를 취급하는 사람의 의복, 더러운 장비 및 야생 조류를 통해 발생할 수 있다. 임상증상으로 호흡기 증상(비강분비물), 마비, 떨림, 목 뒤틀림, 안면부종, 식욕부진 등을 보인다.

6) 마렉병

마렉병(Marek's Disease)은 헤르페스바이러스(herpesvirus)로 인해 발생한다. 바이러스 전파는 조류 간 접촉, 곤충, 감염된 먼지 및 비듬을 통해 이루어진다. 어린 새에서 가장 흔히 볼 수 있으며, 회복되어도 새는 평생 전염성을 유지할 수 있다. 임상증상은 다리나 날개의 진행성 마비, 다리가 앞뒤로 벌어짐, 운동장애로 인한 체중 감소 및 기아, 호흡기 증상, 설사 등이 나타날 수 있다.

7) 조류 뇌척수염

조류 뇌척수염(Avian Encephalomyelitis)은 생후 1~6주 사이의 병아리에 영향을 미치는 RNA 바이러스성 질병이다. 피코르나바이러스(picornavirus), 장내바이러스속(enterovirus)에 속하는 소형의 RNA바이러스인 avian encephalo-myelitis virus(AE virus)에 의해 발생한다. 암탉에서 알을 통해 새끼에게 전염될 수 있으며, 감염된 조류 및 분변과의 접촉으로 인해 감염될 수 있다. 임상증상으로 병아리의 기력저하, 몸의 움직임 이상, 떨림, 마비, 사망이 발생한다.

9. 파충류 신경계 질병

1) 해부학적 특징

척수는 꼬리 끝까지 뻗어 있고, 말총(cauda equina) 부위는 없다. 척수 내의 운동 중추는 뇌로부터 기능적 자율성을 부여받는다.

2) 뱀의 척수 골병증

뱀의 척수 골병증(Spinal Osteopathy)의 정확한 원인은 알려지지 않았지만, 먹이로 급여하는 쥐에 영향을 미치는 바이러스에 노출되거나 쥐에 의해 전파되는 뱀의 바이러스와 관련된 것으로 추정한다. 촉진 시 통증이 있는 척추의 등쪽을 따라 다수의 부종이 발견된다. 임상증상으로 척추강직증을 동반한 척추의 점진적 리모델링을 보인다. 척수손상으로 인해 말기에는 움직이거나, 수축하거나, 삼킬 수 없게 된다.

3) 뱀의 봉입체 질병

뱀의 봉입체 질병(Inclusion Body Disease)은 보아뱀과 비단뱀에서 발생하며, 레트로바이러스(retrovirus)에 의해 발병한다. 임상증상으로 소화기, 호흡기, 신경계 증상을 포함한 다계통 질환이 나타난다. 이완성 마비 후 급성 사망, 만성 역류로 인한 폐렴, 먹이를 공격하거나, 수축하거나, 잡을 수 없음, 직립 반사

(righting reflex) 및 운동 조화(motor coodination) 상실, 방향감각 상실 및 실명이 나타날 수 있다.

4) 거북이의 중이 감염

중이 농양이나 귀 농양은 거북이에서 흔히 발생하는 문제이다. 농양의 발생은 일반적으로 열악한 사양 관리와 관련이 있다. 고막의 편측성/양측성 팽창, 입을 벌릴 때 불편해하는 모습을 볼 수 있다.

10. 돼지 신경계 질병

1) 수막염

수막염(Meningitis)은 뇌를 덮는 조직의 염증으로, 가장 흔한 원인은 연쇄상구균이다. *Streptococcus suis*, *Haemophilus parasuis* 등이 원인균이 될 수 있으며, 증상은 관련된 장기에 따라 다르다. 글레서병(Glasser's disease)이라는 스트레스 시기에 유기체가 활성화되어 연수막과 뇌에 혈관염이 발생할 수 있다. 임상증상으로 떨림, 안구진탕, 열, 불안, 통증, 경련, 사망 등이 나타난다.

2) 가성광견병

가성광견병(Psuedorabies)은 어린 돼지에게 급성으로 발생하는 매우 치명적인 질병으로 헤르페스바이러스(herpesvirus) 감염에 의해 발생하며, 감염은 비강 경로와 소변 및 대변을 통해 퍼진다. 임상증상으로 열, 식욕부진, 호흡기 증상, 구토/설사, 떨림, 안구진탕, 운동실조, 경련, 급사가 나타난다.

chapter 10

특수감각계(눈, 귀, 코) 질환

1. 개요

모든 동물에 존재하는 특수기관들은 환경에 적응·생존할 수 있도록 도와준다. 시각, 청각, 후각, 미각 등의 특수 감각기관은 중추신경계(Central Nerve System)가 확장된 것으로 형태와 기능이 각각 다르다.

눈은 빛의 양을 조절하여 시각적으로 물체를 인식하는 기관이다. 눈의 구조는 가장 바깥층인 섬유질층으로 공막, 각막이 있고, 혈관층으로 맥락막, 모양체, 홍채가 있으며, 가장 안쪽 층에 신경층인 망막층으로 구성되어 있다. 눈에 발생하는 대표적인 질환으로는 각막염, 결막염, 유루증, 녹내장, 백내장 등이 있으며, 눈의 부속기 질환으로는 안검염, 안검의 내번·외번, 첩모난생증, 제3안검샘 비대 등이 있다. 토끼에서는 큰안구증 질환도 발생한다. 조류의 눈은 포유류와 비슷하고, 사상깃털(filoplume)은 속눈썹과 같이 보호, 촉각 기능을 한다. 파충류에서는 다른 동물들과 달리 잔류안막, 수포성 안막증 등이 발생한다.

코는 호흡에 관여하는 기관이면서 화학적 감각기관(냄새)이다. 코는 공기를 정화하고 가습 및 따뜻하게 하여 인두로 공기를 보낸다. 코의 대표적인 질환으로는 단두종 증후군, 비염, 부비강염이 있다.

귀는 청각과 균형을 담당하는 기관으로, 귀의 질환은 외이염이 가장 흔하며, 습윤, 세균, 이개선충 등에 의해 발생한다.

본 단원에서는 특수기관인 눈, 코, 귀에서 발생하는 대표적인 질병에 대해 다루도록 한다.

2. 눈

1) 눈의 구조와 기능

동물의 눈은 안구와 그 부속 구조물로 구성되어 있으며, 모든 감각 중에서 가장 고도로 발달되어 있다. 눈은 빛을 전기신호로 변화하여 뇌로 전달하고 시각적인 그림으로 인식하게 된다.

동물 눈의 구조는 인간의 눈과 유사하며, 안구는 3개의 층으로 이루어져 있다. 바깥쪽은 섬유질 층으로 공막(sclera)과 각막(cornea)으로 구성되어 있으며, 공막은 질긴 섬유조직으로 구성되어 있어 눈의 형태를 유지하고, 각막도 섬유층의 일부이지만, 투명하고 혈관이 없으며, 신경말단이 잘 분포되어 있다. 각막의 바깥 표면은 각막 상피로 구성되어 있다. 각막의 안쪽 표면인 기저막은 데스메막(Descemet membrane)으로, 그 사이에 각막 기질(stroma)이 있다.

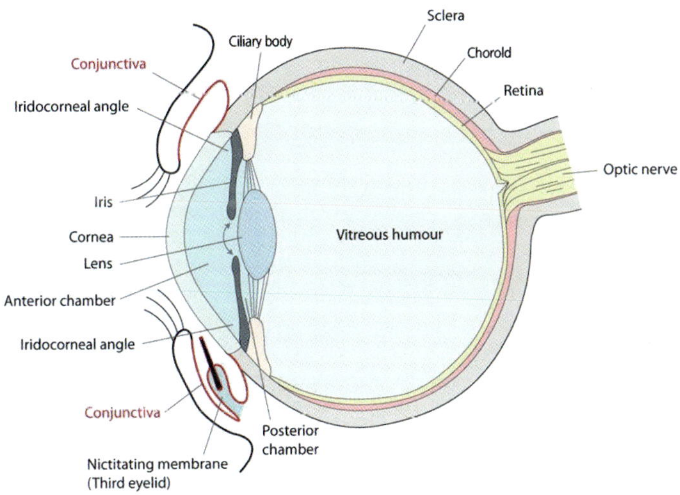

[그림 10-1] 눈의 구조

출처 : My pet injured its eye! – Greenside Animal Hospital(greensidevet.co.za)

각막과 홍채 사이의 공간을 전안방(anterior chamber)이라고 하며, 전안방에는 맥락막에서 지속적으로 생산된 안방수로 채워져 있다. 안방수는 전안방에서 각막과 홍채의 접합부에 위치한 슐렘관(canal of Schlemm)을 통해 배출된다. 안방수는 안압을 형성하고, 과하게 생성되거나 배출이 적으면 녹내장이 발생한다.

두 번째 층은 혈관층으로, 맥락막(choroid), 모양채(ciliary body), 홍채(iris)로 구성되어 있다. 맥락막에는 혈액과 림프관, 색소가 존재한다. 맥락막의 검은색은 눈의 내부에서 떠도는 빛 반사를 감소시킨다. 맥락막의 앞부분 조직이 두꺼워져 섬모(cilia)를 형성한다. 이 조직 안에는 동공을 여닫는 방사형 및 원형 평활근 섬유로 구성된 작은 모양체근(ciliary muscle)이 있다. 모앙체 내의 주름은 모양체 돌기를 형성하며, 여기에는 수정체의 캡슐과 융합되는 지지인대가 부착된다. 이러한 인대는 수정체의 모양을 변화시켜 초점을 맞출 수 있게 한다. 홍채의 가운데가 동공(pupil)이다. 동공 모양은 종에 따라 다르며, 눈의 앞부분에서 망막으로 가는 빛의 통로 역할을 한다. 수정체(lens)는 두꺼워지거나 얇아짐으로써 거리에 맞게 초점이 조정된다.

안구의 가장 안쪽 층인 신경층은 망막(retina)으로, 눈에 들어오는 빛이 망막을 통과해야 전기자극을 생성하는 광색소에 도달하고, 시신경에 자극을 주어 이 자극은 뇌 쪽으로 이동하며, 뇌로 들어가기 전에 시신경교차에서 X자로 교차한다.

개와 고양이 망막은 색각을 담당하는 원뿔세포가 거의 없지만 막대세포를 많이 가지고 있어서 희미한 빛에서도 좋은 시야를 제공한다. 개는 파란색과 노란색-녹색 범위에서만 볼 수 있는 두 가지 종류의 원뿔세포를 가지고 있다. 고양이는 사람에게서 발견되는 것과 비슷한 세 가지의 원뿔세포를 가지고 있다. 사람은 없고 동물에만 있는 반사판은 안구 내에서 빛을 반사하는 망막의 고반사 영역으로, 어두운 곳에서도 잘 볼 수 있는 시력을 가질 수 있다.

2) 눈의 질환

(1) 각막염

각막은 상피층, 기질층, 데스메막, 내피층의 4가지 층으로 이루어져 있으며, 눈에 들어오는 미생물에 대한 방어막으로 작용한다.

각막염(keratitis)은 각막의 염증을 말하며 표재성, 색소성, 심재성, 궤양성 염증으로 분류한다. 증상으로는 각막혼탁, 각막 주위 충혈, 혈관신생 등이 나타나며, 홍채와 모양체에 염증이 전이될 수 있다. 발생원인으로는 외인성 원인으로 바람, 먼지, 창상, 이물질, 안검내번, 첩모난생, 첩모중생 등이며, 내인성 원인으로는 알레르기, 비타민 A, B2, C 부족, 에스트로겐 부족, 안구건조증, 녹내장 등이며, 감염에 의해서도 발생한다. 진단은 각막에 형광염색(wood light)을 실시한다.

① 각막궤양(Corneal Ulcers), 궤양성 각막염(Ulcerative Keratitis)

각막궤양은 조직결손을 있는 각막염으로, 각막 상피의 손실로 기질층이 노출된다. 궤양성 각막염은 단순궤양성, 심재성, 포행성, 영양성, 각막 미란 증후군 및 신경 마비성 궤양성 각막염으로 세분된다. 발생원인으로는 창상(외상, 이물,

안건내번, 화학물질 등), 감염, 영양불량(비타민 A 결핍), 에스트로겐 부족, 디스템퍼, 3차 신경마비 등이 있다. 고양이의 경우 헤르페스바이러스가 각막 상피에 직접 침투해 궤양을 일으킬 수 있다.

각막궤양을 일으키는 다른 원인으로는 첩모중생, 이소성 섬모증, 첩모난생으로 이렇게 발생한 섬모가 각막을 자극함으로 발생할 수 있다.

- Districhiasis(첩모중생, 이중털나기): 마이봄샘의 구멍에서 눈썹털이 자라나는 상태
- Trichiasis(첩모난생, 속눈썹 난생): 속눈썹이 안구 쪽을 향하여 자라나는 상태
- Ectopic cilia(이소성 섬모): 눈꺼풀 안쪽으로부터 자라난 속눈썹이 눈꺼풀 결막을 뚫고 눈을 향해 자란 상태

임상증상으로 각막 일부 결손, 안검경련, 혈관신생, 각막 주위 충혈, 통증, 유루증, 각막혼탁, 안검하수증, 결막과다증이 나타난다. 진단방법은 세심한 눈검사(이상 섬모, 이물질), 형광염색 사용과 코발트블루 필터로 빛에 노출검사(궤양 부위가 녹색으로 변함), 배양과 항생제 감수성 검사이다.

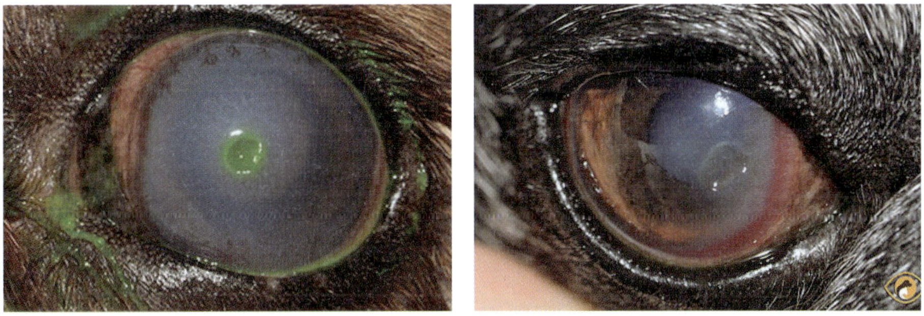

궤양 부분에 녹색염색이 됨

[그림 10-2] 궤양성 각막염

출처: (좌) Eye ulcers(corneal ulcers) in dogs - PDSA
(우) Infected or Stromal Corneal Ulcers | Animal Vision Care & Surgical Center

② 만성 표피성 각막염(Chronic Superficial Keratitis, CSK, Pannus)

판누스(pannus)는 각막 표면의 혈관신생과 육아조직의 침윤이 특징이며, 대부분 진행성, 양측성, 퇴행성으로, 잠재적으로 실명을 초래할 수 있다. 병변은 일반적으로 각막염에서 시작하여 점차 확대되어 전체 각막으로 번진다. 완치는 힘들며, 평생 치료해야 한다.

발생원인은 면역질환으로 생각되며, 높은 고도(자외선 노출)에 사는 중년동물이 가장 취약하다. 호발품종은 저먼 셰퍼드, 벨기에 테르부렌, 복서, 보더 콜리, 그레이하운드, 시베리안 허스키 등이 있다.

임상증상은 각막혼탁, 혈관신생, 색소침착 등이 관찰된다. 진단방법으로 각막 스크래핑, 세포검사(림프구-형질세포 침투)를 실시한다.

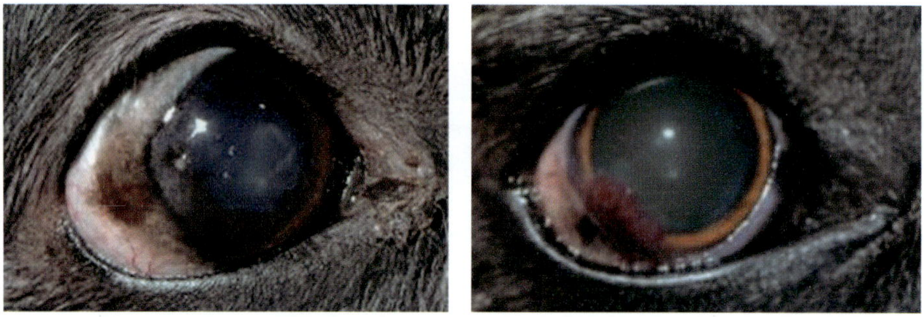

침윤성 각막색소, 각막혈관 존재

[그림 10-3] 만성표피성 각막염

출처 : (좌) Chronic Superficial Keratitis(CSK) – Canine – Animal Eye Clinic(indyanimaleyeclinic.com)
(우) fiche_chronic-superficial-karatitis-_AN.pdf

③ 건성 각결막염(Keratoconjuctivitis sicca, KCS), 안구건조증(Dry Eye)

개와 고양이는 두 개의 눈물샘이 있으며, 하나는 측면 상부 안와에 위치하고, 다른 하나는 제3안검 아래에 있다. 전체 눈물 부피의 약 70%를 안와샘이 생산한다. 나머지 30%는 제3안검(nictitan)이 생산한다. 양쪽 눈물샘의 손실(위축)은 안구건조증을 유발한다.

안구건조증(건성 각결막염)은 눈물의 분비가 불충분하거나 지나치게 안검열이 길거나 안검외번에 의한 안검폐쇄 곤란으로 각막과 결막이 눈물로 적셔지지 않게 되어 각결막에 진행성의 만성 병변이 발생하는 질환이다.

발생원인은 눈물 분비의 선천적 결함 및 위축, 이차성으로 전신성 소모성 질환(디스템퍼), 외상에 의한 누선 또는 신경손상, 세균 감염, 약물 부작용(sulfadiazine), 외과수술(순막절제, 난소적출), 면역매개 질병, 품종, 선천성 이상 등이다.

임상증상으로 안검경련, 눈곱, 결막의 발적과 비후, 각막과 결막이 혼탁·건조·불규칙한 면 발생, 눈꺼풀 가장자리와 내안각의 지속적인 점액 배출, 콧구멍 주위 각질, 각막결손, 비공 건조 등이 나타난다. 진단방법으로는 병력청취, 신체검사, 눈물양 검사, 각막 형광염색, 눈곱 배양이다.

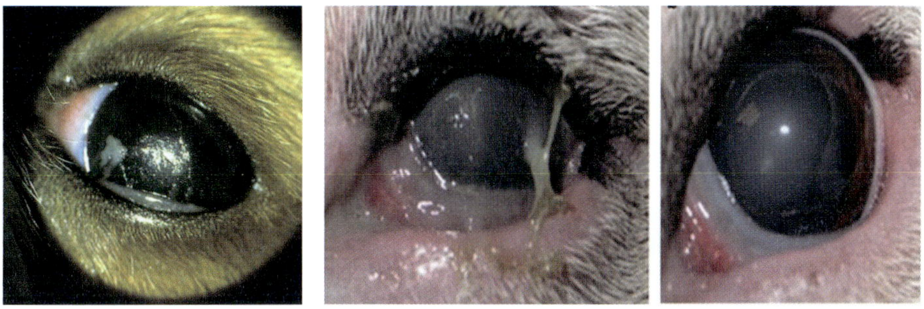

끈적한 분비물 각막부종, 각막궤양, 결막충혈, 눈표면의 분비물

[그림 10-4] 건성 각결막염

출처: (좌) 'Dry Eye'(Keratoconjunctivitis Sicca) - Borden Lane Vets
(우) Optimising tear replacement rheology in canine keratoconjunctivitis sicca | Eye(nature.com)

(2) 결막염

결막은 안검의 내면과 안구의 표면을 싸고 있는 투명한 얇은 막으로, 혈관이 발달된 조직이다. 결막염(Conjunctivitis, Pink Eye)은 안검결막과 원개부(fornix, 구석) 결막에서 잘 발생한다. 손상을 입으면 충혈, 결막부종, 안구 삼출물이 생긴다.

개에서는 전형적으로 비감염성 결막염이 걸린다. 비감염성 결막염의 발생원인으로는 물리적 자극(자외선, 바람, 이물 안검첩모 등), 화학적 자극(산, 알칼리), 면역매개성 소포성 결막염, 알레르기성 결막염, 해부학적 결막염(안검외반증, 안검내반증), 속발성으로 유루증, KCS 등이 있다. 세균성 결막염은 정상적인 눈물 생성의 손상, 부상 또는 이물질로 발생한다.

고양이 결막염은 주로 감염성으로, 고양이헤르페스바이러스(Feline herpes virus, HFV)에 의한 어린 고양이의 양측성 결막염이 가장 흔하고, 전형적으로 상부호흡기계 증상들과 함께 나타난다. FHV-1의 감염 부위는 코, 구강, 결막 부위의 표면상피조직이다. 다른 원인균으로는 칼리시바이러스, 클라미디아, 마이코플라스마, 텔라지아 등이 있다.

임상증상으로는 결막 충혈, 결막부종, 눈곱, 가려움증, 통증, 안검경련, 안구삼출물(장액성 또는 농성)이 관찰된다.

진단방법으로 신체검사(원발성 질환), 결막의 육안검사[이물질이나 소포(follicles)의 유무], 눈물 분비량 검사, 결막 스크래핑(세포검사, 배양, 감수성 검사)이다.

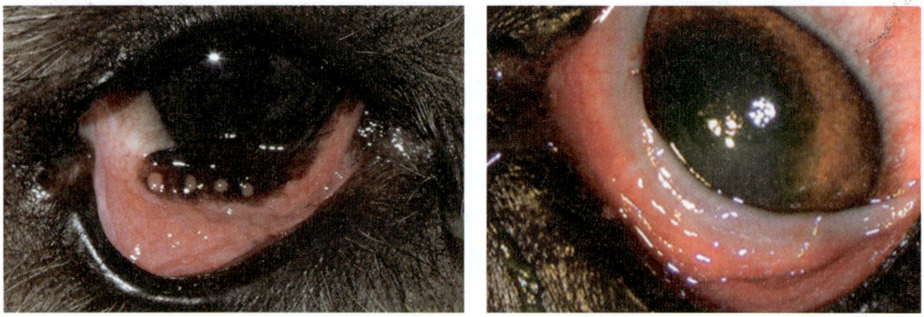

제3안검 앞쪽과 배측안검결막에서 소포가 관찰됨 / 결막충혈과 부종이 관찰됨

[그림 10-5] 결막염

출처: (좌) Eyes on Fire: Managing Conjunctivitis in Dogs - Veterinary Medicine at Illinois
(우) Conjunctivitis(animaleyecare.com.au)

(3) 유루증(눈물흘림증, Epiphora)

눈물이 안검연으로부터 흘러넘치는 상태를 유류라고 하며, 이러한 상태는 눈물의 과다생산 또는 흡수결함으로 발생한다. 눈물은 일반적으로 안구통증이나

[그림 10-6] 유류증

출처: 수의사 칼럼 | 개의 눈물증의 원인과 치료법 | 애완동물의 건강 관리–Alice's Dog & Cat(alices-dogcat.com)

자극으로 과다생산되며, 부종 또는 염증세포, 외상에 의해 눈물관이나 눈물점이 막혀 흡수 결함이 나타난다.

발생원인으로는 선천성으로 누점 폐쇄나 결막의 추벽이 누점을 막고 있을 경우이고, 후천성으로는 누점의 위치 이상, 누관의 통과장애(누소관염, 누낭염, 누낭 내 이물과 종양, 비루내관의 협착 또는 폐색) 등이다. 또한 단두종의 개(시추, 페키니즈, 불도그 등)와 고양이는 얕은 안와에 큰 안구를 가지고 있어 누점, 누소관을 압박하여 비루관으로 배출되지 못하여 눈물이 얼굴로 흐른다. 하얗거나 밝은색 개의 털에서 붉은 얼룩은 혈액이 아니라 눈물에 포함된 색소이다. 일부에서는 털 또는 얼굴 주름으로 인한 유루, 안검내번 또는 안검외번으로 눈물 배출장애가 발생할 수 있다. 코커 스패니얼과 푸들은 유전적으로 눈물점 막힘(배수공 없음)이 많다.

임상증상으로 유루, 내안각의 젖은 얼굴 털, 내안각 털 밑에 있는 피부의 이차적인 세균 감염, 내안각 얼굴 털의 변색을 관찰할 수 있다. 진단방법으로는 정밀 안과검사, 형광색소시험(Fluorescein dye test), 누낭 조영술(dacryocystorhinography)의 실시이다.

(4) 녹내장

녹내상(glaucoma)은 안압이 정상(12~22mmHg)을 초과한 상태(30mmHg 이상)를 주된 증상으로 하는 일련의 증후군으로, 급성 또는 만성으로 발생한다. 개의 녹내장 대부분은 안방수의 생산이 증가하는 것이 아니라, 안방수 유출이 감소하면서 발생한다. 안압은 Schiotz tonometer 또는 Tono pen을 사용해서 측정한다.

발생원인으로 원발성은 유전적 결함이며, 호발품종은 코커 스패니얼, 바셋하운드, 미니어처 푸들, 보스턴 테리어, 달마시안, 비글, 차우차우 등이다. 속발성은 신생물, 포도막염, 수정체 탈구 또는 출혈 등으로 안방수 배출구가 폐쇄되어 발생한다.

심하게 안압이 높아진(60mmHg 이상) 급성 녹내장은 망막 신경절세포와 망막 순환의 손상으로 인해 몇 시간 내에 실명될 수 있다. 만성 녹내장은 안압이 지속적 유지될 경우 통증이 생기고, 시력을 잃을 수 있으며, 약물치료에 반응하지 않는다.

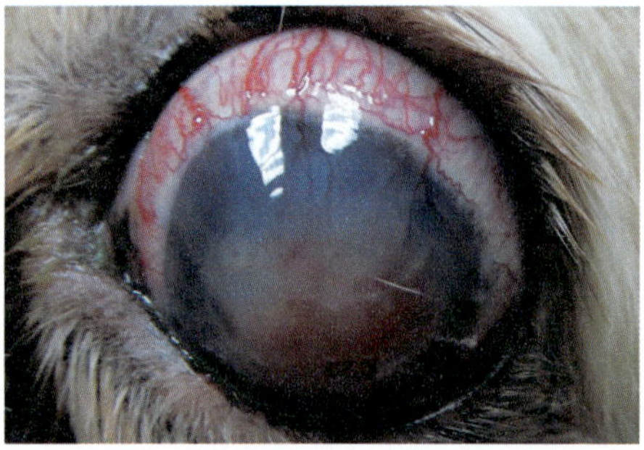

[그림 10-7] 급성 녹내장

출처: Acute Glaucoma: A True Emergency | Today's Veterinary Practice(todaysveterinarypractice.com)

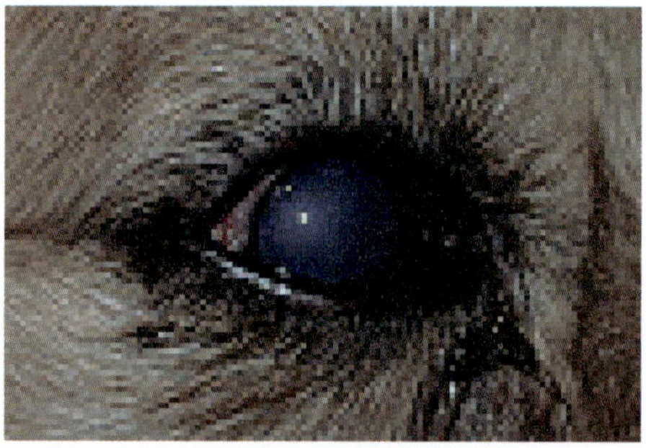

[그림 10-8] 녹내장

출처: Conjunctivitis(animaleyecare.com.au)

임상증상으로 급성에서는 안압상승, 안구통증, 결막 및 상공막의 출혈과 부종, 혈관울혈, 각막부종, 동공 확장, 빛에 반응이 없거나 낮음, 시력이 있거나 없을 수도 있다. 만성에서는 안압상승, 우안증(buphthalamus, 커진 안구), 각막 줄무늬나 선, 각막혼탁, 동공산대, 시신경 유두 함몰과 위축, 망막위축, 안구통증, 실명 등이 나타난다. 진단방법은 안압측정(30mmHg 이상), 우각경 검사이다.

참고 우각경 검사기기의 종류

1. 직접진방각경검사

- Koeppe lens: 렌즈를 각막 위에 올려 두고 보고자 하는 방향의 전방각을 바로 직접 관찰(관찰 부위를 바로 관찰)

  ⇨ 각막의 변형 없이 관찰, 전방각이 좁은 경우도 관찰 가능, 양안 동시 검사 가능

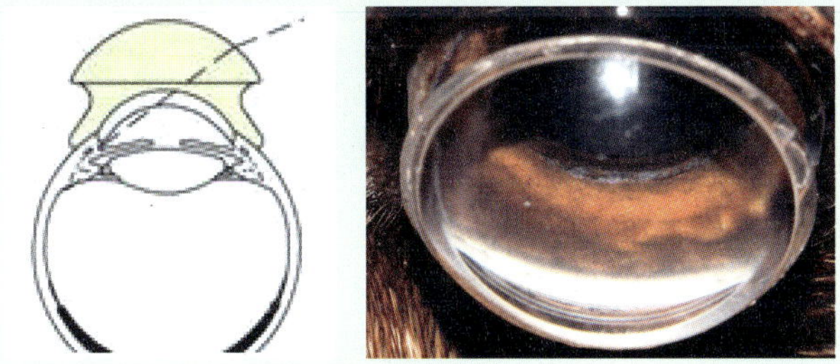

Koeppe lens

출처: (좌) Koeppe Diagnostic Gonio Lens – Medium
(우) Gonioscopy in the dog: inter-examiner variability and the search for a grading scheme – Oliver – 2017 – Journal of Small Animal Practice – Wiley Online Library

2. 간접전방각경검사

- 우각경 거울에 비친 모습을 통해 관찰(관찰 부위 반대편 거울로 관찰).
- Goldmann 3 mirror goniolens: 각막 접촉 부위 렌즈에 gel을 묻히고 각막 마취 후에 3가지 각도 중 59°로 전방각 관찰

  ⇨ 관찰 부위에 따라 렌즈를 돌리면서 관찰, 환자가 움직여도 잘 고정되며, gel로 인한 시력 저하 가능

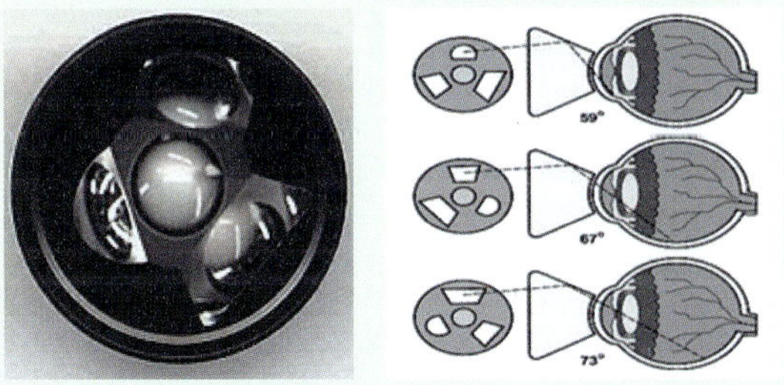

Goldmann 3 mirrors

출처: Gonio Photography – Ophthalmic Photographers' Society

- Zeiss 4 mirror goniolens: 렌즈를 각막에 바로 두고 관찰(4개 렌즈 모두 64°)
  ⇨ gel 없이 관찰 가능하지만 우각경이 고정되어 있지 않아 환자 움직임에 취약하며, 검사자 숙련이 필요

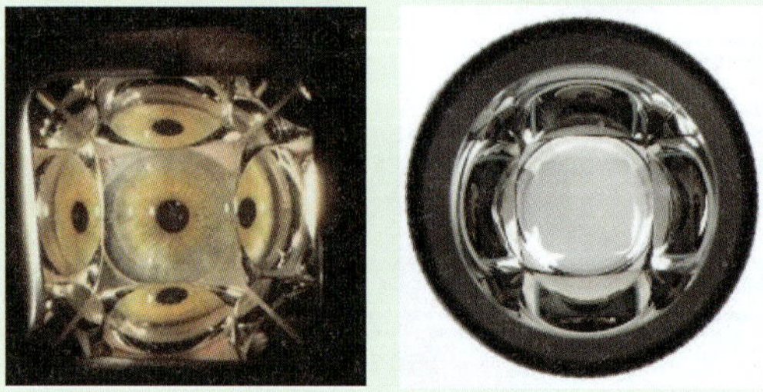

Zeiss 4 mirrors

출처 : DSA Exports Glass 4 Mirror Gonio Ophthalmic Lenses, For Optical at best price in Indore

3. 동적전방각경검사

- 전방각 검사 시 각막에 인위적으로 압박을 가하여 전방각이 좁아진 환자에서 관찰
  ⇨ 전방각이 좁아진 환자에서 전방각이 일시적 접촉인지, 구조적 유착인지 감별 가능

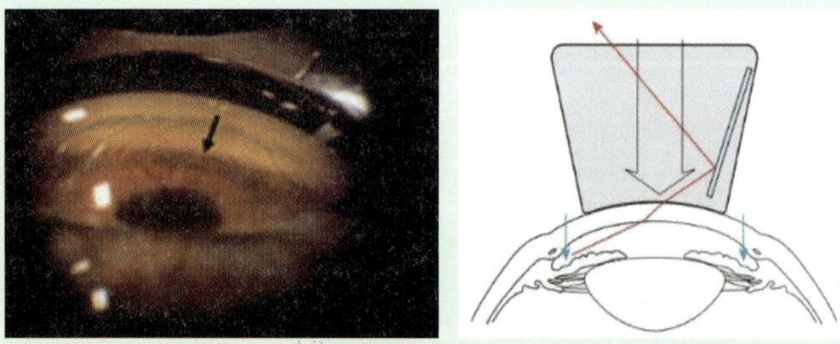

동적전방각경검사

출처 : diagnosis & management of glaucoma. Chapter-13 gonioscopy

(5) 백내장

수정체의 혼탁을 백내장(cataracts)이라 하며, 백내장은 개에서 흔히 볼 수 있는 실명의 원인이지만 고양이에서도 종종 볼 수 있다. 개의 백내장은 대부분 유전되지만, 당뇨, 저칼슘혈증, 외상, 비타민이나 필수아미노산 결핍, 감전, 포도막염, 수정체 탈구, 녹내장, 종양, 방사선 조사 등에 의한 이차적으로 발생할 수 있다. 임상증상으로 수정체 혼탁, 진행성 시력 소실, 동공 개구부 혼탁이 관찰된다. 진단방법은 안과검사, 시력평가(장애물 코스 수행, 위협반응, 시각 추적 반응), 동공 빛 반사는 대체로 정상, 혈청화학검사, ERG검사를 통해 망막변성이나 시신경 질환을 배제할 수 있다.

백내장으로 오인할 수 있는 노령성 수정체 경화증[senile nuclear(lenticular) sclerosis)은 정상적인 노화성 변화로, 수정체 내 노화세포는 탈수 상태가 되고 서로 겹쳐져 빛의 반사에서 중심적인 변화가 발생할 수 있다. 수정체는 회색으로 보이고 불투명할 수 있지만 백내장과는 달리 시력이 유지되고 안저검사에서 안저가 관찰된다.

[그림 10-9] 백내장

출처: Canine cataracts(rvc.ac.uk)

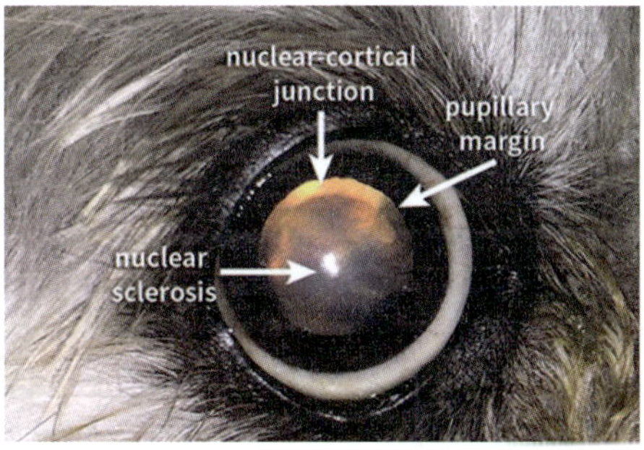

[그림 10-10] 노령성 수정체 경화증

출처: Nuclear Sclerosis vs Cataracts in Dogs & Cats | Clinician's Brief(cliniciansbrief.com)

(6) 전방 포도막염

포도막염(uveitis)은 홍채, 모양체, 맥락막 등에 생긴 염증을 말한다. 전방 포도막염(anterior uveitis)을 일으키는 원인으로는 외상, 국소 감염의 확장, 이물, 종양, 열상 등이 있다. 감염원(세균성, 바이러스성, 진균성)이 혈행으로 확산이 가능하며, 기생충과 원충은 조직에 영향을 끼칠 수 있다.

임상증상은 유루증, 안검경련, 광선공포증, 시력 소실이 있거나 없음, 결막부종, 공막충혈, 제3안검 탈출, 통증, 만성일 경우 홍채 색변화가 나타날 수 있다. 진단방법으로는 병력조사, 혈액검사, 혈청생화학검사, 면역계 검사, 눈의 방사선 또는 초음파 검사, 안압검사이다.

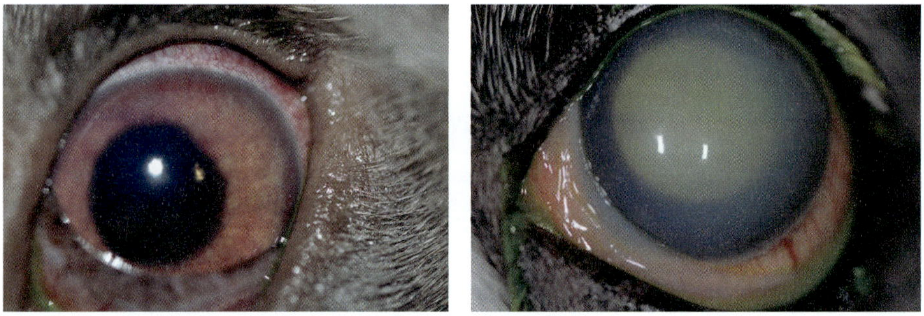

[그림 10-11] 포도막염

출처: (좌) Managing Uveitis in Dogs and Cats | Today's Veterinary Practice(todaysveterinarypractice.com)
(우) Clinical Signs of Anterior Uveitis in Dogs & Cats(cliniciansbrief.com)

(7) 진행성 망막 위축증

진행성 망막 위축증(progressive retinal atrophy)은 유전성 망막 기능이상 질환을 말하며, 호발품종은 토이 푸들, 미니어처 푸들, 골든 리트리버, 아이리쉬 세터, 코커 스패니얼, 미니어처 슈나우저, 콜리, 사모예드, 고든 세터, 노르웨이 엘크하운드 등이 있으며, 몇몇 품종에서는 유전되기도 한다. 아이리쉬 세터, 콜리에서는 6개월령 이하의 어린 연령이 다발하며, 다른 품종에서는 중간 연령에서부터 나타난다. 임상증상은 대체로 천천히 나타나는데, 밤이나 어두울 때 시력

소실이 가장 먼저 나타난다. 질병이 진행됨에 따라 낮에도 잘 보이지 않게 된다. 이 질병과 함께 백내장이 발생할 수 있다.

말기에는 망막 신경위축으로 인해 망막이 얇아지고 혈관이 위축된다. 망막위축은 개에서만큼 흔하지 않지만 고양이에서도 발생한다. 고양이에서 중심망막 변성은 타우린 결핍 사료 급여로 발생할 수 있다. 진단방법은 전반적인 안과검사, 망전도 등을 통해서 가능하다.

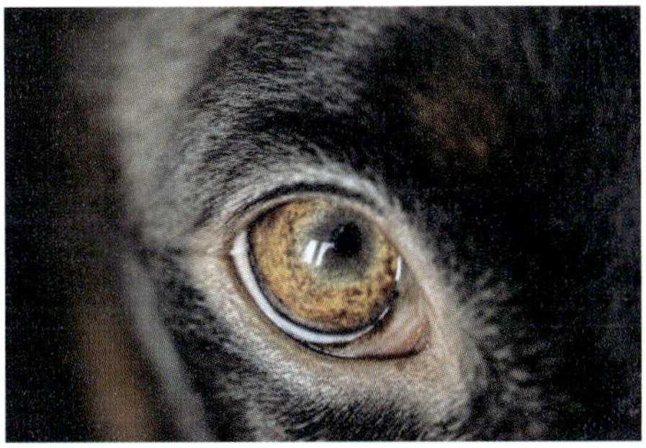

[그림 10-12] 진행성 망막 위축증

출처: What is PRA in dogs? - Vet Help Direct

3) 눈의 부속기 질환

눈꺼풀은 안구를 보호하고, 눈에서 이물질을 제거하며, 자는 동안 눈을 가리고, 눈 위에 윤활액을 발라 준다. 속눈썹의 기저부에는 기름샘이 있으며, 윤활액을 생산한다.

기름샘의 농양은 맥립종(눈다래끼, hordeolum)이라고 하며, 보통 포도상구균 감염으로 발생한다. 염증이 마이봄샘을 포함하고 육아종을 형성하면 산립종(콩다래끼, chalazion)이라고 한다. 눈꺼풀 자체에 염증 시 안검염이 발생하며, 발생원인으로는 세균 감염(포도상구균), 기생충 감염(demodex, notodres), 곰팡이 감염(dermatophytes)이 있다. 아토피에서는 눈꺼풀의 염증과 소양감이 나타난다. 눈꺼풀 신생물은 노령동물에서 자주 볼 수 있으며, 대부분 양성 종양이다. 고양이의 눈꺼풀 신생물은 보통 악성 종양이며, 편평상피세포종이 가장 흔하다.

(1) 안검염

안검염(blepharitis)은 안검연의 염증(눈꺼풀의 부종)으로, 발생원인은 국소염증(안검분비선염, 각결막염, 결막염)에 따른 이차적 발생, 세균 감염, 모낭충 감염, 알레르기, 사양관리 문제(영양결핍), 바이러스 감염, 소모성 질환의 속발성 발생, 창상, 안검연의 지루증, 원인불명의 피부염 등이 있다. 임상증상으로 안검열 주위의 탈모와 비후(부종), 결막충혈, 눈물, 눈곱, 눈 주위 가려움으로 인한 긁음, 안검경련 등이 관찰된다. 진단방법으로 눈과 눈꺼풀 검사, 눈 주변 피부 스크래핑, 균 배양, 안검압박으로 치즈양 또는 농 물질 확인, 모낭충 관찰이다.

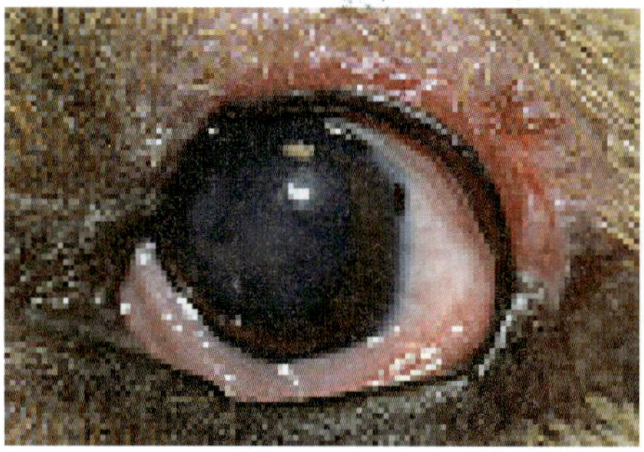

안검의 발적과 종창

[그림 10-13] 개의 안검염

출처 : Conjunctivitis(animaleyecare.com.au)

[그림 10-14] 고양이의 안검염

출처 : Identifying Causes of Eyelid Inflammation | Clinician's Brief(cliniciansbrief.com)

(2) 안검내번과 안검외번

안검내번(entropion)은 눈꺼풀이 말려 들어가서 각막을 향하는 것으로, 개에서는 흔하고 고양이에서 흔하지 않다. 안검외번은 눈꺼풀이 바깥으로 말려서 각막이 노출되는 것이다. 안검의 내번과 외번은 눈꺼풀이 눈을 보호하는 기능을 할 수 없어 질병이 발생할 수 있다.

안검내번은 선천성, 후천성이면서 비경련성, 후천성이면서 경련성의 3가지의 발생형태를 보인다.

선천성 안검내번은 큰 안와를 가지기 때문에 눈이 안와에 깊게 위치해서 눈꺼풀에 대한 지지가 부족하다. 눈꺼풀이 아래쪽 안와 경계로 처지면서 안으로 말려 들어간다. 호발품종은 콜리, 그레이트데인, 아이리시 세터, 도베르만 핀셔, 골든 리트리버, 로트와일러, 와이마라너이다. 정상적인 발육과정에서 안검내번을 보이기도 하나 성견의 체중과 근력을 가지게 되면 자연히 사라진다. 일부 품종에서 안구근육을 포함해 근육 발달이 잘되지 않는 경향이 있다. 이러한 품종으로는 체사피크 베이 리트리버, 래브라도 리트리버, 차우차우, 사모예드가 있다. 많은 품종이 원발성 안검 기형으로 인해 안검내번이 발생하기 쉽다.

후천적 비경련성 안검내번은 개에서는 드물게 발생하며, 원인은 대개 수술적 또는 외상이 원인이며, 수축이 발생하면서 눈꺼풀에 흉터가 생기면서 눈꺼풀이 안구를 향해서 안쪽으로 향하게 된다. 또한 화학물질, 화상 등에 의한 광범위한 안검결막, 결막구석의 반흔 수축이 원인이 되는 경우가 있다.

후천적 경련성 안검내번은 고양이에서 가장 흔하게 관찰되며 각막궤양, 이물, 전방포도막염 등으로 심한 안구통증에 의해 이차적으로 발생한다.

안검외번(ectropion)은 안검연이 외전되어 결막이 노출되어 있는 상태로, 하안검에서만 발생한다. 안검외번은 바셋하운드, 블러드하운드, 코커 스패니얼, 클럼버 스패니얼, 잉글리시 불도그, 세인트 버나드 같은 품종에서 호발한다. 발생원인으로는 선천적인 유전이고, 후천적으로는 외상, 열상, 외과수술 등에 의한 반흔성 수축에 기인한 것과 노년성으로 안검 피부의 이완 및 안륜근 섬유의 변성으로 하안검이 늘어나는 경우이다.

[그림 10-15] 안검내번

출처: Entropion | Local Vets

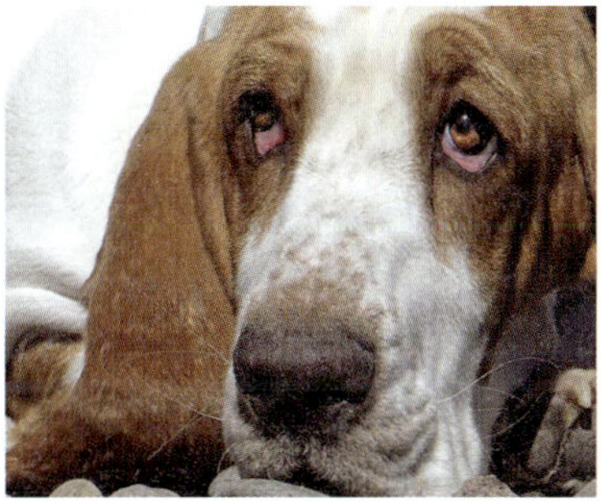

[그림 10-16] 안검외번

출처: Ectropion in Dogs: Causes, Signs, and Treatment(dailypaws.com)

안검내번에서 임상증상은 유루증, 눈을 자주 깜박거림(증상을 악화시킴), 결막 부종, 결막 발적,

결막염, 안검경련, 통증, 각막궤양의 유무, 결막충혈, 눈부심 광선공포증(photophobia) 등이고, 안검외번에서의 임상증상은 유루증, 눈곱, 결막염(결막노출), 결막비후와 충혈 유루증, 각막염(보통 노출로 인해 발생), 농성 삼출물 등이 관찰된다. 진단방법으로는 안검이 내측으로 만곡된 것을 확인(눈꺼풀이 안으로 또는 밖으로 말린 것에 대한 평가는 환자가 깨어 있는 동안 실시)하는 안검관찰이다.

(3) 첩모난생증(Trichiasis)

첩모의 발생부위는 정상이지만 배열과 발생 방향이 불규칙한 것을 말한다. 첩모는 보통 상안검연에서 발생한다. 발생원인으로는 선천성(유전성)으로 페키니즈, 시츄, 아메리칸 코커 스패니얼, 세인트버나드, 푸들, 골든 리트리버 등에서 발생하며, 후천성으로 결막염, 안검연 염증, 화상, 화학적 부식, 외상 및 외과 수술 등에 의한 첩모근부 반흔 형성에 중등도의 안검내번이 더해져 발생한다. 첩모의 배열과 발생 방향 이상으로 각막 및 안구결막을 자극하여 유루, 이물감에 의한 눈의 찰과상, 결막충혈, 광과민증, 각막혼탁, 혈관증생 및 궤양 등의 증상을 초래한다. 진단은 밝은 조명 아래 증상들을 주의 깊게 관찰하고 눈썹의 방향을 잘 관찰한다.

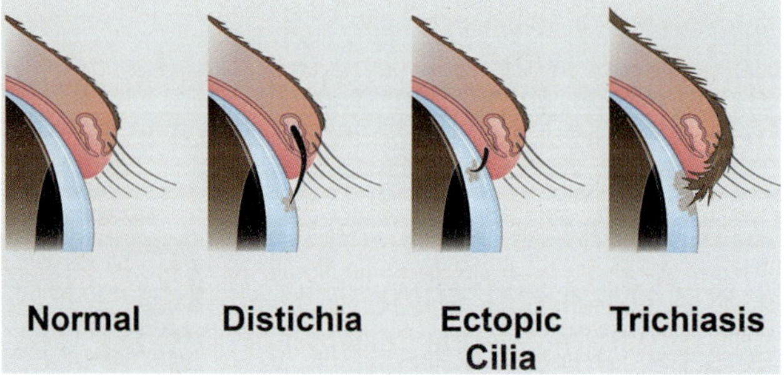

[그림 10-17] 눈썹이상

출처: Trichiasis, Ectopic Cilia, and Distichia: T.E.D. Talk on Eyelash Problems in Dogs and Cats • MSPCA-Angell

(4) 제3안검샘 비대[Hypertrophy of Nictitans Gland, Cherry Eye, 제3안검 노출증(순막노출증)]

제3안검은 눈을 보호하는 구조로서 각막 앞 눈물막의 확산을 돕고 손상으로부터 눈을 덮어서 보호한다. 제3안검은 내안각부에 있어 노출 또는 반전되기 때문에 눈물 분비 증가와 결막염 증상을 초래하고 천순막선의 비대로 양측성으로 발생하는 경우가 많다. 이 샘의 비대, 즉 cherry eye는 개에서만 발생한다.

발생원인은 제3안검선 비대 품종소인(잉글리쉬 불도그, 불테리어, 복서, 페키니즈, 비글, 바셋하운드, 보스턴 테리어, 코커 스패니얼), 순막의 비대, 순막의 외번 또는 내번, 순막의 종창 등으로, 어린 연령에 호발하며, 노령동물과 고양이에서 제3안검을 구성하는 조직의 신생물이 원인이 될 수 있다. 임상증상으로는 장액성 또는 점액성의 눈곱, 순막의 이상 노출과 순막의 충혈, 순막 전체의 발적과 비대, 순막의 외번 또는 내번, 유루증, 결막 자극 등이 관찰된다.

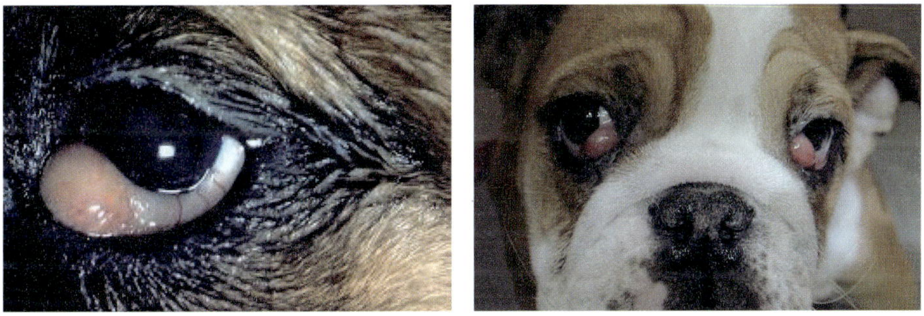

[그림 10-18] 제3안검선비대

출처: (좌) Nictitans gland: prolapse in Dogs(Canis) | Vetlexicon
(우) Third Eyelid Gland Prolapse in Dogs • MSPCA-Angell

4) 소형 포유류

(1) 페럿(Ferret)

페럿에서 흔히 볼 수 있는 세 가지 눈질환은 결막염, 백내장과 수정체 탈구, 망막위축이다. 결막염은 세균, 바이러스(개 홍역 바이러스, 인간 인플루엔자 바이러스) 또는 환경(먼지, 파편, 증기)과 같은 다양한 원인이 있을 수 있다. 임상증상은 눈 분비물, 충혈, 결막이 부어오름, 눈꺼풀 경련 등이다. 백내장과 수정체 탈구는 유전되는 형질로 보이며, 망막위축은 유전적 원인이나 영양결핍(타우린 결핍)도 관련될 수 있다. 임상증상은 눈동자 불투명, 망막위축 임상증상은 점진적인 시력 상실 등이다.

진단은 신체검사 및 병력조사, 안과검사, 안구 분비물의 배양 및 감수성 검사를 수행한다.

(2) 설치류(Rodent)

① 백내장

백내장은 쥐와 생쥐에서 대부분 유전성 및 선천성 질환이며, 다른 질환과 외상에 의해 속발성으로 발생한다. 자당, 자일로스 또는 갈락토스를 많이 먹인 실험용 쥐에서 볼 수 있다. 임상증상은 편측 또는 양측의 수정체 혼탁이 나타나며, 진단은 안과 검사실시이다.

② 눈물흘림증(Epiphora), 결막염(Conjunctivitis), 혈루증(Chromodacryorrhea)

많은 설치류는 적갈색의 포르피린 색소를 함유한 눈물을 생성한다. 이러한 분비물은 종종 동물의 내측 안각과 앞발에 있는 혈액으로 오인된다. 세균성 및 바이러스성 질병은 모두 설치류의 결막염과 관련될 수 있다. 비감염성 원인으로는 더러운 깔짚에 의한 자극, 앞니 부정교합, 열악한 영양과 위생, 스트레스 등이다. 임상증상으로 눈물이 과도하게 생성되거나 누관 배액의 부족, 충혈, 결막이 부어오름, 앞니의 과성장 등이 관찰된다. 진단은 신체검사 및 병력, 결막박리 세포학적 검사, 누관세척, 결막의 배양 및 감수성 검사 실시이다.

(3) 저빌의 눈 주위 피부염

하드리안샘에서 분비하는 액체에 포르피린이 많이 함유될 시 코 피부염이 발생하며, 코 피부염이 만성화될 시 이차적으로 눈 주위 피부염(periocular dermatitis)이 발생한다. 궤양성 피부염이 머리, 사지, 가슴, 복부 등으로 번지는 경향이 있다. 임상증상은 홍반, 눈 주위 딱지, 코와 앞발 및 얼굴 부위 주변의 탈모 등이 관찰되며, 진단은 신체검사 및 병력 조사이다.

(4) 햄스터의 각결막염

햄스터의 각결막염(keratoconjunctitis)은 일반적으로 환경적 외상과 비위생적인 깔짚으로 인해 발생하며, 임상증상은 각막과 결막의 염증이며, 진단은 신체검사 및 병력조사, 안과검사 실시이다.

(5) 토끼

토끼(rabbit)에서 발생하는 주요한 눈질환은 결막염, 포도막염, 안검경련 및 녹내장이다.

① 눈물흘림증, 유루증(Epiphora, Runny Eyes)

눈물흘림증은 윗앞니의 과성장으로 누관이 막혀 발생한다. 다른 원인은 환경적 조건(먼지, 꽃가루, 가정의 매연), 각막 질환, 안검내번 또는 안검외번, 첩모중생, 제3눈꺼풀 질환 또는 눈물관의 이물질 폐쇄로 발생한다. 임상증상은 과도한 눈물, 안면부 털이 젖어 있고 얼룩이 생김, 결눈질, 눈 비비기, 점액 분비물, 부기 또는 발적이다. 진단방법은 신체검사 및 병력조사, 안과검사, 치과검사, 배양 및 감수성 검사, 방사선 검사 실시이다.

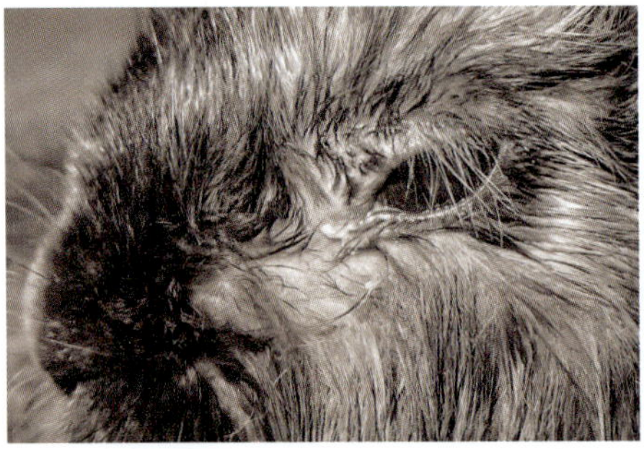

[그림 10-19] 눈물흘림증

출처 : Chronic Runny Eyes In Rabbits - Rabbit.org

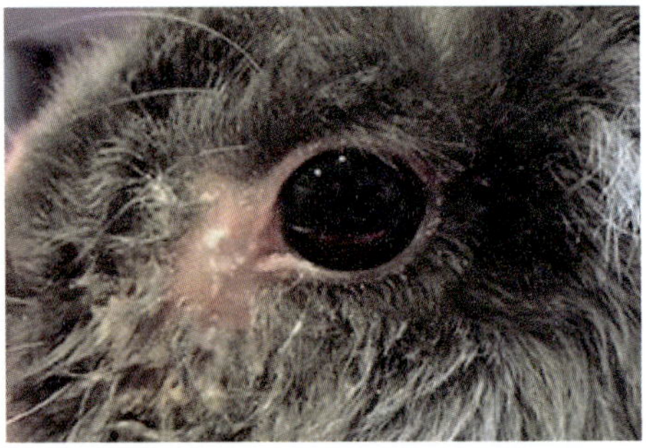

건성각결막염의 분비물로 누낭염 발생 가능

[그림 10-20] 누낭염(dacryocystitis)

출처 : Dacryocystitis in rabbits - PDSA

② 결막염 및 안검염(Conjunctivitis and Blepharitis)

결막염과 안검염은 눈물흘림증과 함께 토끼에서 흔히 보인다. 감염성 원인으로는 파스튜렐라균, 포도상구균, 슈도모나스, 토끼매독균(treponema cuniculi), 클라미디아가 있다. 비감염성으로는 외상 먼지, 눈꺼풀 장애 등이 있다. 임상증상은 과도한 눈물, 발적, 부기, 사시(빛에 대한 감도), 포도막염(파스튜렐라), 눈꺼풀이 건조하고 딱딱한 병변(트레포네마)이 보인다. 진단은 신체검사 및 병력조사, 배양 및 감수성 검사, 세포학적 검사, 바이러스 분리, 암시야 현미경 검사이다.

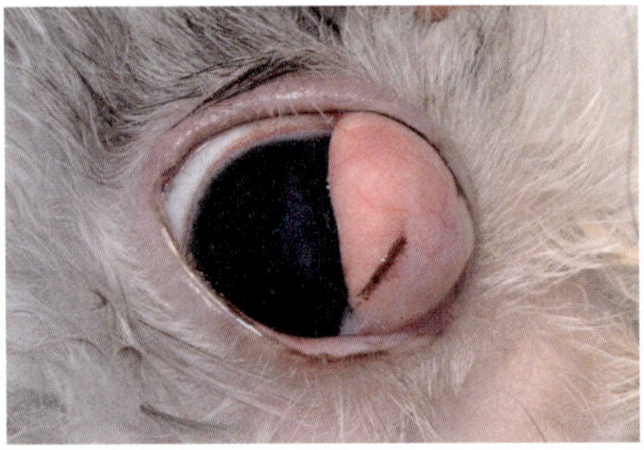

[그림 10-21] 결막염

출처 : Eye : conjunctivitis in Rabbits(Lapis) | Vetlexicon

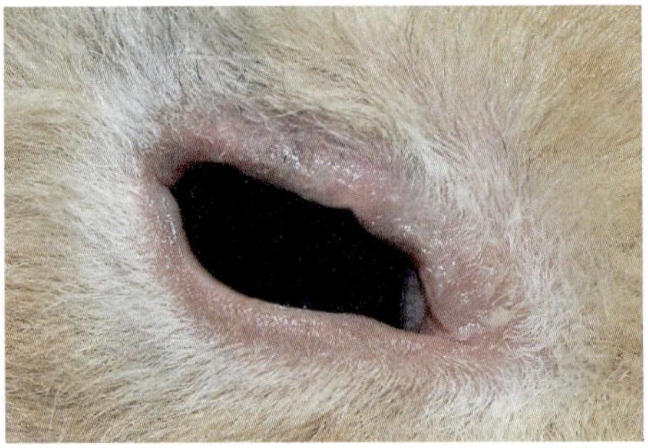

[그림 10-22] 안검염

출처 : Eyelid : blepharitis in Rabbits(Lapis) | Vetlexicon

③ 녹내장(Glaucoma)

녹내장은 뉴질랜드흰토끼의 열성유전자 특성으로, 발병 시 생후 약 3~6개월까지 안압이 증가한다. 임상증상으로는 각막 부종, 각막염, 실명이 보이며, 진단 방법은 신체검사 및 병력조사, 증가된 안압 측정이다.

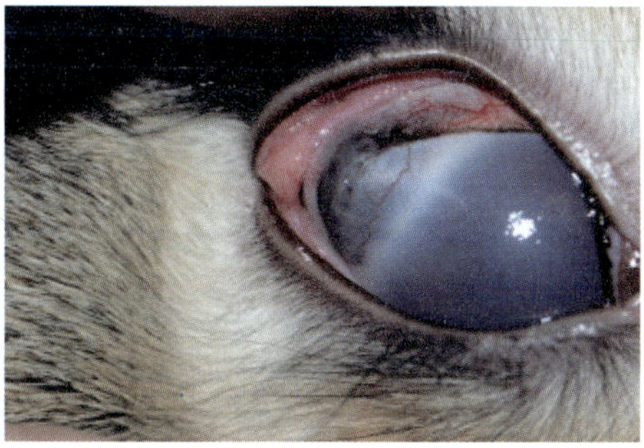

[그림 10-23] 토끼 녹내장

출처: Diagnosis and treatment of glaucoma in client-owned rabbits(Oryctolagus cuniculus): 16 eyes from 11 rabbits(2008–2019) - ScienceDirect

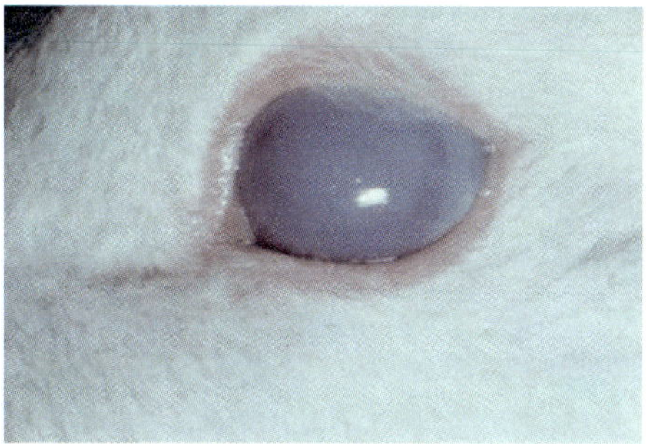

[그림 10-24] 뉴질랜드흰토끼의 녹내장

출처: Glaucoma in a bu/bu New Zealand White Rabbit. | Download Scientific Diagram(researchgate.net)

④ 큰 안구증(Bupthalmia, Macrophthalmia)

큰 안구증(buphthalmia)은 뉴질랜드 토끼에서 발생하며, 전방수가 배출되지 않아 발생한다. 일반적으로 양측성으로 발생하며, 생후 3~5개월 때 관찰된다. 증상으로는 거대 인구, 인압상승, 각막 직경 증가를 특징으로 하며, 초기에는 통증이 없지만 실명을 유발할 수 있다.

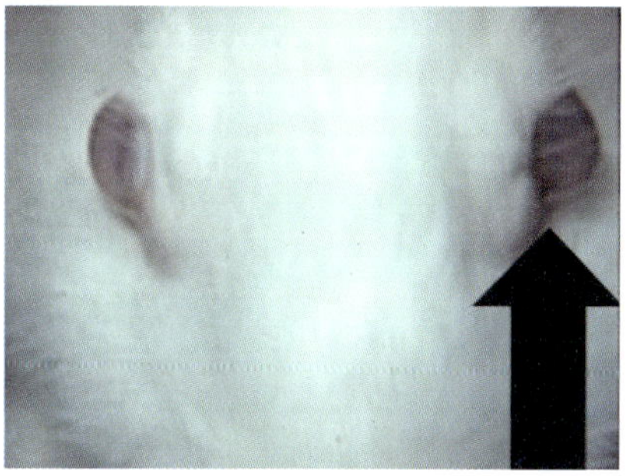

녹내장에 의한 큰 안구증 발생

[그림 10-25] 큰 안구증

출처: Buphthalmia(congenital glaucoma) // College of Veterinary Medicine(missouri.edu)

5) 조류

(1) 조류의 눈(Structure of Bird Eye)

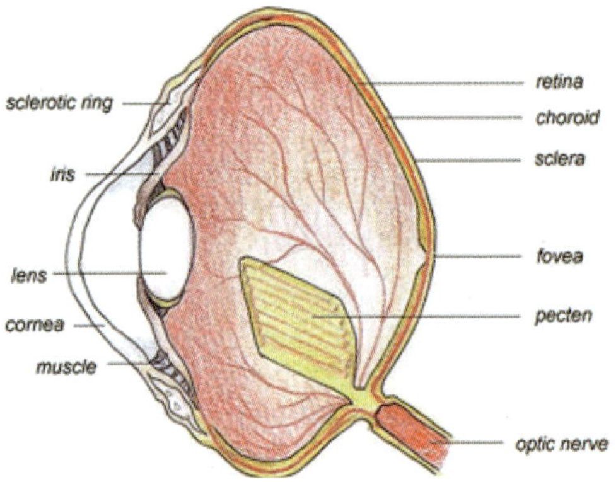

[그림 10-26] 조류의 눈 구조

출처: Birds Sight: Twootz.com

조류의 눈 구조는 포유류와 유사하다. 위 아래 눈꺼풀과 순막(깜빡막, nictitating membrane)이 존재한다. 사상깃털[filoplumes: 여러 신경수용체와 연결되어 있으며, 깃털의 변화를 모니터링(손상 수복), 눈꺼풀과 몸의 깃털 사이에 존재]은 눈꺼풀 가장자리에 있으며, 속눈썹과 같이 보호와 촉각 기능을 한다. 눈물 생산의 주요 공급원인 하드리안선(harderian gland)은 순막의 기저부에 위치한다.

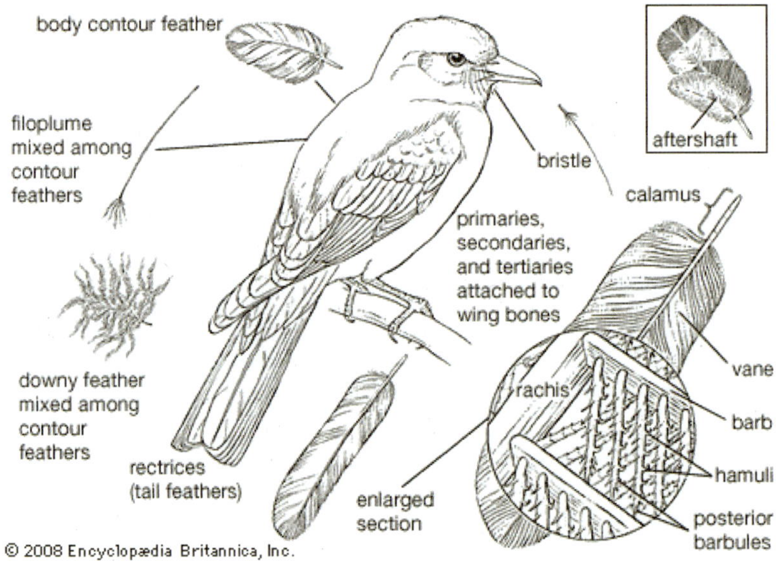

[그림 10-27] 사상깃털

출처: Filoplume | avian anatomy | Britannica

대부분 조류의 홍채는 갈색이지만 다른 색상도 볼 수 있다. 앵무새 암컷은 붉은색, 수컷은 갈색 홍채로, 성별에 따라 홍채의 색이 다르다. 어린 아프리카회색앵무는 홍채가 갈색이고, 성체의 홍채는 더 회색이다. 어린 아마존앵무는 갈색 홍채가 나이가 들어감에 따라 적황색으로 변하고, 마코앵무(macau)는 새끼 때의 갈색 또는 검은색 홍채가 1~3살에는 회색으로, 더 나이가 들면 노란색으로 변한다. 직접 동공 빛 반사가 관찰 가능하지만, 조류 중에서는 공감 빛 반사가 없다. 안저는 일반적으로 회색 또는 빨간색이다. 시신경유두는 펙텐(pecten, 빗)이 있어 길고 거의 보이지 않는다. 펙텐은 혈관 구조로 망막의 영양성분을 운반하는 역할과 동시에 안구의 산-염기 균형에 관여한다. 이 혈관 구조는 안구의 운동에 따라 유리체와 함께 흔들릴 수 있다. 조류 망막에는 반사판이 없으며, 색각(color vision)은 새에서 잘 발달되어 있다.

참고 빛에 의한 동공의 반사(반응)현상

- 동공빛반사: 동공대광반사, 빛에 따라 동공의 크기가 변함, 빛의 강도 조절
- 공감빛반사: 빛을 한쪽 눈에 쪼였을 때 빛을 쪼인 눈과 동시에 다른쪽 눈의 동공도 반사적으로 축소되는 현상

(2) 조류 안과질환

AP Hvenegaard(2009)는 조류에서 백내장, 포도막염, 궤양성 각막염, 각결막염, 안검결막염, 결막염의 순으로 안과질환이 많이 발생한다고 보고하였다.

① 비정상적인 눈꺼풀틈새(Abnormal Palpebral Fissure)

안구와 안와에 피부가 비정상적으로 융합된 잠복안구(cryptophthalamos)는 왕관앵무에서 볼 수 있다. 이 안검 융합은 길이와 너비 모두에서 눈꺼풀 틈새를 작게 만든다. 진단은 신체검사에서 각막을 덮고 있는 비정상적인 조직을 관찰한다.

② 눈 주위 부종(Periocular Swelling)

눈 주위 부종은 새에서 자주 발생한다. 눈꺼풀, 안와밑동에서 잘 발생하며, 눈 주위 조직의 외상, 감염이 눈 주위 부종을 유발할 수 있다.

임상증상으로 눈꺼풀이나 눈 주위 조직의 부종이나 발적, 눈꺼풀 틈새가 감소, 순막 탈출, 눈 주위 딱지 등이 관찰된다. 진단은 안과검사, 피부 스크래핑, 피부 생검, 병력조사(먹이), 안와하 부비동의 그람염색, 배양 및 감수성 검사 실시이다.

③ 결막염 및 각결막염(Conjunctivitis and Keratoconjunctivitis)

새에서 결막염은 눈에 염증이 생길 때 발생한다. 새의 눈은 취약하여 상처를 입기 쉽다. 결막염은 핑크아이, 안검결막염 등으로 불린다.

발생원인은 균 감염(클라미디아, 마이코박테리아, 대장균, 포도상구균, 마이코플라스마, 파스튜렐라균 등), 외상, 바이러스, 비타민 A 결핍, 기생충, 종양 등이다.

임상증상으로는 분비물에 의한 딱지 형성, 눈의 충혈, 눈과 머리의 부종, 깜빡임과 눈부심, 탁한 눈, 유리 같은 눈, 빠른 머리 움직임, 눈 긁기와 문지르기, 결식, 무기력, 안검의 전부 혹은 부분적인 폐쇄 등이 나타난다.

진단방법은 눈물테스트, 형공염색, 세포학적 검사, 동공확장검사, 방사선 검사, 초음파, 혈액검사 등이다.

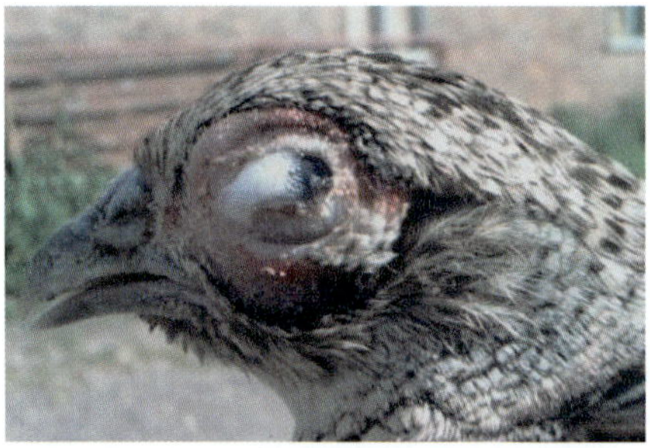

[그림 10-28] 마이코플라스마 감염에 의한 거품분비물이 배출되는 안구

출처: NADIS - National Animal Disease Information Service

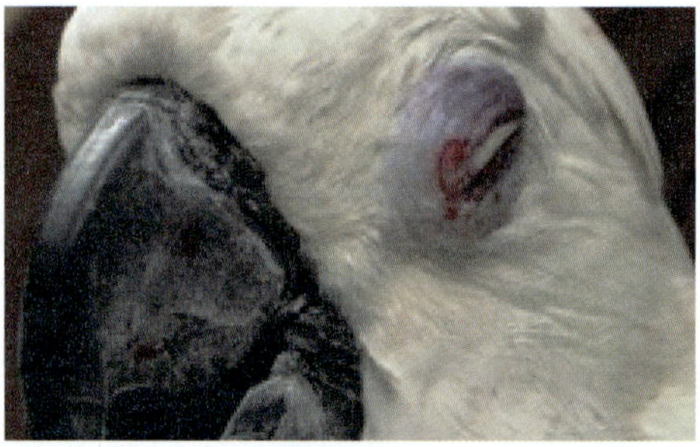

[그림 10-29] 두부외상에 의한 눈 주위 부종 발생

출처: Eye Swelling in Birds | Arizona Exotics | Birds, -Cockatiels, -Cockatoos, -Macaws, -Parakeets Resources(azeah.com)

각결막염은 결막과 각막 표면의 염증을 동반하는 것으로, 외상, 감염, 전신마취 중(보호 및 윤활 부족)에 발생할 수 있다. 일반적으로 전염성 질환으로 취급하며, 격리와 햇빛 차단이 필요하다.

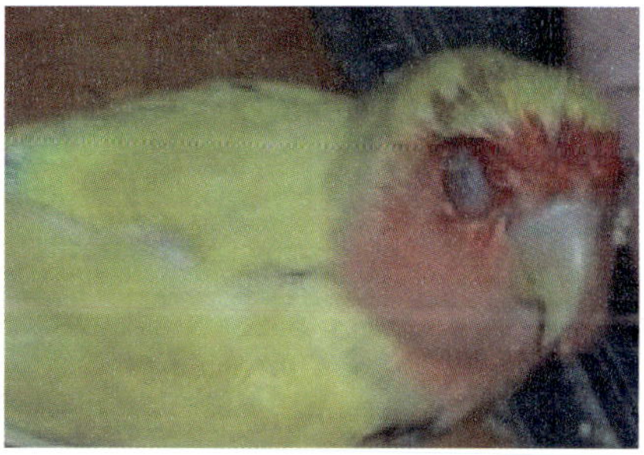

[그림 10-30] 결막염

출처: Parrot Eye Conjunctivitis Treatment | Care Birds

임상증상으로 충혈, 안검경련, 광선공포증, 안구 분비물, 부종이 관찰되며, 진단방법으로 병력 및 신체검사, 결막과 각막의 배양 및 감수성 검사, 정밀안구검사, 각막염색, 결막의 세포학적 검사, 혈액화학검사, 배양검사이다.

④ 백내장(Cataracts)

백내장은 수명이 긴 앵무새에서 자주 나타난다. 백내장은 외상, 영양결핍, 안구 장애로 발생할 수 있으며, 시간이 지남에 따라 수정체가 점차 불투명해진다. 임상증상은 육안으로 식별되는 각막의 혼탁, 시력상실, 안구 외상 등이 보인다. 진단은 안구검사를 통한 신체검사이다.

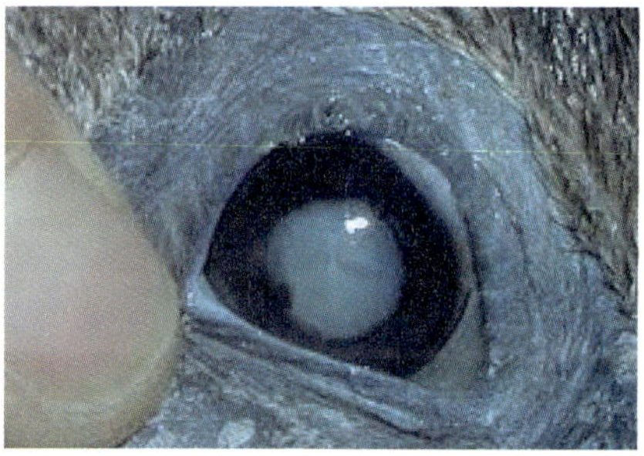

[그림 10-31] 마코앵무의 백내장

출처: Cataract surgery in a Macaw Bird(lbah.com)

6) 파충류

(1) 도마뱀

도마뱀(lizard)과 거북이에게서 안와주위 염증성 질환은 가장 흔한 안과 질환이다. 발생원인은 박테리아 감염에 의한 속발성이고, 저비타민A증(hypovitaminosis A)도 원인으로 호흡기와 소화기 점막상피에 영향을 미치기도 한다. 임상증상으로는 안검염, 눈의 발적[적색상공막(red episclera)], 눈분비물 등이 있다.

게코(geko)는 안막(spectacle: 포유류의 눈꺼풀을 대신하는 구조)을 가지고 있으며, 뱀과 같이 안막 아래 농양과 잔류안막이 발생한다. 농양은 양측성이거나 편측성으로 발생하며, 입에 있는 균이 눈으로 이동하여 감염된다.

(2) 뱀

뱀(snakes)의 눈은 포유류의 눈과 비슷하다. 홍채는 줄무늬 근육을 포함하고 일반적인 산동(동공확대, mydriasis)에 반응하지 않는다. 동공은 둥글고 일주성(낮에 활동) 종에서는 비교적 움직이지 않으며, 야행성 종에서는 좁고 긴 모양이다. 뱀에는 공감동공빛반사(consensual puplillary light reflex)가 없다. 각막에 데스메막은 존재하지 않는다. 각막 표면에 보호 안막을 형성하기 위해 눈꺼풀이 융합되어 안막과 각막 사이에 눈물이 흐르게 하여 수분을 유지한다. 눈물은 구강으로 배출되는 누관으로 배출한다. 망막은 상대적으로 무혈관성이지만 유리체 안으로 돌출된 큰 혈관체인 원추 유두를 포함한다. 파충류의 눈 검사는 어렵다.

① 잔류안막(Retained Spectacles)

잔류안막은 안막의 탈피부전(이상탈피, dysecdysis) 발생에 피부가 눈, 눈 주위에 남아 있는 경우로, 뱀이 내원하는 가장 큰 이유이다. 뱀을 습한 환경에 24시간 동안 놔두었다가 거즈나 스펀지, 젖은 티슈로 눈을 닦아 주면 잔류안막이 쉽게 제거된다. 제거되지 않으면 다음 탈피 때까지 습하고 따뜻한 곳에 뱀을 둔다.

[그림 10-32] 뱀의 잔류안막

출처: Retained Spectacles in Reptiles - Veterinary Partner - VIN

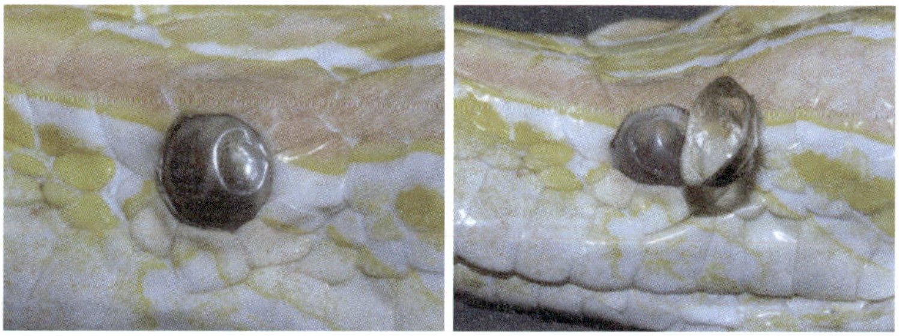

[그림 10-33] 뱀의 잔류안막

출처: Animals | Free Full-Text | Anatomy, Physiology, and Disorders of the Spectacle, Subspectacular Space, and Its Lacrimal Drainage System in Squamates(mdpi.com)

② 수포성 안막증(Bullous Spectaculaopath)

비강관 폐쇄로 인해 발생하며, 일반적으로 감염성 구내염이나 선천성 폐쇄로 인해 이차적으로 발생한다. 눈물액은 눈에서 배수되지 못해 안막하공간이 팽창한다. 안막하 농양은 구강 내 상행성 감염으로 발생한다.

임상증상은 탈피의 이력, 한쪽 또는 양쪽 눈의 각막 위에 청백색 막, 시각 장애와 관련된 행동 문제 등이 보인다. 진단방법은 신체검사이다.

[그림 10-34] 안막하감염으로 안막하공간에 면상삼출물이 가득차 있음

출처: Animals | Free Full-Text | Anatomy, Physiology, and Disorders of the Spectacle, Subspectacular Space, and Its Lacrimal Drainage System in Squamates(mdpi.com)

[그림 10-35] 세균 감염으로 안막하에 농양이 발생

출처: Animals | Free Full-Text | Anatomy, Physiology, and Disorders of the Spectacle, Subspectacular Space, and Its Lacrimal Drainage System in Squamates(mdpi.com)

③ 각막병변(Corneal Lesions)

각막병변은 잔류안검을 제거하려는 시도나 안구 외상으로 발생한다. 임상증상은 흐린 각막이 관찰되며, 진단방법은 포유류의 각막검사와 동일하게 각막 염색이다.

④ 백내장(Cataracts)

소아 백내장과 노령 백내장 모두 파충류에서 발생 가능하며, 임상증상은 백색, 유두 개구부의 수정체 불투명, 눈에 띄는 실명행동, 수유실패, 신경질 등이 관찰된다. 진단방법은 신체 및 안과 검사이다.

[그림 10-36] 백내장(Cataracts, cloudy eye)

출처 : The Completely Common Reason Behind Your Snake's Cloudy Eyes - The Tye-Dyed Iguana - Reptiles and Reptile Supplies in St. Louis.(thetyedyediguana.com)

(3) 이구아나(Iguanas)

녹색 이구아나의 눈 질환은 감염이나 외상이 대부분이다. 버둥거리는 이구아나의 목덜미를 잡아 제지하면 해당 부위의 정맥동이 울혈되어 양측 눈 주위가 부어오를 수 있으며, 시간이 지나면 사라진다. 눈꺼풀은 합사된 이구아나와 싸우거나 케이지의 날카로운 돌출부에 찢어질 수 있다. 안검경련은 모래, 침구류 등의 이물질이 눈에 들어가면 발생할 수 있다. 외부 기생충은 일부 도마뱀의 눈 주위에서 발견될 수 있다. 각막염은 대부분 세균 감염에 의한 발생이며, 외상으로 인해 각막궤양이 발생할 수 있다.

① 안구 및 안구 주위 외상(Ocular and Periocular Trauma)

핸들링 후 눈 주위 부종, 외상 후 안검의 조직 손상, 안검경련 등이 관찰되며, 진단방법은 신체검사 및 병력, 안과 검사, 혈액검사 및 혈청화학검사, 배양 및 감수성 검사이다.

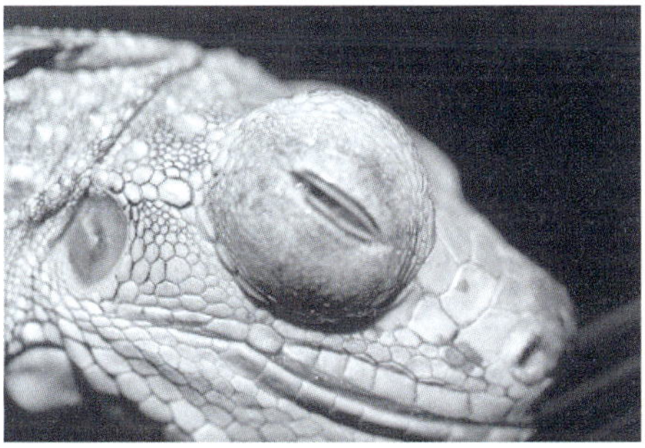

[그림 10-37] 이구아나의 눈 뒤 농양 (retrobulbar abscess)

출처: Bonnie ballard, ryan cheek. exotic animal medicine for the veterinary technician, 2nd ed. p93/ wiley-blackwell(2010)

[그림 10-38] 안막의 궤양성 손상

출처: Animals | Free Full-Text | Anatomy, Physiology, and Disorders of the Spectacle, Subspectacular Space, and Its Lacrimal Drainage System in Squamates(mdpi.com)

[그림 10-39] 눈주위 종양(periocular mass)

출처: Periocular masses / lesions in Reptiles | Vetlexicon

부록

- **빛반사 경로: Optic nerve → Edinger-Westphal nucleus → Occulomotor nerve**
  - optic nerve가 손상되면 직접반사는 일어나지 않고, 눈의 간접반사는 가능하며, occulomotor nerve가 손상되면 직접/간접 반사는 일어나지 않는다.

1. 망막, 시신경 문제 시

오른쪽 눈 동공을 부분적으로 확장시킨다. 왼쪽 눈에서 들어오는 자극이 있기 때문에 왼쪽 눈에 빛을 주면 양쪽 동공은 수축한다. 오른쪽 눈에 빛을 비추면 아무런 변화가 없다.

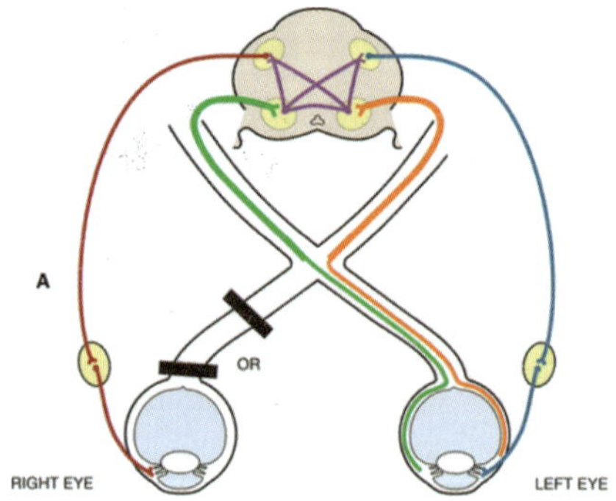

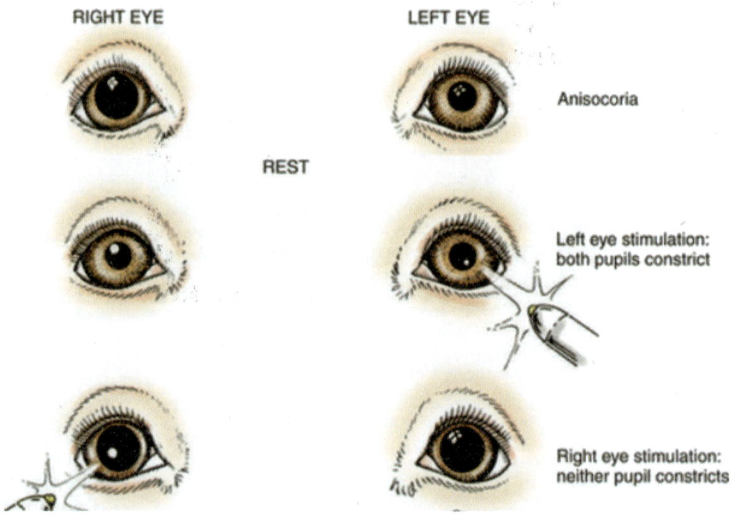

2. 시신경 교차 문제 시

휴식 시에도 양쪽 눈 모두 동공산대가 나타나며, 양쪽 동공 모두 반응이 없다.

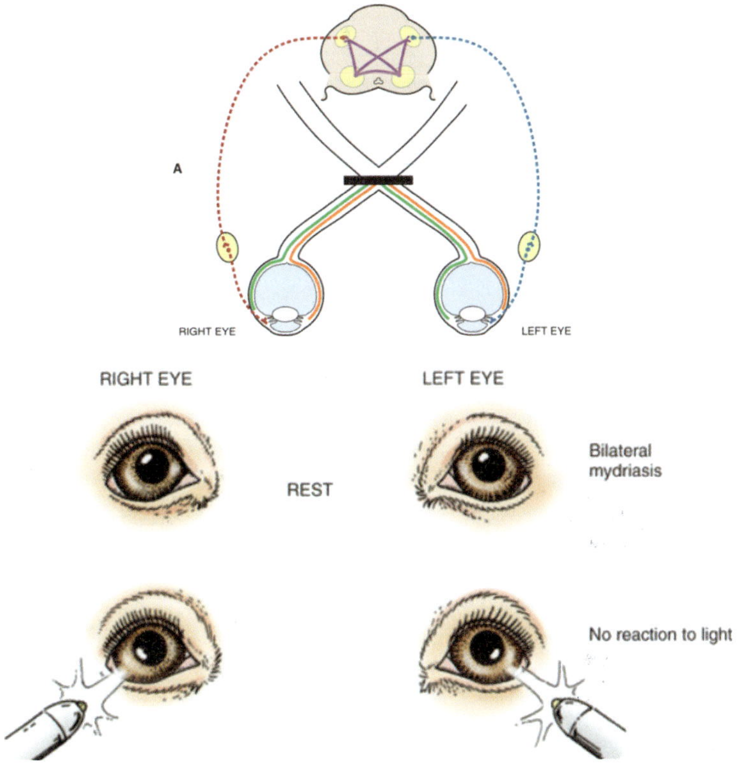

3. 시각로 문제

휴식 시의 동공은 양쪽이 비슷한 형태로, 직접/간접 반사 시 양쪽 동공 모두 수축이 일어난다.

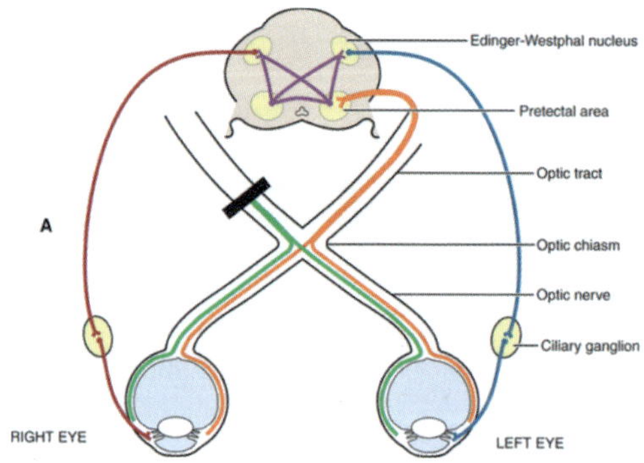

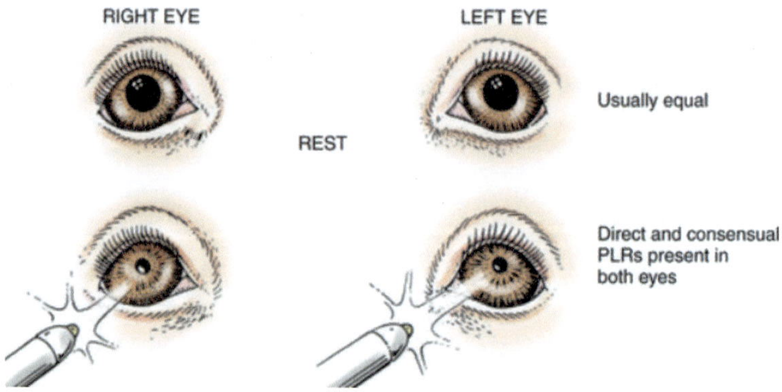

4. 눈돌림신경 문제

오른쪽 눈돌림신경이 손상을 받으면 같은 쪽 눈에 동공신대가 발생한다. 동공 수축근에 신호가 전달되지 않기에 눈꺼풀처짐증(ptosis)이 발생하며, 눈꺼풀 올림근의 지배를 벗어나기에 외사시(exotropia)도 발생 가능하다. 오른쪽 눈에 빛을 비추면 직접반사반응은 없지만 간접반사는 있다. 왼쪽 눈에 빛을 비추면 직접반사는 정상이지만 간접반사는 없다.

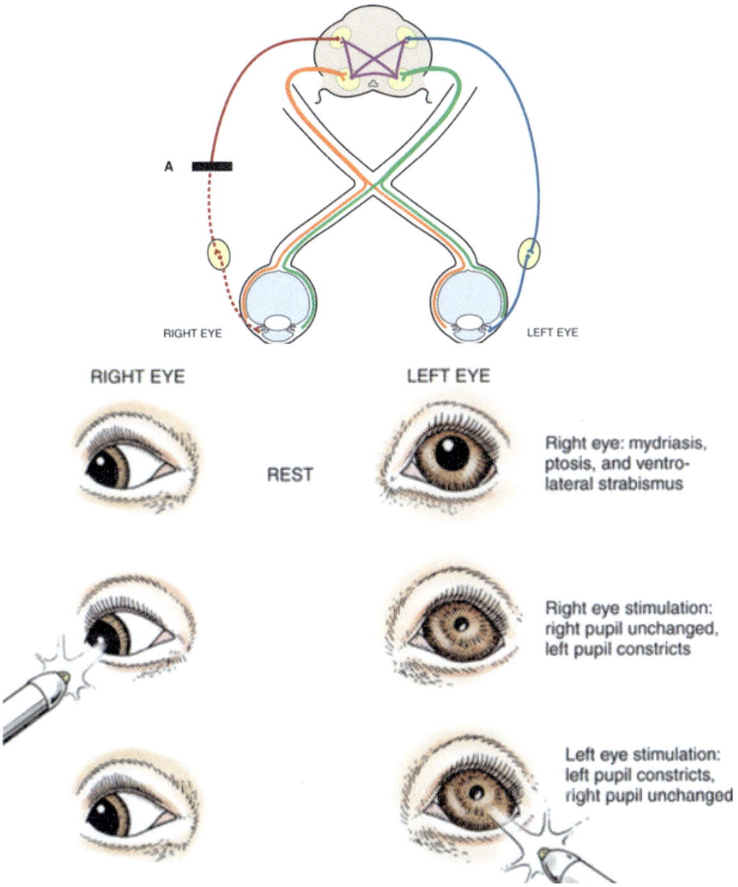

5. Edinger–Westphal 핵 문제

오른쪽 핵이 손상되면 휴식 시에도 동공은 확장되고 오른쪽 직접반사는 일어나지 않지만 간접반사는 일어난다. 왼쪽 눈에 빛을 주면 직접반사는 일어나지만 간접반사는 일어나지 않는다.

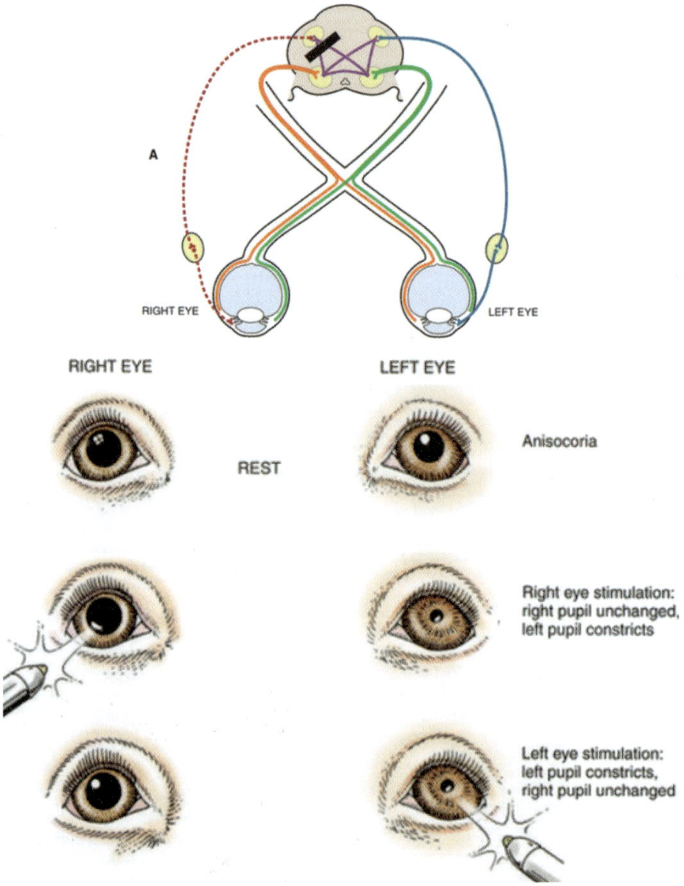

출처: pupillary light reflex(대광반사, 동공 빛반사): 직접(direct)/간접(indirect) 빛반사: 네이버 블로그(naver.com)

3. 귀

1) 귀의 구조와 기능

귀는 청각과 균형감각을 담당하는 기관으로, 바깥귀(외이), 가운데귀(중이), 속귀(내이)로 구분한다. 바깥귀는 귓바퀴(pinna)와 바깥귀길(외이도)로 구성되며, 귓바퀴는 음파를 모아 바깥귀길에서 고막까지 운반한다. 귓바퀴에는 연골이 존재하여 모양을 유지하고 움직임을 가능하게 한다. 가운데귀에는 고실, 고막, 귓속뼈가 있어 음파를 운동에너지로 전환한다. 속귀에는 뼈미로, 막미로, 막안뜰, 막반고리관 등의 이 존재하여 소리 인지, 균형 · 위치감각을 유지하며, 뇌로 신호를 전달하는 기능을 한다. 새의 귀는 귓바퀴가 없고 중이에는 이소골(ossicles)이 하나만 있다. 내이의 달팽이관은 포유류처럼 꼬여 있지 않다. 외이는 깃털과 느슨한 피부 덮개로 가려져 있다.

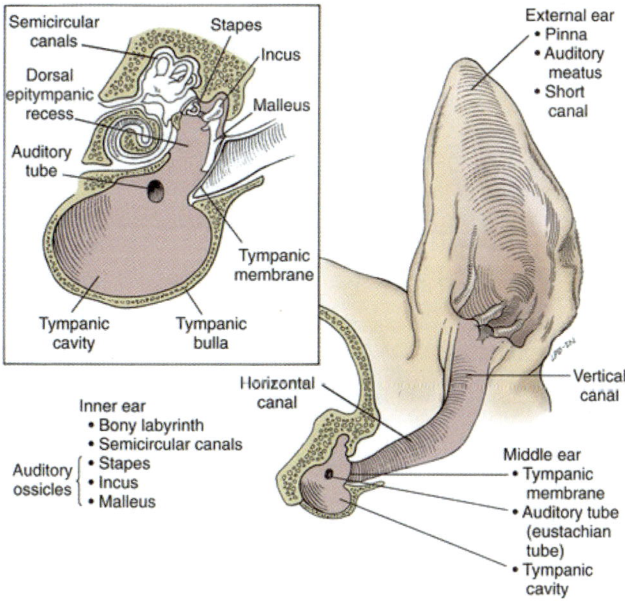

[그림 10-40] 귀의 구조

출처 : Surgery of the Ear | Veterian Key

2) 귀의 질환

귓병(이염, otitis)은 원인이나 증상에 상관없이 귓구멍에 생기는 모든 염증을 의미한다.

홍반성 이염(erythematous otitis)은 분비물 없이 외이도에 생기는 것이 특징이며, 홍반성 귀지성 이염(erythematous ceruminous otitis)은 외이도의 염증과 많은 점액성 삼출물을 동반한다. 화농성 이염(suppurative otitis)은 외이도에 짓무름(erosion, 미란)과 농이 특징이며, 협착성 이염(stenotic otitis)은 과형성 변화가 특징이다. 외이염(otitis externa)은 귓바퀴에서 고막에 이르기까지 외이도에 영향을 미치는 질환으로, 개와 고양이에서 흔하다. 외이염에 수반하여 중이염이 생기는 경우가 많다. 개에서는 원발성 중이염이 드물지만, 고양이에서는 원발성으로 발생하는 경우가 있다. 내이염은 중이염에서 유래되는 경우가 많다.

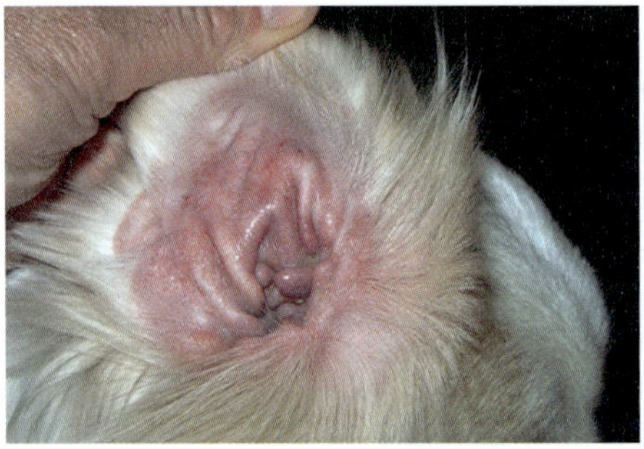

외이에 울혈에 의한 붉은색이 보임

[그림 10-41] 홍반성 이염 (erythematous otitis)

출처: Chronic Otitis: A Dermatologist's Perspective on Surgery | Today's Veterinary Practice(todaysveterinarypractice.com)

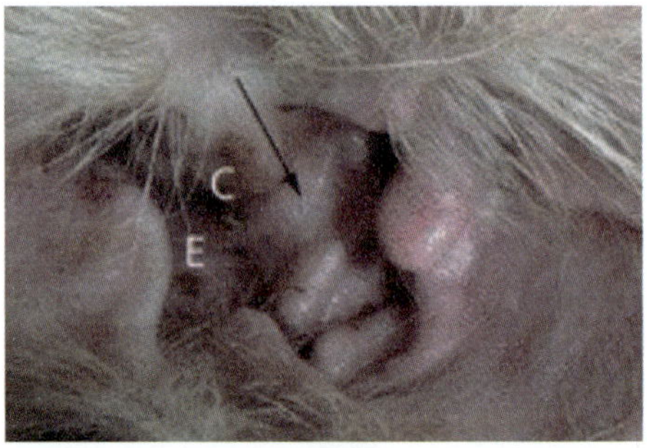

화살표: 홍반 / c: 귀지분비물 / e: 귓구멍

[그림 10-42] 홍반성 귀지성 이염 (erythematous ceruminous otitis)

출처: Chronic monolateral otomycosis in a dog caused by Aspergillus ochraceus

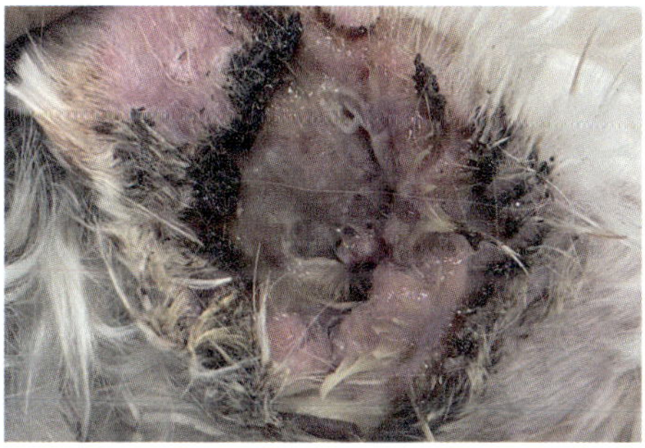

고름분비물이 있어 축축한 상태

[그림 10-43] 화농성 이염
(suppurative otitis)

출처: Treating Otitis Externa in Dogs | Today's Veterinary Practice(todaysveterinarypractice.com)

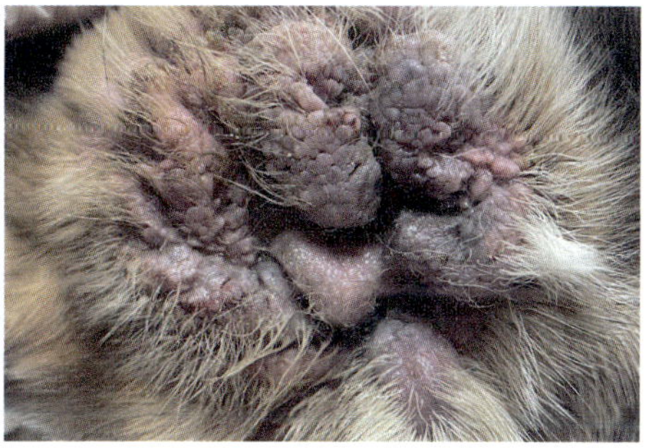

과증식으로 귓구멍이 협소해짐

[그림 10-44] 협착성 이염
(stenotic otitis)

출처: Otitis Externa: Diagnosis and Treatment - LABOKLIN Europe

(1) 외이염

외이염(otitis externa)은 외이의 염증과 가려움증이 주된 증상인 질환이다. 원인으로는 외이도에 들어간 물의 잔류에 의한 습윤, 귀지의 저류와 변패에 의한 자극, 세균·진균에 의한 2차 감염, 이개선충 등에 의해 발생한다. 반려 새에서 외이도염은 흔히 발생하는 질환이다.

임상증상으로는 가려움증, 머리 흔듦, 연조직 부종이 있거나 없는 귀지성 또는 화농성 분비물, 외이도의 악취, 불쾌감 등이 관찰된다. 균형상실, 비행불능의 증상이 보일 수도 있다.

진단방법은 병력조사, 귀지검사, 외이도 검사, 검이경 검사(otoscopic exam), 이개선충 유무검사, 세포학 및 배양 및 감수성 검사, 홍반·부종·침식·궤양 및 삼출물 등을 점수로 평가하는 방법이 있다.

① 이개선충증(Otodectic Infestation)

외이도에 기생하는 기생충에 의해 발생하는 질환으로, 이개선충(피부 표면 기생), 진드기(심한 자극으로 피딱지 형성)에 의해 발생한다. 임상증상은 심한 가려움증으로, 머리를 흔들며 불면증과 눈곱이 끼게 되고, 탈모와 습진이 발생한다. 외이도에 적갈색의 귀지와 피딱지가 형성된 것이 보인다. 진단방법은 검이경으로 관찰하는 것과 귀지를 현미경으로 관찰하는 방법이 있다.

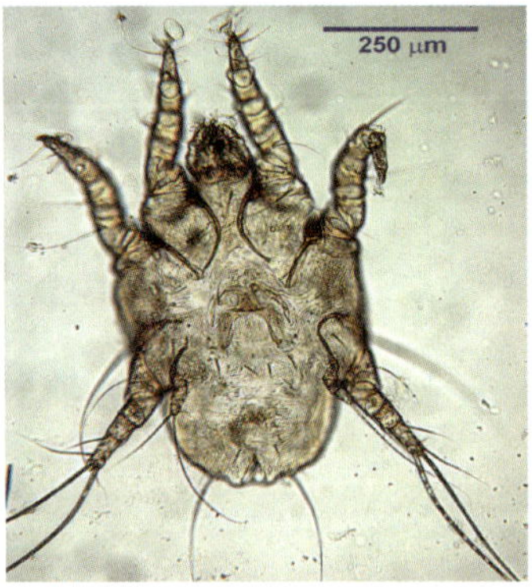

[그림 10-45] 이개선충 (Otodectes cynotis)

출처: Otodectes cynotis - Learn About Parasites - Western College of Veterinary Medicine | University of Saskatchewan(usask.ca)

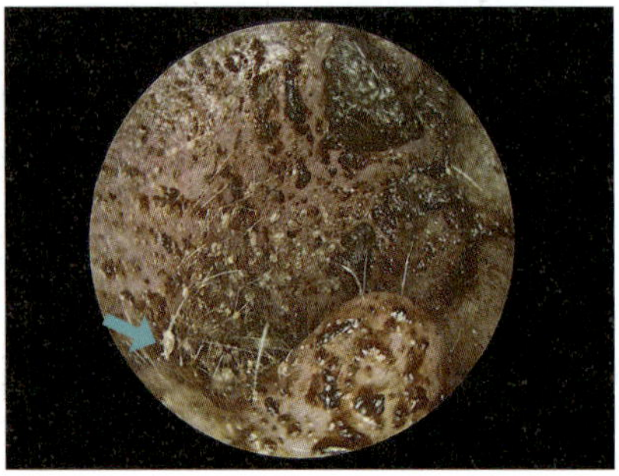

[그림 10-46] 귀진드기 감염

출처: Ear Mites: Uncovering, Treating, and Preventing Infestations | Today's Veterinary Practice(todaysveterinarypractice.com)

② 이개혈종(Hematoma of the Ear)

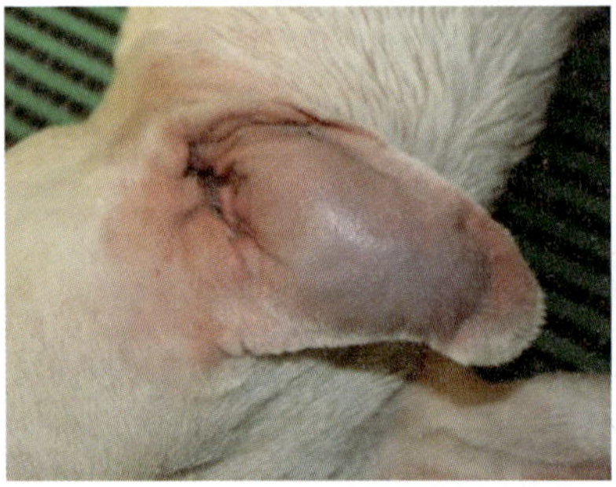

[그림 10-47] 이개혈종

출처: Aural Hematoma | Veterinarian in MONTGOMERY, AL | Animal Hospital of Montgomery(ahmontgomery.com)

심한 외압으로 귓바퀴에 분포하는 혈관이 파괴되어 혈액이 조직에 고여서 생긴 종괴, 즉 혈종(hematoma)으로 귀에 발생하여 이개혈종이라 한다.

발생원인은 주로 머리를 흔들다 벽에 부딪혀 발생한다. 임상증상으로는 외이에 국한된 파동감 있는 종창으로, 큰 귀를 가진 개에서 발생하기 쉽다.

(2) 중이염

중이염(otitis media)은 상부기도의 감염이나 외이염의 이차적 감염, 고막의 천공 등으로 발생하며, 특징적인 임상증상은 없으나 원기소실, 발열, 인두의 울혈, 편도종창, 머리의 기울임, 동통, 경부의 촉진을 싫어한다.

(3) 내이염

내이염(otitis enterna) 또는 미로염(labyrinthitis)이라고도 하며, 중이염 또는 외이염이 발달하여 발생한다. 특징적 증상은 없으나 발열, 동통, 오심 및 구토, 머리를 기울임, 안구진탕(반고리관 장애 시), 비정상적인 자세나 운동을 보인다.

(4) 난청

난청(amblyacousia)은 중추성(중추신경계, 청각신경계 손상)이나 말초성(달팽이관 이상) 손상으로 발생할 수 있으며, 만성중이염, 고막 파열, 중이 손상 등 외이와 중이의 문제로 달팽이관에 소리진동이 전달되지 않는 전도성 난청은 흔하게 관찰된다.

선천성 난청의 원인은 청각 기관, 코르티 기관, 나선 신경절 및 달팽이관 핵의 부분적 또는 전체적 무형성 등으로 발생하며, 신경성 난청은 약물 치료, 노화 변화와 관련된 유전성 또는 선천성일 수 있다. 불테리어, 도베르만, 로트와일러, 포인터, 파란 눈 흰 고양이, 달마시안, 오스트레일리안 힐러, 잉글리쉬 세터, 캐터훌라, 오스트레일리아 셰퍼드에서 유전되는 것으로 보인다. 난청의 일반적인 원인은 이독성을 유발하는 약물(aminoglycoside, 국소 폴리믹신 B, 클로람페니콜, 클로르헥시딘, 세트리미드), 노령화에 따른 청각장애(신경절 또는 달팽이유모세포의 위축) 등이다.

임상증상으로는 청각 자극에 대한 반응 부족, 과도한 수면이 나타날 수 있다. 진단방법은 행동평가(음원 장소의 다양화), 외이도와 고막의 신체적 검사, 전기진단검사, 고실측정, 음향반사테스트, 청각유발반응 검사이다. 청력상실은 영구적인 것으로, 동물을 음성 명령보다 수신호에 반응하도록 가르친다.

3) 파충류 귀 특이질환

(1) 뱀의 귀

뱀의 귀는 청각 및 전정 기능을 모두 가지고 있다. 많은 파충류에서 귀는 머리 측면의 얕은 움푹 들어간 곳에 위치하며, 탈피하는 동안 흘러내리는 얇은 조직 조각으로 덮여 있다. 뱀은 외이가 없고 고막이나 중이강이 없다. 뱀은 청력이 거의 없는 것으로 보이지만 150~600Hz의 저주파 소리를 들을 수 있다.

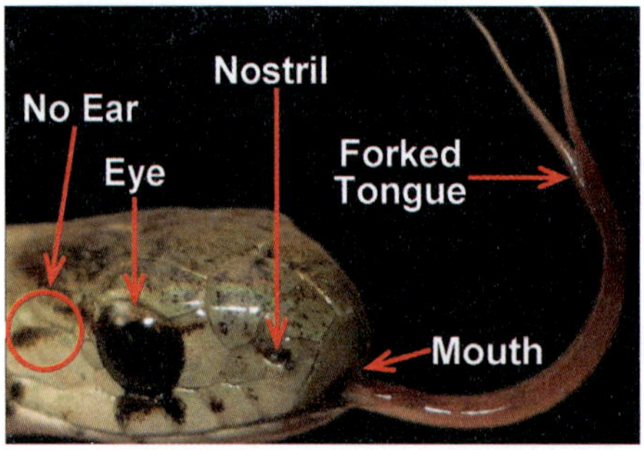

[그림 10-48] 뱀의 귀 - 외이가 없음

출처: (좌) Frequently Asked Questions(FAQs) About Snakes - Owlcation
(우) 10 Things You Didn't Know About Snakes(weebly.com)

(2) 거북이 중이 감염

거북이는 뱀과 같이 외이가 없어 소리를 듣기는 하지만 청력이 좋지 않다.

중이 농양이나 귀 농양은 상자거북이(box turtle)에서 흔한 문제로, 일반적으로 열악한 사양 관리로 발생한다. 임상증상은 고막의 편측성 또는 양측성 팽창, 입을 벌릴 때 불편함이다. 진단방법은 신체검사 및 병력청취, 고막에 손으로 압력을 가하면 고막강 내 농양성 물질이 나오며, 농양에서 나온 물질의 배양 및 감수성 검사이다.

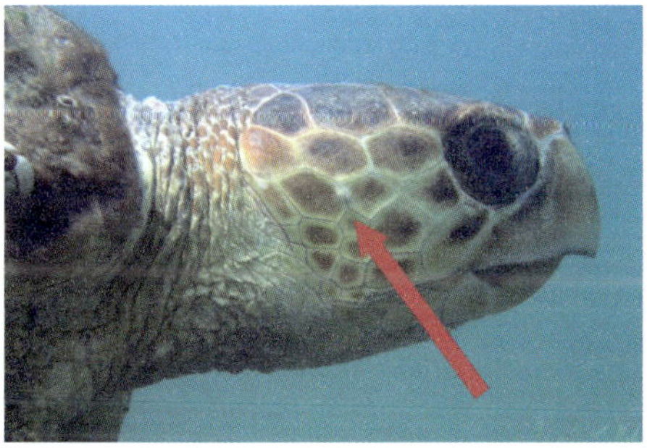

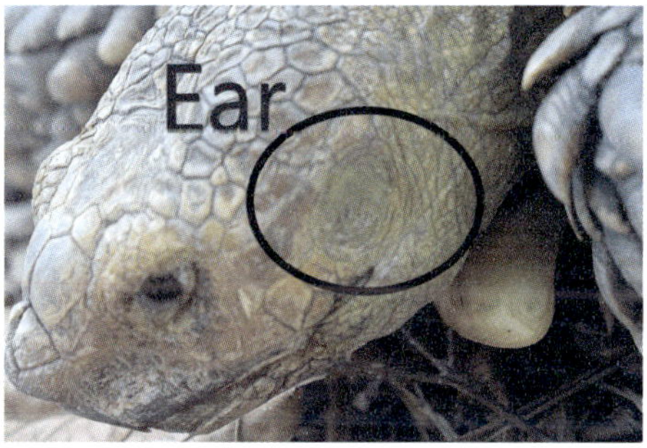

[그림 10-49] 거북이 귀

출처: (좌) Sea Turtles in a Sea of Sound | NOAA Fisheries
(우) Turtle and Tortoise BIOLOGY of Major Body SYSTEMS – Crazy Plants Crazy Critters(crazycrittersinc.com)

[그림 10-50] 귀 농양 ear abscess

출처: Ear Abscesses in Turtles and Tortoises - Veterinary Partner - VIN

4. 코

1) 코의 구조와 기능

코는 호흡에 관여하는 기관으로, 숨을 쉬면 콧구멍을 통하여 비강으로 공기가 들어와 연골성사이막(cartilaginous septum)에 의해 오른쪽과 왼쪽 코방으로 들어가서 코선반(nasal concha)을 거치게 되며, 코선반에서는 공기를 정화하고, 가습하고 따뜻하게 만들어 인두로 공기를 보낸다. 코선반(nasal concha)에는 후각신경이 분포되어 있어 냄새를 맡을 수 있다. 후각은 경험과 연관되어 인식되는 감각으로 시각 정보보다 오래가는 감각이다. 코곁동은 뇌, 안구, 안면부 안쪽 구조물을 외부의 충격으로부터 보호하며, 얼굴의 무게를 늘리지 않으면서도 방어기능을 수행하기 위해 존재한다.

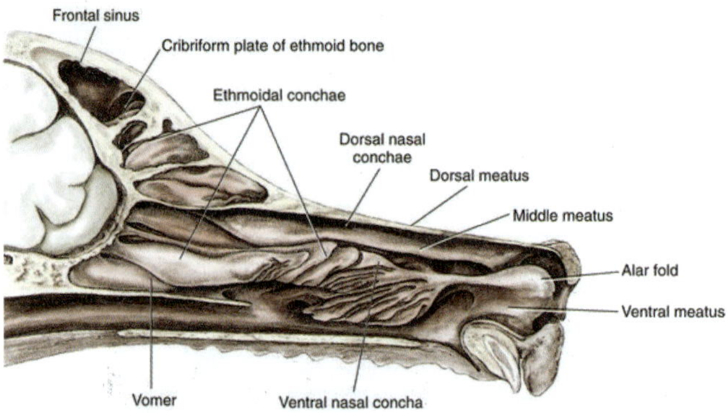

[그림 10-51] 코의 구조(코선반, 곁동)

출처 : Nasal Planum, Nasal Cavity, and Sinuses | Veterian Key

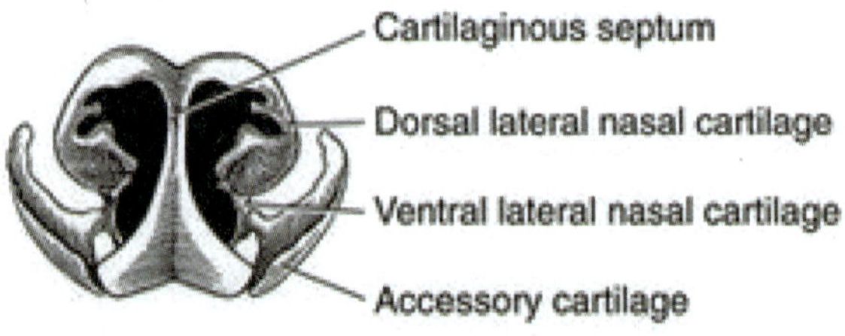

[그림 10-52] 연골성사이막

출처 : Nasal Planum, Nasal Cavity, and Sinuses | Veterian Key

2) 코의 질환

(1) 단두종 증후군(Brachycephalic Syndrome)

주둥이가 짧은 소형견(퍼그, 시츄, 페키니즈 등)에서 코가 짧아 입천장과 연구개가 늘어져서 숨쉬기 힘들어 호흡곤란이 발생하는 질환으로, 잠잘 때 코를 골거나 무호흡 증상이 나타날 수 있다. 이런 이유로 단두종은 비행기 탑승이 불가한 경우가 많다.

임상증상으로는 호흡할 때마다 연구개가 떨려 소리가 나고, 코골이, 비염과 기관지염이 나타난다.

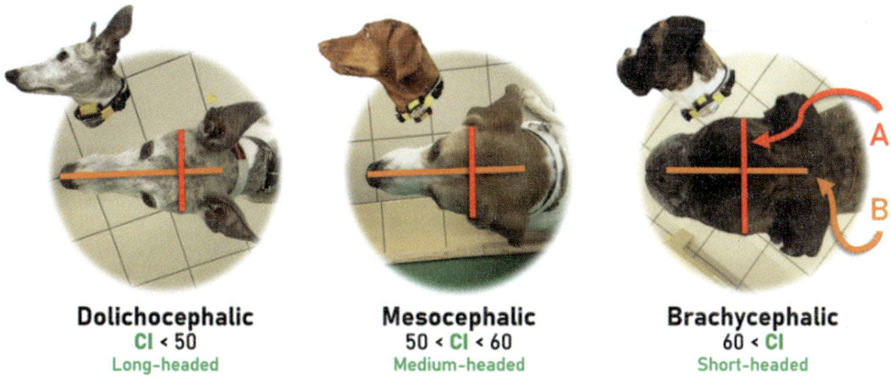

단두종, 중두종, 장두종을 구분하기 위한 지수로서 CI지수를 사용.
머리지수(Cephalic index, CI)는 양측 측두골까지의 길이(A, 좌~우측 가장 긴 길이)를 머리에서 가장 긴 길이(B, 코~후두골의 길이)로 나누고 100을 곱한 값이다. (value = A/B×100)

[그림 10-53] 단두종, 중두종, 장두종 구분법 - CI지수

출처 : Shorter headed dogs, visually cooperative breeds, younger and playful dogs form eye contact faster with an unfamiliar human. Scientific Reports 11(1). April 2021

(2) 비염

비강에 외부물질이 들어오면 재채기, 기침, 콧물 등으로 감염을 막아주게 된다. 비염(rhinitis)은 바이러스, 세균, 진균, 이물, 외상, 종양, 알레르기, 기생충 등 다양한 원인에 의해 발생하며, 콧물(양측성 또는 편측성, 장액성, 점액성, 농성, 혈양), 재채기, 눈곱, 구강호흡이 나타나고, 심하면 발열, 비출혈(비강점막면으로부터 출혈이 발생하여 코로 피가 나는 것), 얼굴변형 등의 증상을 보인다. 진단방법은 문진, 신체검사, 콧물검사, 비강세정액검사, 방사선 검사, 시험적 절개(비강 내 종양, 만성증식성 비염, 진균증, 기충성성), 혈청검사, 병리조직검사이다.

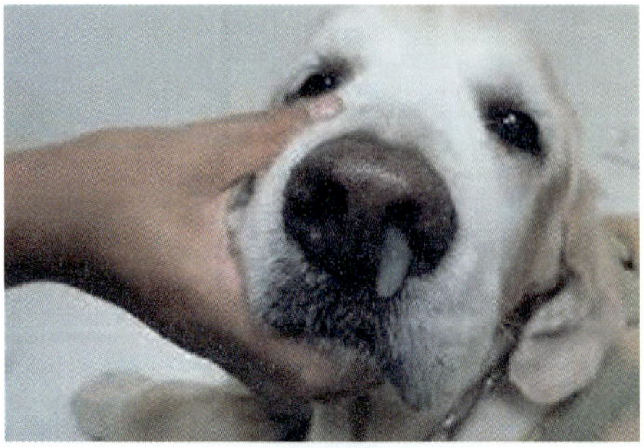

[그림 10-54] 비염

출처 : Rhinitis in Dogs and Cats - Urban Animal Veterinary Hospital

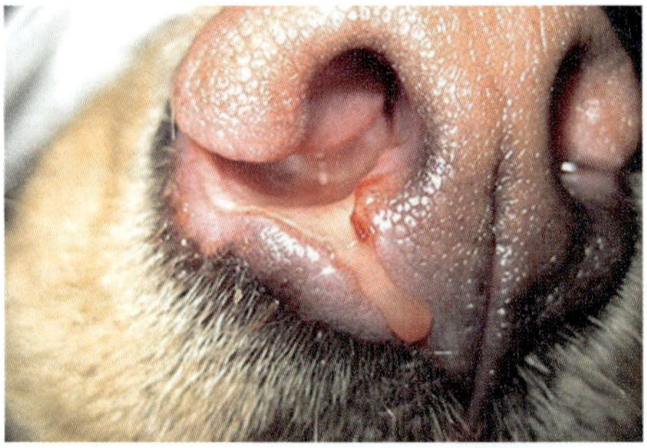

[그림 10-55] 균에 의한 비염

출처 : Canine Aspergillosis/Fungal Rhinitis in Dogs | NDSR

(3) 부비강염

부비강염(sinusitis)은 부비강, 상악동, 전두동, 접형골동의 염증을 말하며, 흔한 발생은 상악동염이고 다음으로 전두동염이다. 발생원인과 증상은 비염과 유사하며, 비염의 악화로 부비동에 침범이 발생하는 이차적인 질병이다.

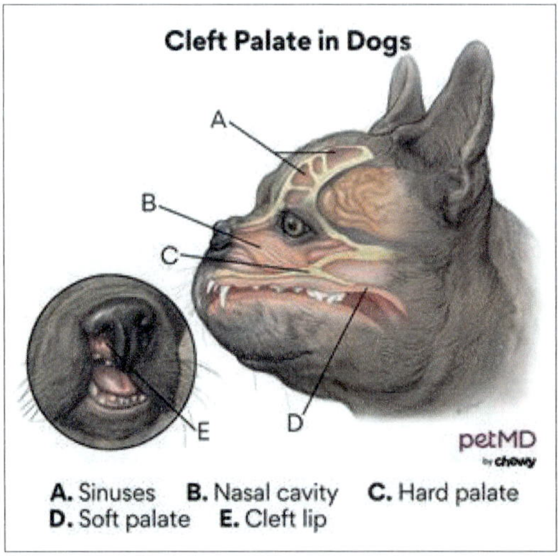

[그림 10-56] 부비강 위치

출처 : Cleft Palate in Dogs | PetMD

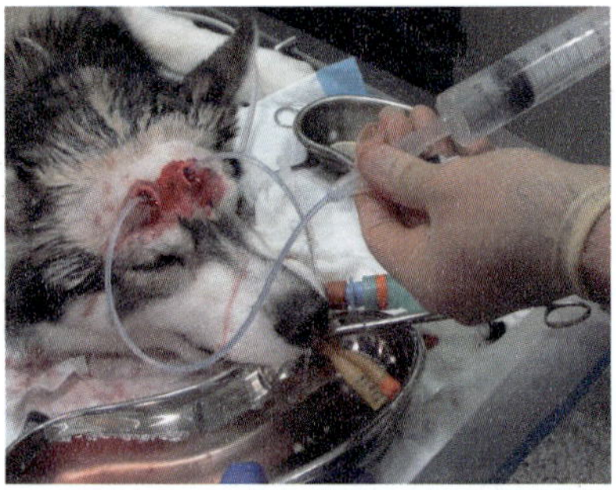

[그림 10-57] 부비강염 치료

출처 : Sinonasal Mycosis in dogs | News | Eastcott Referral(eastcottreferrals.co.uk)

3) 토끼 및 설치류

(1) 저빌

① 비강피부병(Nasal Dermatitis, Red Nose Disease, Sorenose)

비강피부병은 하드리안샘에서 포르피린이 과생산되어 발생하며, 생명에는 지장이 없으나 코 주위에 자극, 염증, 궤양을 일으킨다.

발생원인은 외상, 스트레스, 하드리안샘의 과분비와 축적, 표재성 세균 감염이다. 또한 과밀사육, 젖뗌과 환경변화는 하리드안샘에서 포르피린 함유 액체의 분비를 증가시킨다. 콧구멍과 눈 주위에 이러한 분비물이 축적되면 자극, 자가 유발 외상, 이차성 세균 감염이 발생할 수 있다. 임상증상은 코 주위 피부를 중심으로 탈모, 피부발적, 작은 부위 피부염증, 잦은 딱지 및 궤양을 형성하며, 만성 시 눈 주위에 잘 발생하고 궤양성피부염이 머리, 사지, 가슴, 복부 등으로 번진다.

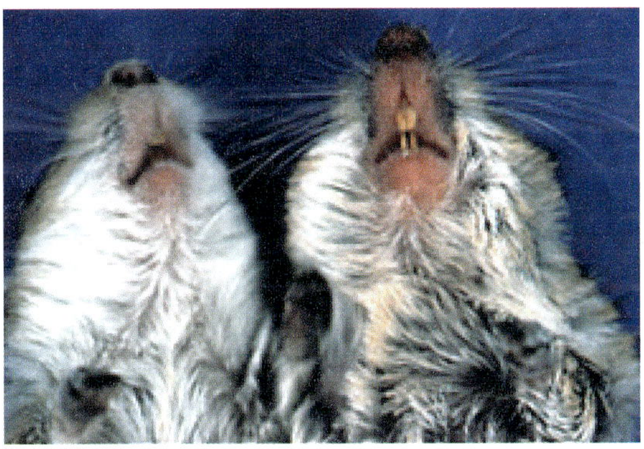

[그림 10-58] 비강피부병

출처: Nasal Dermatitis(Sorenose) // College of Veterinary Medicine(missouri.edu)

chapter 11

간 질환

1. 개요

간은 동물의 소화기계에 속하며, 생체 안에서 소화작용, 해독작용, 대사작용 등 중요한 기능을 담당한다. 또한 담즙을 형성하고 빌리루빈을 대사하며, 혈액과 철분 등을 저장한다. 대사과정에서 간은 섭취한 음식물을 여러 조직에 필요한 형태의 영양소로 변화시키고, 조직에서 이용하고 남은 노폐물을 다시 간으로 운반하여 처리하는 과정을 담당한다. 약물 투여 시 간에 있는 효소에 의해서 약물을 대사하는 역할도 담당한다. 간은 저장능력과 재생능력이 큰 장기이므로 간 질환의 임상증상이 잘 나타나지 않는다. 임상증상으로 간 질환이 진단될 경우 이미 간 질환이 상당히 진행된 상태이므로 회복이 불가능한 상태이다.

2. 간의 일반적인 해부학적 개요

간은 암갈색을 띠는 장기로 흉강에 위치하며, 가로막(횡격막)의 앞쪽과 위 옆에 나란히 위치한다. 간은 겸상인대에 오른쪽엽과 왼쪽엽으로 나뉘고, 겸상인대에 의해 가로막과 배의 등 쪽에 지지되고 있다. 혈액은 간동맥 또는 간문맥계통을 통해 간으로 들어가고, 간문맥계통은 영양분을 작은창자에서 간으로 직접 운반한다. 쓸개(담낭)는 간의 엽 사이에 끼어 있는 형태로 위치한다. 간의 해부학적 구조는 [그림 11-1]에 묘사되어 있다.

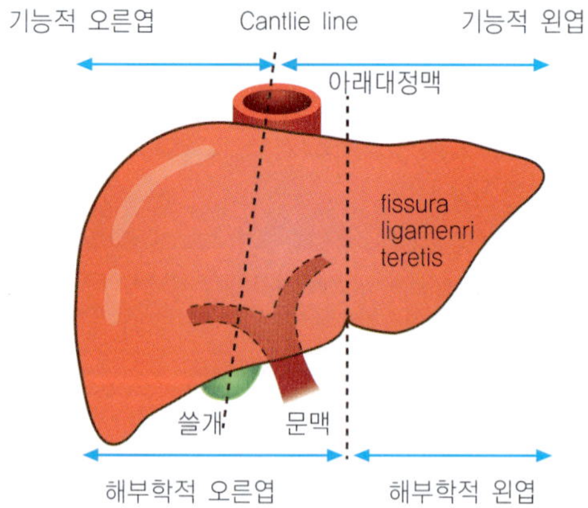

[그림 11-1] 간의 해부학적 구조

출처: https://blog.naver.com/PostView.nhn?blogId=kimyhkimyh&logNo=220517842577&categoryNo=33&parentCategoryNo=0&viewDate=&currentPage=1&postListTopCurrentPage=1&from=section)

간문맥은 간에 공급되는 혈액의 70~80%를 담당하고 간동맥이 나머지 부분의 혈액을 담당한다. 간문맥은 계속적으로 분지하여 더 작은 세정맥을 형성하고 마지막으로 굴모양혈관(sinusoid, 동양혈관)에 혈액을 공급한다. 간동맥 분지는 세동맥을 만들고 이어서 모세혈관을 형성하여 동양혈관에 혈액을 공급한다. 동양혈관은 구멍이 많아 주위 공간과 물질교환이 빠르게 이루어진다. 동양혈관은 혈액을 중심정맥에 보내고 이들은 서로 연결되어 간정맥을 형성하고 이어서 대정맥과 연결된다. 기능적인 간의 단위는 간소엽이다. 중심정맥을 중심으로 간소엽은 육각형 모양이며, 변연부에는 삼각형의 결합조직으로 이루어진 맥관부로 되어 있다. 이곳에 문맥, 간동맥, 림프샘 분지, 담소관, 신경 등이 위치하고 있다. 담소관을 중심으로 인접하는 3개의 간소엽을 연결해서 이 꼭짓점에 3개의 중심정맥에 삼각형의 기능단위가 있다.

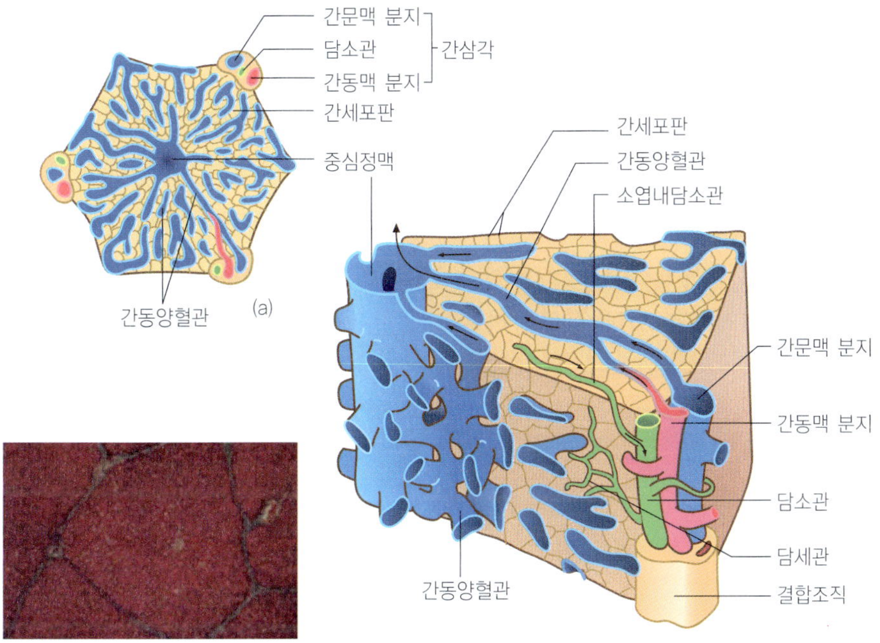

육각형의 간세포와 동양혈관에서 중심정맥으로 흐르는 구심성 혈류와
담세관으로 흐르는 원심성 담즙을 관찰할 수 있다.

[그림 11-2] 간소엽, 간세포, 동양혈관 및 담관의 배열

출처: https://m.blog.naver.com/dyddks0626/220748331847

간에는 면역세포인 대식세포에서 특화된 쿠퍼세포(Kupffer cell)가 동양혈관에 배열되어 있어, 순환혈류로부터 세균, 바이러스, 손상된 적혈구, 면역복합체와 같은 생체에서 원하지 않은 물질을 제거하는 중요한 역할을 한다. 또한 동양혈관 주위에 뚜렷하고 작은 지질방울을 세포질에 함유하고 있는 지방저장세포

가 있는데 이 세포들을 별모양세포(Stellate cell) 또는 이토세포(Ito cell)라고 한다. 이 작은 지질방울에는 비타민 A가 함유되어 있다. 간세포에서 만들어진 담즙은 담즙세관을 통하여 모아져 담관으로 배출된다.

간은 200가지 이상의 기능을 수행하는 것으로 알려져 있다. 주요 기능으로는 ① 에너지 대사기능, ② 생합성기능, ③ 혈액저장소 및 탐식장소, ④ 약물, 독성물질, 호르몬의 대사와 배설기능을 담당하는 해독작용, ⑤ 저장기능, ⑥ 호르몬의 내분비기능, ⑦ 담즙의 생성과 배설을 통한 내인성 또는 외래성 물질의 대사와 배설기능이 있다.

간에서는 담즙이 분비되어 지방의 소화와 흡수를 촉진하고, 헤모글로빈의 분해산물인 빌리루빈과 약물의 대사산물을 담즙색소로 배출하며, 십이지장에서 이루어지는 수소이온의 완충을 돕는 역할을 한다. 담즙으로 분비되는 담즙산염의 90% 이상은 회장에서 재흡수되어 문맥을 거쳐 간으로 되돌아와 다시 분비되므로, 실질적으로 간에서 합성하는 담즙산의 양은 많은 편은 아니다. 이와 같이 담즙산염이 간과 소장을 순환하는 것을 담즙산염의 장간순환이라 한다.

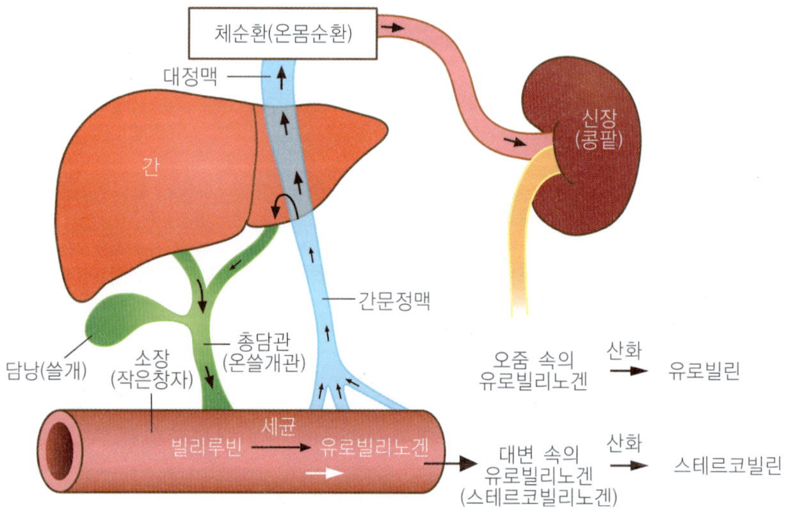

회장에서 담즙산염이 90% 정도 재흡수된다.

[그림 11-3] 장과 간 사이 담즙산염의 순환

3. 간 질환

간 질환의 초기 증상은 매우 모호하게 발현되며, 거식증, 구토, 설사 또는 변비, 체중감소, 다뇨, 다갈, 발열들이 모호한 상태로 관찰된다. 고양이의 경우 과식증을 보인다. 비타민 K 흡수 장애로 출혈 경향을 보이며, 질병의 진행상태에 따라 황달이 관찰된다.

1) 약물 및 독소로 인한 급성 간 질환

약물 및 독소로 인한 급성 간 질환(Drug- or Toxin-induced acute liver disease)은 간의 기능이 최소 70~80% 정도로 손상되었을 때 나타난다. 간은 위장과 장으로부터 간문맥혈을 100% 공급받으므로 섭취되거나 투여된 독소에 가장 취약하게 노출된다. 급성 간 질환은 동물의 종과 성별, 독소의 투여된 용량, 투여 경로, 노출된 기간에 따라 간의 손상 정도에 영향을 미친다. 개와 고양이의 경우 약물이나 독소에 의한 급성 간 질환은 아세트아미노펜, 페토바비탈, 티아케라르사미드 나트륨, 항진균제, 아나볼릭 스테로이드의 약물 투여 시 가장 흔하게 관찰된다. 급성 간 질환이 발생하는 경우는 약물의 과다복용으로 인한 것이 가장 흔하다.

임상증상으로는 거식증, 구토, 설사 또는 변비, 다뇨 또는 다갈, 황달, 흑변 또는 혈뇨, 중추신경계에 관여하는 증상이 나타난다.

최근 약물 투여의 이력과 통증이 있을 시 간 촉진, 혈청화학검사, 초음파 검사로 진단할 수 있다. 치료로는 해독제를 투여하거나 보조요법인 비타민, 포도당, 항생제를 투여할 수 있다.

2) 약물 및 독소로 인한 만성 간 질환

약물 및 독소로 인한 만성 간 질환(Drug- or Toxin-induced chronic liver disease)은 약물이나 독소가 오랜 기간 동안 간에 노출되는 경우에 발생한다. 항경련제인 페노바비탈, 글루코코르디코이드, 디에틸카바마진, 항진균제, 카르프로펜, 페닐부타존 같은 비스테로이스성 소염제 약물을 장기간 복용할 경우 만성 간 질환이 발생한다.

임상증상으로는 체중감소, 거식증, 쇠약, 복수, 황달, 다뇨 또는 다갈의 증상이 관찰된다.

간독성약물은 장기 사용이력, 혈청화학검사 등으로 진단할 수 있다. 치료법으로는 사용하고 있는 약물을 중단하고 보조요법으로 저단백질 식이, 적절한 수분 유지를 처치한다.

3) 렙토스피라증

[그림 11-4] 렙토스피라증으로 인해 나타난 황달

출처:https://m.blog.naver.com/vetline/221548152429

렙토스피라증(Leptospirosis)은 렙토스피라 균에 전염되어서 생기는 급성질환으로, 매년 세계적으로 수백만 명이 환자가 발생하는 인수공통전염병으로 알려져 있다. 렙토스피라 균은 야생 들쥐, 소, 개 등의 가축이 전염되었을 때 소변을 통해 배출되고, 이에 노출되었을 때 감염된다. 나타나는 임상증상은 개체별로 차이를 보이며, 개체의 전신 건강 상태, 나이, 렙토스피라 균의 종류, 체내에 감염을 일으키는 균주에 따라 다르게 나타나며, 나타나는 임상증상으로는 황달이 관찰된다.

렙토스피라증의 임상증상 중 간과 관련 없는 증상으로, 급성 신부전이 발생하며, 이외 탈수, 구토, 열, 갈증 증가, 아급성 쇼크 및 사망이 관찰된다.

혈청학검사로 항체가를 검사하여 진단할 수 있으며, 백신접종으로 예방할 수 있다. 보조적인 치료법으로 수액투여나 항생제를 투여한다.

4) 간담도염증

간담도염증(Cholangiohepatitis)은 간담즙성 질환으로 고양이에서 흔히게 관찰되며, 개에서는 상대적으로 덜 흔하게 관찰된다. 담관의 염증은 간세포가 관여되어 간경화로 발전된다. 위장관의 상행 담즙성 감염과 면역 매개성이 원인으로 제시되고 있고, 정확한 주요 원인은 잘 알려져 있지 않다.

임상증상으로는 거식증, 침울, 체중감량, 구토, 탈수, 열, 황달, 진행상태에 따른 복수, 간비대가 나타난다.

진단으로는 총 혈구 수 측정을 통해 진단할 수 있으며, 호중구증가증이 관찰되며 가끔 재생불량성 빈혈이 관찰되기도 한다. 영상진단 검사 시 간비대와 담석류 또한 관찰된다.

치료법으로는 감수성 있는 항생제를 투여하고, 보조 요법 수액요법이나 비타민요법을 처치한다.

5) 종양

원발성 또는 전이성으로 발생하는 종양(Neoplasia)은 간 질환의 중요한 원인으로 고려되는 원인 중 하나이다. 소화기에서 유래하는 암이 간에 전이되어 발견되는 전이성 종양이 간에서 발생하는 원발성 간종양보다 더 흔하게 발견된다. 췌장암에서 간으로 전이되는 전이성 간암이 이에 해당하는 대표적인 예이다. 원발성 종양은 상피세포 유래성 종양으로, 간세포나 담도 상피 유래 암이다. 체액을 분비하는 간세포선종과 선암종은 개에서 흔하게 관찰되고, 담관에서 발생하는 신생종은 고양이에서 흔하게 관찰된다. 암 발생은 주로 10세 이상의 노령동물에서 흔하게 관찰되며, 나타나는 임상증상으로는 일반적으로 비특이적이고 모호하며, 종양이 진행되기 전까지 알 수 없는 경우가 많다.

임상증상으로는 거식증, 무기력증, 체중감량, 다뇨 또는 다갈, 구토, 복부팽만, 활달, 설사, 출혈, 창백한 점막, 간비대가 관찰된다. 단일 암은 외과적으로 제거할 수 있지만, 결절성이나 확산성 암은 화학요법에 좋은 반응을 보이지 않아 예후가 불량하다.

진단으로는 혈청화학검사, 영상진단, 생검을 통해 진단할 수 있으며, 치료법으로는 외과적으로 제거하거나 화학요법으로 치료하고, 보조적인 요법으로 전해진 수액요법과 영양용법을 처치한다.

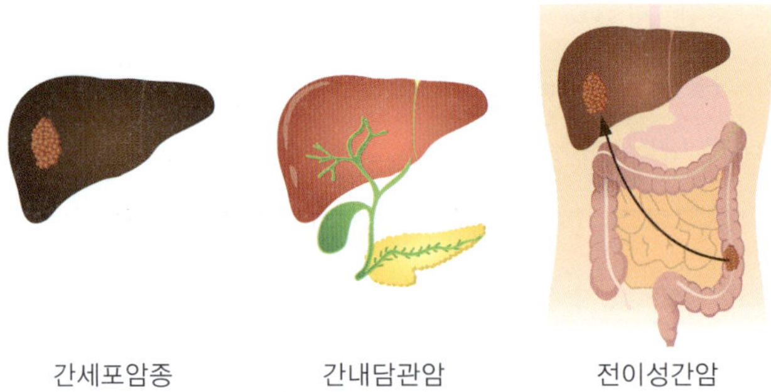

[그림 11-5] 간암의 종류

출처 : http://cancer.snuh.org/info/classification/list1.do

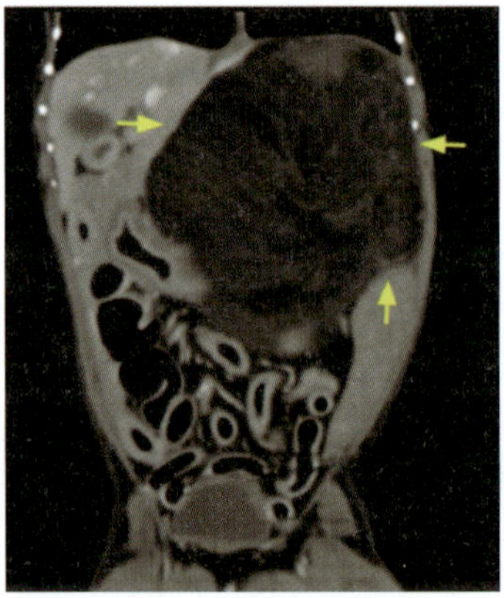

[그림 11-6] 간 종괴

출처 : https://24onamc.com/bbs/board.php?bo_table=case&wr_id=49

6) 간문맥전신단락증

태아 시기에는 간 기능이 미숙해 혈액이 간을 거치지 않고 심장으로 직접 전달하는 혈관이 있는데, 이 혈관이 출생 후 닫히지 않아 생기는 선천성 질환과 특정 원인에 의해 간문맥압이 상승하여 간과 후대정맥 사이에 혈관이 신생된 후천성 질환으로 나누어진다. 인기 견종 중 하나인 몰티즈, 요크셔테리어 등에서 다발한다. 간문맥전신단락증(Portosystemic shunts, PSS)은 간으로 들어가야 할 간문맥의 혈액이 비정상적으로 형성된 혈관을 통해 간으로 들어가지 않고 후대정맥으로 흐르는 질환이다. 따라서 이 질환 시에서 간에서 해독되어야 할 암모니아나 여러 가지 독소가 해독되지 않은 채 전신을 순환하게 되고, 체내의 암모니아 농도가 지나치게 증가하면 간성뇌증의 신경질환으로 발전될 수 있다. 또한 혈류 공급을 충분히 공급받지 못하면 간은 점점 작아져 제 기능을 못하고 간부전으로 발전될 수 있다.

관찰되는 임상증상으로는 느린 성장, 체중감소, 식욕부진, 시력감소 등의 증상을 일으킨다.

진단으로는 혈청화학검사로 간기능 수치나 혈중 암모니아 수치로 진단한다. 또한 영상검사로 간 문맥 혈류 속도와 문맥 혈관의 직경으로 확진하며, 치료법으로는 비정상적인 혈관의 외과적인 교정수술법이 있다.

7) 간부전성 혈액응고장애

간부전성 혈액응고장애(Hepatic coagulopathy)란 간경화, 간염, 급성 간부전 또는 급성 임신성 지방간 같은 중증 간 질환에서 발생하는 혈액응고장애 질병을 의미한다. 중증 간 질환 시 단백질합성의 장애로 혈액응고인자가 저하되어 프로트롬빈이나 활성화 부분 트롬보플라스틴 시간이 연장되고, 혈소판도 감소되어 혈액응고장애로 인한 출혈이 관찰된다.

관찰되는 임상증상은 황달, 복수, 간성 뇌병증이 있으며, 이외에 허약, 피로, 쇠약, 메스꺼움, 식욕부진이 관찰된다. 임상 치료법으로는 항응고요법을 사용할 수 있으나 출혈에 의한 위험과 이익을 잘 고려하여 결정하여야 한다. 항응고요법으로는 와파린과 헤파린을 사용할 수 있다.

8) 간성뇌증

간성뇌증(Hepatic Encephalopathy)은 간기능 소실로 인해 간에서 독성물질을 제거하지 못해 독성물질이 혈액이나 뇌에 축적되어 정신적인 혼동, 방향감 상실 등의 신경학적 증상을 일으키는 질병이다. 신경독성물질이 혈액을 통해 뇌와 신경계에 축적되어 영향을 미치며 비정상적인 신경계 관련 증상을 유발한다. 임상증상으로는 신경계 이상 증상으로 인한 감정적인 무드 변화, 운동기능 문제, 수면패턴 변화, 기억력 저하 등의 임상증상이 관찰되며, 임상증상은 서서히 또는 갑자기 발현된다.

질병의 진단은 혈액검사에서 간기능검사로 진단할 수 있으며, 간기능 소실을 유발하는 원발성 원인을 제거하고 순환하는 독성물질을 최대한 빨리 제거해야 한다. 치료법으로 항생제와 보조요법인 아미노산을 투여하고, 혈액투석법을 실시하면 임상증상을 완화시킬 수 있다.

4. 개의 간 질환

1) 개 전염성 간염

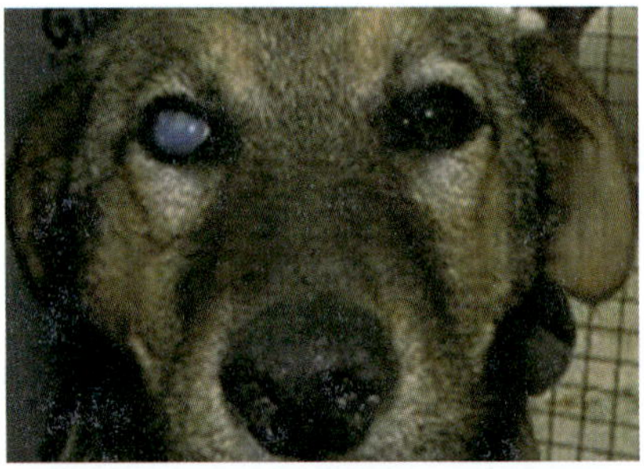

[그림 11-7] 개에서 나타나는 blue eyes

출처 : https://minvett.tistory.com/entry/3-Infectious-Canine-HepatitisICH-%EA%B0%9C-%EC%A0%84%EC%97%BC%EC%84%B1-%EA%B0%84%EC%97%BC)

개 전염성 감염(Infectious canine hepatitis, ICH)은 개 아데노바이러스 type I형인 바이러스에 의해 발생하며, 개에서 간의 괴사를 유발하는 주요 원인으로 잘 알려져 있다. 예방접종으로 인해 현재는 발생률이 낮다. 하지만, 예방접종을 하지 않은 개체에서는 여전히 바이러스에 대한 감수성이 있어 질병이 발생할 확률이 높다.

감염은 주로 구비강 경로를 통해 이루어지며, 바이러스는 주로 편도와 국소 림프절에서 이루어지고 체내로 방출된 바이러스가 간에 국소화되는 것으로 나타난다.

간에서 나타나는 주요 임상증상으로는 점막의 점상출혈, 무기력증, 열, 침울, 창백한 점막, 복통, 혈액성 설사, 거대한 간 등이 있다. 눈 전안방의 포도막과 각막의 내피세포에 감염 시 부종과 블루아이(blue eyes)가 관찰된다.

2) 개 간 섬유화

간경화는 간 조직이 딱딱하게 굳는 것으로, 손상된 간조직이 흉터조직으로 대체되면서 간섬유화(Liver cirrhosis)가 간 전체로 진행되어 섬유성 반흔으로 둘러싸인 결절화가 되는 질병이다. 외형적으로 붉고 탄탄하며 탄력성이 있는 정상적인 간이 어둡고 딱딱하며 겉면이 울룩불룩한 결절성으로 변하는 것이 관찰된다.

임상증상으로는 복수, 정맥류, 후천적인 간문맥전신단락으로 인한 고암모니아 혈증이며, 간경화로 인해 간의 정상적인 기능을 수행할 세포들의 파괴로 인해 고암모니아혈증, 저단백혈증, 응고장애, 저혈당, 황달이 나타난다. 다양한 간 질환에 의해 나타난 마지막 질병으로, 특별한 치료법은 없으며 새로운 간 이식을 하지 않는 이상 예후는 매우 불량하다.

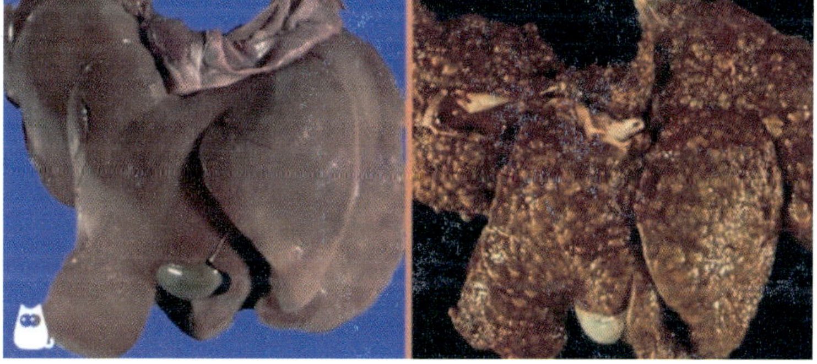

[그림 11-8] 개 간경화: 정상적인 간(왼쪽), 간경화(오른쪽)

출처 : Cirrhosis of the Liver in Dogs - Causes, Symptoms and Treatment(animalwised.com)

5. 고양이 간 질환

1) 고양이 간 지질증

고양이 간 지질증(Feline hepatic lipidosis, idiopathic)은 특발성으로 관찰되는 가장 흔한 간병증 중 하나이다. 간 지질증은 나이 성별, 품종에 상관없이 성체와 비만 고양이에게 영향을 미친다. 정확한 원인은 알려져 있지 않지만, 스트레스가 이 질병을 촉발하는 것으로 추측하고 있다. 식이, 이동, 질병, 거식증으로 인한 환경의 변화는 이 질병의 병증을 악화시킬 수 있다. 거식증이 2주 이상 지속될 경우 간 내에서 말초부위의 지질 분해와 지질 제거 사이에 불균형이 발생해 간세포 내에 지방이 과도하게 축적된다. 제안된 이 질병의 다른 메커니즘으로는 호르몬, 특히 렙틴이나 인슐린의 이상, 간에서 저밀도 지질단백질의 생성과 방출 장애, 간에서 지방산의 산화 감소 등으로 인해 유발된다고 알려져 있다. 이 두 가지 원인으로 인해 발생하는 결과로는 간 기능 부전이다.

임상증상으로는 거식증, 비만, 체중감소, 침울, 산발적인 구토, 황달, 미약한 간비대, 점막에 출혈성이 관찰된다.

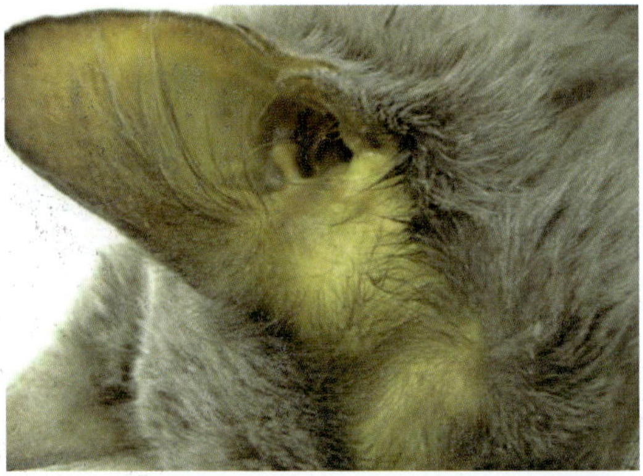

[그림 11-9] 고양이 간지질증에 의해 나타난 황달 증상

출처 : pictures-of-catsorgblog-pictures-of-cats.org

6. 설치류의 간 질환

1) 토끼 간성 지질증

토끼 간성 지질증(Hepatic lipidosis)은 간 지질증과 간부전을 유발할 수 있다. 식욕부진 기간 동안 포도당 수치가 감소하고 맹장 미생물총이 지방산 생성을 감소시키고, 이는 지방 분해와 지방 조직에서 지방의 동원을 자극한다. 이것들은 대사를 위해 간을 통과해야 하는데, 과도한 지방산을 처리할 수 없는 간은 간세포에 지방을 축적하기 시작하여 대사 경로를 차단하거나 손상시킨다. 따라서 간 지질증은 간부전이나 사망으로까지 발전될 수 있다. 비만이나 고지방식이를 하는 토끼의 경우 이 질병의 발병 위험이 높다.

임상증상으로는 식욕부진, 침울, 탈수, 질병의 진행상태에 따른 방향감각 상실 및 운동 실조 상태를 보인다.

7. 조류의 간 질환

1) 간염

조류 간염(Hepatitis)은 전신성 질병으로 간담도계 질병과 연관이 있다. 간은 기능적 보유량이 많아 간 조직이 80% 이상 손상될 경우 임상증상이 나타나므로, 간 질환의 진단은 어려운 질환으로 고려된다. 간 질환이 있는 조류는 다른 포유류의 경우처럼 황달이 나타나지 않는다. 조류의 간 질환 원인으로는 바이러스 감염, 간 지방증, 독소 등이 있으며, 암은 나이가 많은 앵무새에서 주로 관찰된다.

임상증상은 식욕부진, 비활동성, 체중감소, 쇠약, 설사, 다음, 다뇨, 불량한 깃털, 복수, 응고병증, 녹색 요산염 및 혈변이 관찰된다.

8. 파충류의 간 질환

1) 거북이의 간 지질증

거북이 간 지질증(Hepatic lipidosis)은 많은 파충류에서 관찰되는 흔한 질병이다. 지방은 저장을 위해 내장에서 지방체로 운반되고 필요할 경우 간으로 이동한다. 고지방 식단, 활동성 감소, 산란, 동면 전 준비 및 부적절한 환경 등 많은 요인에 의해 간 내에 지방이 축적될 수 있으며, 간에 지방이 쌓이며 임상증상이 발현된다.

관찰되는 임상증상은 식욕감소, 체중감소, 동면 이상, 분변의 성상과 색깔 변화, 활동성 감소, 수정률 감소, 녹색 소변 또는 요산염 등이 관찰된다.

chapter 12

혈액 및 조혈 질환

Diseases of Animals

1. 개요

혈액은 생체 내에서 유일한 액체 결합조직이고, 다양한 기능을 하는 조직이다. 예를 들면, 체온 조절, pH 조절, 영양분 전달, 노폐물 배출, 호르몬 수송, 면역 반응 등의 기능을 한다. 체중의 약 7~8%를 차지하고 있는 혈액은 혈관을 통해 온몸을 통하고 있으며, 각 장기의 세포에 산소와 영양소를 공급하고 노폐물을 회수하는 기능을 한다. 혈액은 적혈구(RBC), 백혈구(WBC), 혈소판 같은 세포성분과 혈장(plasma)과 같은 액체성분으로 구성되어 있다. 일반적인 반려동물의 경우, 전체 혈액 중 혈장은 55% 이상, 세포성분은 45% 정도를 차지하고 있다. 혈장은 황색의 투명 또는 약간 혼탁한 빛을 가지고 있다. 전혈에서 분리한 혈장(plasma)과 응고된 혈액에서 분리한 혈청(serum)의 차이는 섬유소(fibrinogen)의 유무이다.

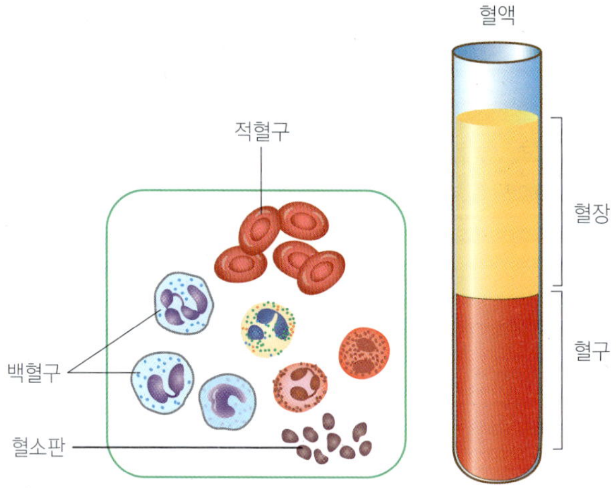

[그림 12-1] 혈액의 구성 성분

출처: https://blog.kakaocdn.net/dn/ex0CKh/btrNqaVnPpg/iAQLOnQRkPCnQIPjUhzZj0/img.png

2. 혈액 및 조혈조직의 개요

혈장은 90% 이상이 물로 구성되어 있으며 생체에 필요한 전해질, 영양분, 비타민, 호르몬, 효소, 항체 및 혈액응고 인자 등 중요한 단백질 성분을 포함하고 있다. 혈장단백질로는 알부민, 글로불린, 피브리노젠 등이 있다. 혈장의 기능은 운반작용, 방어작용, 조절작용을 한다.

혈구는 적혈구, 백혈구, 혈소판이 있다. 적혈구는 산소를 운반하는 작용을 하며, 백혈구는 면역작용, 혈소판은 혈액응고에 관여한다. 적혈구는 긴뼈의 골단과 갈비뼈, 가슴뼈, 골반뼈와 같은 납작뼈의 적색골수(red bone marrow)에서 생산되며, 적혈구마다 헤모글로빈이라고 하는 산소를 전달하는 색소를 함유하고 있다. 망상적혈구는 골수에서 나온 후 성숙 적혈구가 되고 수명은 약 100일 정도이며 재생은 불가능하다. 오래된 적혈구는 비장이나 간에서 제거되고, 신선한 적혈구가 오래된 적혈구를 대체한다. 골수 내 줄기세포가 있어 소멸되거나 손상된 적혈구를 대체하기 위해 적혈구를 생성하고, 적혈구의 주 기능은 폐에서 세포로 산소를 운반하고 조직에서 생성된 이산화탄소를 제거하는 것이다.

백혈구는 면역세포로 과립성 백혈구와 무과립성 백혈구로 구분된다. 과립성 백혈구는 호중구, 호산구, 호염기구로 구성되어 있다. 무과립성 백혈구는 림프구와 단핵구로 구성되어 있으며, 림프구는 B 림프구, T 림프구, NK 세포로 구성되어 있다.

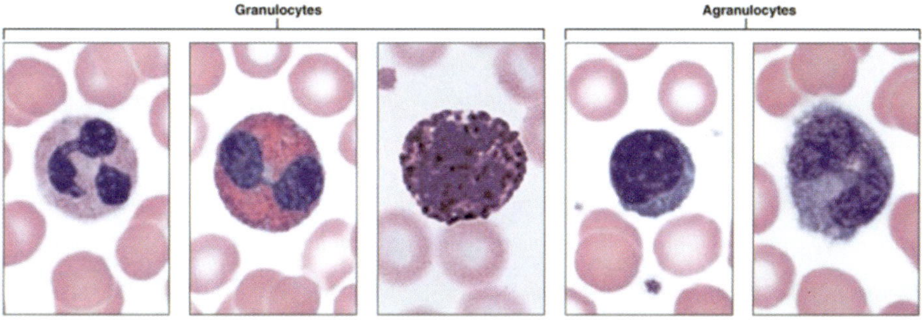

(a) **Neutrophil:** Multilobed nucleus, pale red and blue cytoplasmic granules
(b) **Eosinophil:** Bilobed nucleus, red cytoplasmic granules
(c) **Basophil:** Bilobed nucleus, purplish-black cytoplasmic granules
(d) **Lymphocyte (small):** Large spherical nucleus, thin rim of pale blue cytoplasm
(e) **Monocyte:** Kidney-shaped nucleus, abundant pale blue cytoplasm

[그림 12-2] 백혈구 종류

출처:https://blog.naver.com/ra7575/220843234050

〈표 12-1〉 백혈구의 특성

종류		특성	기능
과립성 백혈구		백혈구 중 가장 높은 비율로 존재하며, 세포질 안에 과립구를 함유하고 있다.	• 호중구: 미생물을 섭취하는 식세포 작용, 수용성 항미생물제 방출, 호중구 세포외덫(neutrophil extracellular trap, NET) 생산, 화학주성에 관여함 • 호산구: 기생충을 죽이는 역할을 하며, 제한적으로 보조 T세포, 수지싱세포, B세포, 비만세포, 호중구, 호염기구 등 다른 면역세포 기능을 조절함 • 호염기구: 히스타민 등을 방출하여 알레르기 반응을 개시하는 역할을 함
무과립성 백혈구	림프구	둥근 모양의 세포로 면역반응에 직접 작용한다.	• B림프구: 병원체 작용을 억제하는 항체 생산. 새로운 항원에 처음으로 감염되었을 때 1차 면역반응으로 항원에 노출된 적이 없는 B세포(naive B cell)가 증식하여 클론을 만들며, 대부분의 B세포는 형질 세포(plasma cell)로 분화

종류		특성	기능
무과립성 백혈구	림프구		하고 몇몇 세포는 기억 세포(memory cell)로 분화됨. 형질세포는 항원과 T세포의 자극에 의해 대량의 항체를 분비하도록 분화된 B세포의 일종이며, 1차 면역반응 시 생성된 기억세포는 항원에 더 좋은 반응성을 가지고 더 빠르게 증식하여 2차 면역 반응에서 더 많은 수의 항체를 생성시킴 • T림프구: 면역활동의 주체로, 병원체나 병원체에 감염된 세포를 직접 공격함. T세포는 아직 항원을 만나지 못한 미접촉 T세포(naive T cell)와 도움 T세포(helper T cell, 또는 Th cell), 세포독성 T세포(cytotoxic T), 기억 T세포(memory T cell)로 분류됨. 미접촉 T세포는 분화와 성숙을 거쳤지만 아직 말초에서 항원을 만나지 못한 T세포로, 항원전달세포에 제시된 아직 인지되지 않은 MHC: 항원복합체를 만나면 T세포 항원 수용체 신호 전달 과정을 통해 항원을 인식하여 효과 T세포(effector T cell)로 활성화되어 면역이 시작됨. 도움 T세포(helper T cell, 또는 Th cell)는 효과 T세포 중 다른 백혈구들의 분화 및 활성화를 조절함으로써 체액성 면역을 촉진하며, 세포 표면에 CD4 단백질을 가지고 있어 CD4 T세포라고 함. 보조 T세포는 세부 기능에 따라 다시 Th1, Th2, Th17, Treg 등으로 분류되며, Th1 세포는 인터페론 감마(interferon-gamma, IFN-γ)와 종양괴사인자 베타(tumor necrosis factor beta, TNF-β)를 분비하고, Th2 세포는 인터루킨(interleukin, IL)들을 분비하여 B세포가 형질 세포로 분화하도록 하고, Th17세포는 인터루킨-17(IL-17)을 분비하여 호중성백혈구를 모이게 함. 조절 T세포라고도 부르는 Treg세포는 면역 반응을 억제하여 면역의 항상성을 유지하고 자가면역반응 등을 차단함. 세포독성 T세포(cytotoxic T)는 그랜자임(granzyme)이나 퍼포린(perforin)과 같은 세포독성물질을 분비하여 바이러스에 감염된 세포나 종양 세포 등을 죽이는 세포이며, 세포 표면에 CD8 단백질을 가지고 있어 CD8 T세포라고 함. 보조 T세포와는 반대로 세포성 면역을 매개하여 바이러스 및 암세포를 제거하는 역할을 함. 기억 T세포는 항원을 인지한 T세포가 분화 및 선별 과정을 거친 후 장기간 생존하고 있다가 나중에 항원이 재차 침입하였을 때 활성화를 통해 효과 T세포의 기능을 할 수 있는 잠재적 능력을 가진 세포임

종류		특성	기능
무과립성 백혈구	림프구		• 자연살해세포: 선천 면역을 담당하는 중요한 세포이며, 세포독성 T세포의 역할과 유사함. 자연살해세포는 바이러스에 감염된 세포에 대한 빠른 반응을 제공하고, 종양 형성에 반응함. 감염된 세포 표면에 있는 주조직 적합성 복합체(MHC) 분자를 검출하고, 사이토카인 방출을 유발하여 감염된 세포의 용해나 세포자멸사를 유도함
	단핵구	백혈구 중 가장 크며, 둥글거나 말굽 모양의 핵이 있다.	• 대식세포: 선천 면역을 담당하는 세포로, 대부분 몸에 정착성으로 있으며 일부는 혈액 내에서 단핵구의 형태로 존재함. 혈액 내 단핵구는 수지상 세포나 대식세포로 분화되기도 함. 대식세포는 세포 조직이나 이물질, 미생물, 암세포 등 정상 단백질이 아닌 것을 흡수하고 소화시키는 식세포 작용을 하는 백혈구임

혈액세포는 출생 후에는 골수에서 생성되고, 비장, 흉선, 림프절 같은 림프조직에서 성숙 및 활성화가 이루어져 말초혈액을 순환하게 된다. 골수 내에는 혈구 조혈줄기세포인 줄기세포가 있고, 적혈구계 줄기세포에서 분화된 적혈구모세포는 세포분열과정을 거치고 성숙하면서 혈색소를 포함하여 망상적혈구(그물적혈구)가 되고, 말초 혈관에 들어가기 전에 핵을 잃으면서 순환혈액에 방출된다.

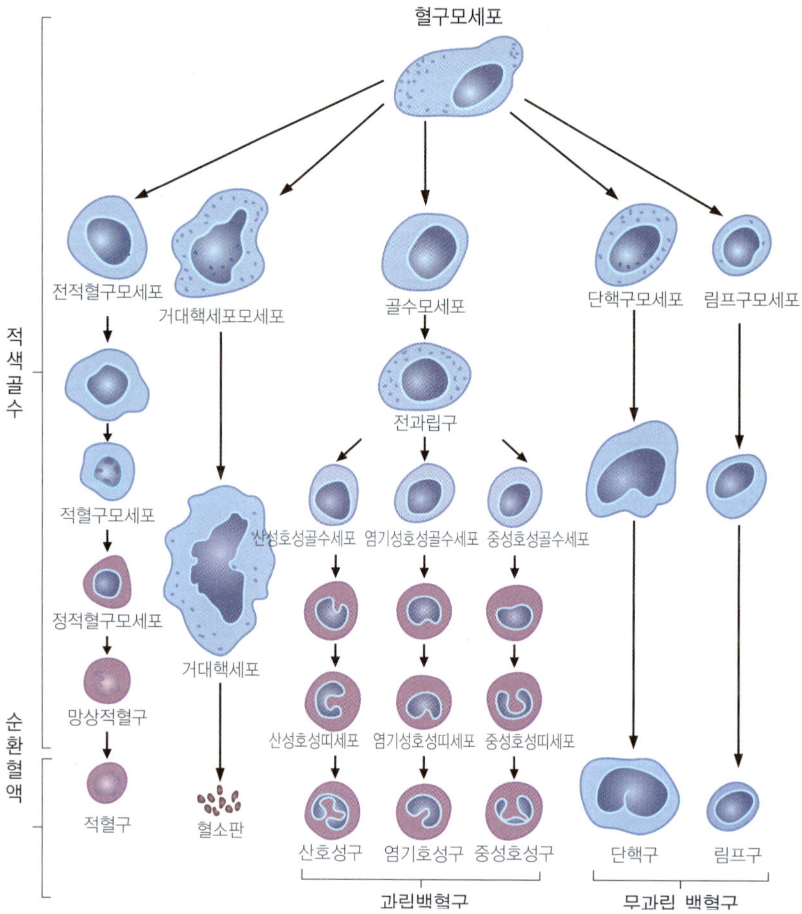

[그림 12-3] 혈액세포 형성과정

출처 : https://th.bing.com/th/id/R.323e020591ef58de101ab13870a44c56?rik=XSrvzbRVhnvDow&ri-u=http%3a%2f%2fcfs12.blog.daum.net%2fimage%2f33%2fblog%2f2009%2f01%2f22%2f09%2f13%2f4977b9d97a118&ehk=AOCzQzlcQ0jalTAMRI2CnDzNoF29udePc8TjFSgTUho%3d&risl=&pid=ImgRaw&r=0

3. 혈액 질환

1) 적혈구 기능이상

적혈구 기능이상(Erythrocyte disorders)은 개와 고양이에서 흔히 관찰되는 질병으로, 출혈 등으로 인해 혈구 생산 감소, 혈구 파괴 증가, 부적절한 혈구 소실이 발생한다. 적혈구 기능이상으로는 빈혈과 종양이 포함된다. 빈혈은 수의학에서 가장 흔하게 발견되는 질환이며, 주로 신체의 한 부위에서 발생하는 질환에 의한 속발성으로 나타난다. 빈혈의 주원인은 매우 다양하며, 출혈, 용혈, 혈액성 기생충, 철 결핍, 면역 매개설 질환, 신부전, 독소 등이 있다. 빈혈은 재생성 빈혈과 비재생성 빈혈로 구분되며, 재생성 빈혈은 주로 출혈과 용혈로 인해 발생하고, 비재생성 빈혈은 골수의 이상에 의해 발생하는 질환이다.

(1) 출혈로 인한 빈혈(Anemia caused by hemorrhage)

혈소판 기능이상과 비정상적인 혈액 응고반응으로 인한 출혈로, 가장 큰 원인은 외상으로 인한 급성출혈이다. 전신 출혈인 경우 대부분은 혈소판 감소증으로 인한 것이며, 혈소판 감소증일 경우 나타나는 임상증상으로는 귓바퀴, 점막, 복부같이 털이 없는 부위에 점상출혈(petechial hemorrhages)이 관찰된다.

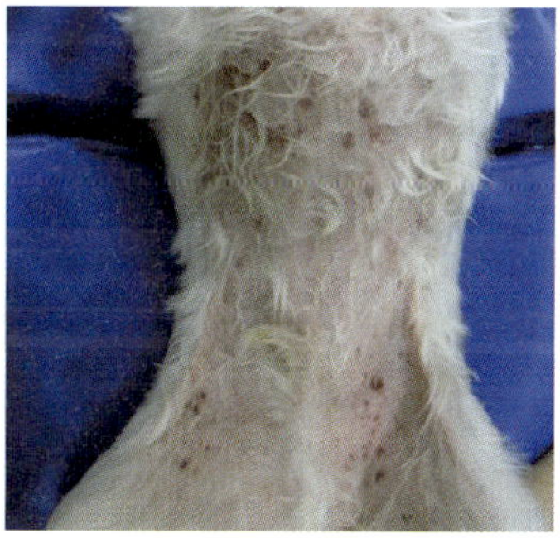

[그림 12-4] 점상출혈

출처: https://yodo-ah.com/wp-content/themes/yodogawa/images/naika_03.jpg

(2) 철 결핍으로 인한 빈혈(Iron-deficiency anemia)

중증 벼룩 감염, 위장관 기생충, 위궤양, 출혈성 종양 등은 장기간에 걸쳐 심각한 혈액 소실을 야기하고, 철과 헤모글로로의 소실은 적혈구 수명을 감소시킨다.

(3) 용혈(Hemolysis)

면역성분이나 항체가 적혈구 막에 직접적 또는 간접적으로 부착되면 대식세포가 면역성분이 부착된 적혈구와 상호작용을 하여 혈관 외 용혈을 일으킨다. 이런 질병은 주로 개에서 발생하며, 기존에 존재하는 염증과 관련될 가능성이 매우 높다. 이럴 경우 동물은 갑작스러운 운동불내성, 창백한 점막, 빈맥이 나타나며, 심할 경우 황달까지 발달될 수 있다. 고양이는 헤모바코넬라 감염증과 고양이 백혈병 바이러스로 인한 만성 감염증 시 면역용혈성 질환을 일으킨다.

(4) 혈액 감염 기생충(Blood-borne parasites)

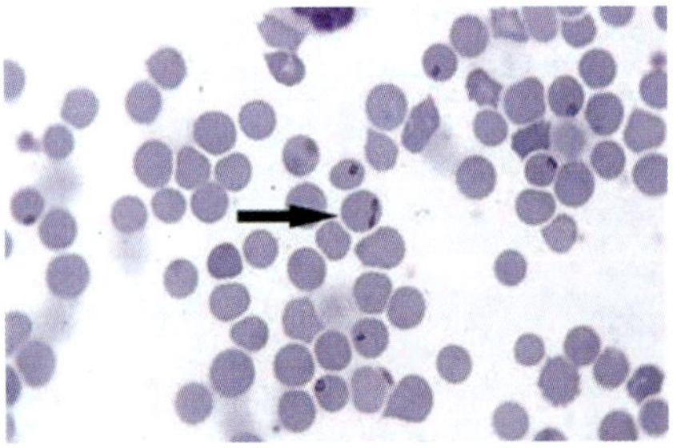

[그림 12-5] 개 적혈구 내 바베시아 캐니스

출처: https://th.bing.com/th/id/OIP.bvJI699c-9mcXjrYZdPmpSgHaE8?rs=1&pid=ImgDetMain

혈액 기생충은 혈액을 용혈시켜 빈혈을 유발하는 경우가 흔하게 발견된다. 마이코플라스마 헤모펠리스(*Mycoplasma hemofelis*)는 고양이에서 빈혈을 일으키는 가장 흔한 원인체이다. 기생충은 적혈구 막에 부착하여 세포를 파괴시킨다. 체중소실, 식욕결핍, 고열, 간비대, 비장종대 등 같은 비특이적인 임상증상을 보인다. 개의 경우 바베시아 캐니스(*Babesia canis*)와 바베시아 깁소니(*Babesia gibsoni*) 감염 시 용혈성 질병을 일으킨다. 이 기생충은 갈색진드기가 매개한다.

(5) 독소 유래 빈혈(하인즈 소체 빈혈, Toxin-induced anemia, Heinz body anemia)

반려동물에서 약물에 의한 독소는 빈혈을 유발할 수 있다. 적혈구가 혈장 내 산화물에 노출되면 가역적 및 비가역적 헤미크롬을 형성하고, 이 비가역적인 헤모글로빈의 변성이 지속될 경우 비가역적인 헤미크롬(hemichromes)의 집합체가 형성되고 이를 하이즈 소체(Heinz bodies)라고 한다(그림 12-6).

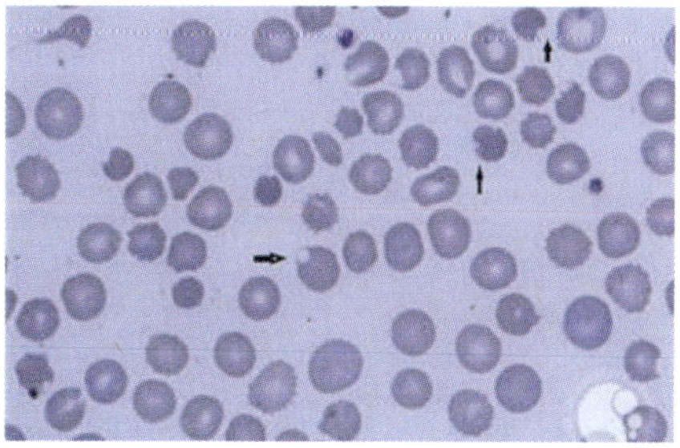

[그림 12-6] 하인즈 소체

출처: https://imagebank.hematology.org/getimagebyid/64007?size=2

개의 경우 하이즈 소체성 빈혈이 발생하는 가장 흔한 원인은 양파중독으로, 임상증상은 양파 섭취 후 수일이 지난 후 발생한다. 주로 약한 빈혈증상을 보인다. 아세트아미노펜 투여 시 독성으로 인해 하이즈 소체가 발견되고 빈혈이 발생한다. 고양이의 경우 요소도제인 메틸렌 블루를 고양이에 사용할 경우 하이즈 소체가 발견되고 빈혈을 유도한다.

(6) 면역매개성 용혈성 빈혈(Immune-mediated hemolytic anemia, IMHA)

면역매개성 용혈성 빈혈의 원인은 잘 알려진 바가 없다. 명확한 기전은 알려져 있지 않지만, 항체가 적혈구 막에 붙고 항체가 부착된 적혈구는 생체의 면역시스템에 의해 제거되어 빈혈이 유발되게 된다. 면역매개성 용혈성 빈혈은 주로 2~8살 연령에서 가장 많이 발생하며, 품종으로는 푸들, 잉글리쉬 쉽독, 아이리시세터, 코커 스패니널에서 다발한다. 암컷이 수컷보다 약 4배 정도 더 많이 발생한다.

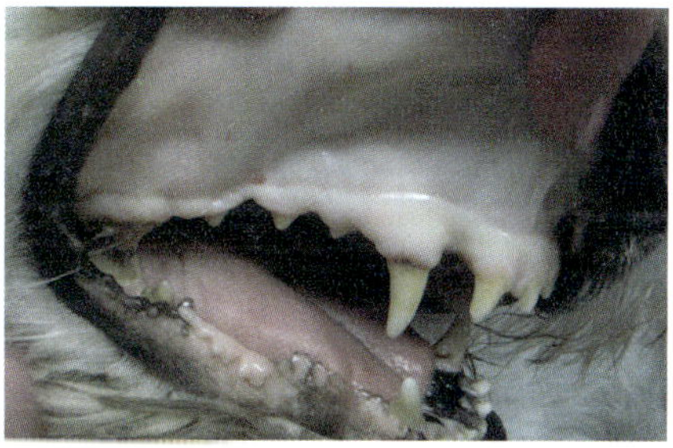

[그림 12-7] 빈혈로 인한 창백한 점막

출처: https://m.blog.naver.com/ydamc/221707278460

적혈구 이상으로 나타나는 다양한 형태의 빈혈 임상증상은 식욕결핍, 무기력, 허약, 의기소침, 빈맥, 빈호흡, 간비대, 비장종대, 원위 말단 괴사, 점막 창백의 증상이 관찰된다.

2) 백혈구 기능이상

백혈구의 기능이상으로는 에를리키아 감염으로 인한 것이 주로 관찰된다. 에를리카는 진드기를 통해 매개된다.

(1) 에를리키아증(Ehrlichiosis)

개의 에를리키아증은 에를리키아속에 속하는 세균들이 과립구나 단핵구 침입하여 발생한다. 진드기가 흡혈할 때 타액을 통해 감염되며, 감염된 동물의 혈액을 수혈함으로써 감염이 발생한다. 감염 후 세균은 단핵구 내에서 복제되어 순환하거나 간, 비장, 림프절에 존재한다. 감염된 세포가 순환할 경우 혈관 내피세포 손상, 혈소판 소비, 적혈구 파괴 등이 발생한다. 이는 골수 억압 또는 재생불량성 빈혈로도 발전한다.

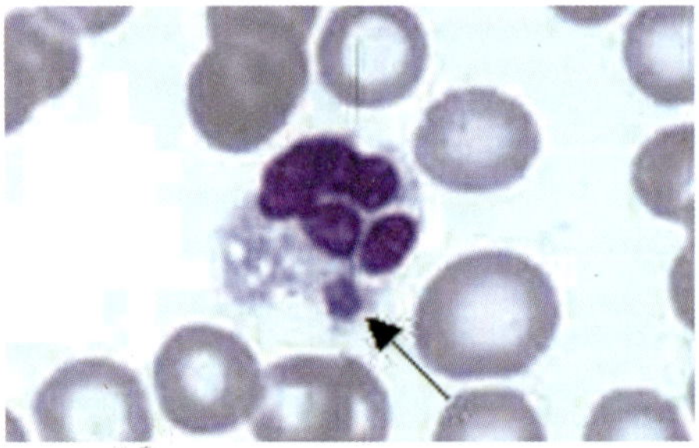

[그림 12-8] 단핵구 내 에를리키아

출처: https://namu.wiki/w/%EC%97%90%EB%A5%BC%EB%A6%AC%ED%82%A4%EC%95%84

3) 혈소판 기능이상

혈소판은 실제 세포가 아니고 골수 내에서 발견되는 큰 세포의 파편이다. 혈소판은 거핵세포로 분화되는 줄기세포로부터 형성된다. 이 큰 세포가 골수를 통과하면서 작은 조각으로 쪼개지는데 이를 혈소판이라고 한다. 혈소판은 지혈과 혈액응고에 관련한다. 혈관손상 시 혈소판 응괴를 형성하여 피떡을 만들어 지혈작용을 한다.

(1) 면역매개성 혈소판감소증(Immune-mediated thrombocytopenia, IMTP)

면역매개성 용혈성 빈혈처럼 혈소판이 항체 또는 보체에 둘러싸여 복합체를 형성한다. 비장, 골수, 간 등에서 생체 내 면역체계에 의한 혈소판 파괴로 혈소판 감소가 나타난다. 유발 원인은 잘 알려져 있지 않고, 설포아미드, 비소제, 디기톡신, 퀴니딘 같은 약물에 의해 발생한다.

임상증상으로 피부나 점막에 점상 및 반상 출혈, 허약, 무기력 등이 관찰된다.

(2) 폰빌레브란트 질병(von Willebrand disease, vWD)

혈액응고 인자 중 하나인 폰빌레브란트(von Willebrand factor, vWF) 결핍으로 출혈이상이 관찰되는 질병이다. 개에서 비교적 흔하게 발생하는 유전적 질환이며, 개에서 임상적인 중요성은 그렇게 크지 않다.

(3) 파종성 혈관 내 응고(Disseminated intravascular coagulation, DIC)

혈액 응고 기전이 활성화되어 혈전이 형성되거나 출혈이 일어나는 질환이다. 혈류 전체에 작은 피떡이 발생하여 소혈관이 막히는 상태로, 혈소판과 응고 인자가 감소되어 과다 출혈이 발생한다. 파종성 혈관 내 응고의 원인으로는 패혈증 같은 중증 감염, 쇼크, 심각한 부상이나 수술 합병증으로 인한 중증 저혈압, 임신 합병증, 특정 암에서 다발한다. 혈액 검사를 통해 혈소판 수가 떨어졌고 응고되는 데 오랜 시간이 걸리며, DIC로 진단할 수 있다.혈관 내에 생성된 미세혈전이 모세혈관을 막으면서 사지의 괴사가 일어날 수 있다. 내부 장기 중에서는 폐와 콩팥이 가장 흔히 침범되어 폐색전증, 콩팥겉실의 괴사에 인한 급싱 신부전증이 발생하며, 이 외에 뇌, 심장, 간, 창자 등도 증상을 유발할 수 있다. 혈액 응고 인자의 소진으로 인해 전신에 출혈 경향이 높아져 피부의 출혈반과 점막 표면 혈액삼출이 발생하며, 뇌, 위장관 등에 치명적인 출혈을 유발시키기도 한다.

4. 개의 림프종

1) 개 림프종

개 림프종(Canine lymphoma)은 개에서 발견되는 가장 흔한 조혈장기 종양이다. 몸의 면역을 담당하는 백혈구의 일종인 림프구의 비정상적인 기능으로 생기는 암이다, 모든 장기에서 발병할 수 있지만 주로 림프구가 많이 분포하는 림프절, 비장, 골수 등에서 시작된다. 일반적으로 중년 이상의 개에서 많이 발병하고, 드물게 어린 나이에 발병될 수 있다. 다중심 림프종이 가장 흔하며, 악성 림프종의 80~85%를 차지한다. 다중심 림프종은 몸 전체의 림프절이 영향을 받는다. 소화기형 림프종은 두 번째로 많이 발병하는 형이며 10% 미만을 차지한다. 이와 더불어 피부형 림프종도 상대적으로 흔하게 발견된다. 가장 일반적인 증상은 부어오르는 림프절이다. 아래턱과 겨드랑이, 무릎 뒤쪽과 사타구니 등에서 쉽게 관찰된다. 손으로 만져 보면 단단한 덩어리가 잡힌다.

임상증상으로는 무기력증, 식욕부진, 체중감소, 구토, 설사 등을 보인다. 악성 림프종의 원인은 아직까지 밝혀지지 않았다. 치료는 주로 항암치료로 진행하고, 치료를 받지 않을 경우 생존율이 매우 짧다.

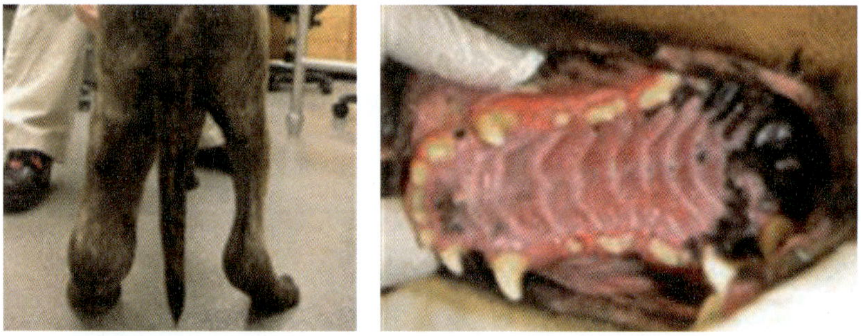

[그림 12-9] 전신에 부풀어 오른 림프구들

출처: https://contents.creators.mypetlife.co.kr/content/uploads/2020/05/10095833/canine-lymphoma2-3combined-138x300-1.gif)

5. 고양이 림프종

1) 고양이 림프종

고양이 림프종(Feline lymphoma)은 고양이에서 발생하는 조혈 종양 중 약 90%를 차지한다. 고양이 림프종은 고양이 백혈병 바이러스에 의해 발생하고, 림프종에 걸린 고양이의 약 70%는 고양이 백혈병 바이러스에 양성반응을 보인다. 고양이 백혈병 바이러스에 양성을 보이는 고양이의 경우 고양이 림프종이 발생하는 연령대는 3살 정도이며, 고양이 백혈병 바이러스에 음성을 보이는 고양이의 경우 약 7살 정도에서 림프종이 발병된다. 발병하는 위치에 따라 종격형 림프종, 다중심 림프종, 소화기형 림프종으로 구분한다. 고양이 백혈병 바이러스는 양성 고양이에서 다중심형 림프종이 약 80%로 가장 흔하게 발생한다.

종격형 림프종은 가슴속 폐와 기관지, 심장, 식도 등을 잡아 주는 종격에 생기는 림프종이며, 호흡곤란 증상을 동반한다. 기침과 식욕저하, 체중감소 증상도 보인다.

다중심 림프종은 몸 여러 곳에 있는 림프절 여러 곳에 나타나며, 고양이의 경우 개와 비교해서 림프절이 작아 관찰하기 힘들다. 이 외에 무기력증, 식욕부진, 체중감소 등의 임상증상을 보인다.

소화기형 림프종은 소화기관의 림프조직에 발병하는 형태로, 식욕감소와 기력저하를 동반하고 구토와 변비 또는 설사를 보인다. 검은색 변이 나오거나 혈변을 보이기도 한다.

고양이 백혈병 바이러스 백신의 개발로 인해 종격형과 다중심 림프종의 발병률이 감소하고, 현재는 소화기형 림프종이 고양이에서 발병률이 가장 높은 림프종이다. 고양이 악성 림프종은 주로 항암제 치료를 하고, 생존율도 낮은 편이다.

6. 설치류 림프종

1) 페럿 림프종

페럿 림프종(Ferret lymphoma)은 페럿에서 발견되는 흔한 악성 종양이다. 림프절에서 림프종이 발견되고, 이것이 내장 기관인 간, 비장, 호흡계, 골수, 위장관, 신경계, 심장 및 신장으로 퍼지는 형태를 취한다. 어린 페럿에서 주로 관찰되는 림프아세포 림프종은 질병 초기에 내장 암을 생성한다. 페럿의 림프종은 림프계가 단단한 덩어리로 피부밑에 종양 덩어리가 관찰될 수 있고, 반면에 무증상을 보일 수도 있다.

임상증상으로는 설사나 구토, 혈변, 림프절 종대, 피부 가려움증, 부기 또는 눈 충혈의 증상이 관찰된다.

7. 조류 혈액 질환

1) 빈혈

조류에서 빈혈(Anemia)은 주로 외상으로 인한 출혈, 응고병증을 유발하는 중독, 기생충 및 기질적인 질병으로 인해 발생한다. 클라미디아증(chlamydiosis), 마이코박테리아증(mycobacteriosis), 신장염, 곰팡이 감염증인 아스페르길루스증(aspergillosis) 등과 같은 만성 질환에서도 혈구 생성 감소로 빈혈을 유발할 수 있으며, 조류의 빈혈은 비재생성으로 알려져 있다.

8. 말 혈액 질환

1) 말 전염성 빈혈

말 전염성 빈혈(Equine infectious anemia)은 전 세계적으로 말에 영향을 미치는 질병이다. 나이, 품종, 성별에 상관없이 발병하며, 혈액에 의한 렌티바이러스(lentivirus)에 의해 발생한다. 임상증상으로는 발열, 쇠약, 빈혈증, 응고장애 등의 임상증상이 관찰된다.

참고문헌

김옥진, 김현주, 정태호, 황인수, 홍선화 (2015). 동물질병학. 서울: 동일출판사.

김옥진, 함희진 (2024). 반려동물질병학. 서울: 동문사.

김주헌, 심철수, 이규필, 홍용근 (2015). 기본 동물해부생리학. 서울: 라이프사이언스.

동물보건질병학 교재연구회 (2023). 동물보건질병학(4판). 서울: 범문에듀케이션.

동물해부생리학 교재연구회 (2014). 동물해부생리학 개론. 서울: 범문에듀케이션.

수의생리학교수협의회 (2024). 수의생리학(7판). 서울: 라이프사이언스.

최희인 (1997). 임상증상을 기초로 한 개의 질병. 서울: 샤론.

한호재 , 강창원 , 김동일 , 김종훈 , 김태완 , 나승열 , 박광일 , 이규필 , 이근식 , 이만휘 , 이장헌 , 이현직 (2021). 수의생리학(제6판). 서울: 라이프사이언스.

Alleice Summers (2019). *Common Diseases of Companion Animals*, 4th. Elsevier.

Baljit Singh (2018). *Textbook of Veterinary Anatomy*. 5th. Elsevier.

Bonnie ballard, Ryan cheek (2010). *Exotic Animal Medicine for the Veterinary Technician*, 2nd. Wiley-blackwell.

Curtis W.Dewey (2015). *Practical Guide to Canine and Feline Neurology*, 3rd. WILEY Blackwell.

Dyce, K. M., Sack, W. O. & Wensing, C. J. G. (2017). *Textbook of Veterinary Anatomy*, 15ed. elsevier.

Donald J. Meuten (2017). *Tumors in Domestic Animals*, 5th. Wiley Blackwell.

Emma Keeble & Anna Meredith (2009). *BSAVA Manual of Rodents and Ferrets*. British Small Animal Veterinary Association.

Francis W.K. & Smith J.R. (2015). *Manual of Canine and Feline Cardiology*, 5th. Elsevier.

Jennifer E. & Graham (2021). *Exotic Snimal Emergency and Critical Care Medicine*. blackwell.

Jennifer E. Graham, Hugues Beaufrère, Grayson A. Doss (2021). *Exotic Animal Emergency and Critical Care Medicine*. Wiley Blackwell.

Joe Bartges & David J. Polzin (2011). *Nephrology and Urology of Small Animals*. Wiley Blackwell.

Johnson G. S., Turrentine M. A., & Kraus K. H. (1988). Canine von Willebrand's disease. A heterogeneous group of bleeding disorders. *Veterinary Clinics Of North America-Small Animal Practice. 18*(1), 195-229.

Keith M. Dyce, Wolfgang O. Sack, & C. J. G. Wensing (2017). *Textbook of Veterinary Anatomy*. saunders.

Klein, & Bradley G. (2013). *Cunningham's Textbook of Veterinary Physiology*. Elsvier Saunders.

Linda Merrill (2023). 동물보건내과학. 서울: 범문에듀케이션.

M. Donald McGavin, James F. Zachary (2006). *Pathologic Basis of Veterinary Disease*. Mosby.

M.Grant Maxie (2016). *Jubb, Kennedy & Palmer's Pathology of Domestic Animals*, 6th. Elsevier.

Margi Sirois (2022). *Laboratory Animal and Exotic Pet Medicine*, 3rd. Elsevier.

Michael D. Lorenz (2007). *Handbook of Veterinary Neurology*, 5th. Elsevier.

Ralf S. Mueller, Wayne Rosenkrantz, Emmanuel Bensignor, Joanna Karaś-Tęcza, Tara Paterson, Michael A. Shipstone (2020). Diagnosis and treatment of demodicosis in dogs and cats: Clinical consensus guidelines of the World Association for Veterinary Dermatology. *Veterinary Dermatology*, *31*(1), 5-27.

Rhea V. Morgan (2003). *Handbook of Small Animal Practice*. Elsevier.

Richard W. Nelson & C. Guillermo Couto (2013). *Small Animal Internal Medicine*, 5th. Elsevier.

Richard W. Nelson & C. Guillermo Couto (2019). *Small Animal Internal Medicine*, 6th. Elsevier.

Simon J. Girling and Paul Raiti (2019). *BSAVA Manual of Reptiles*, 3rd. British Small Animal Veterinary Association.

Stephen J. & Ettinger (2017). *Textbook of Veterinary Internal Medicine*, 8th. Elsevier.

Stephen J. Ettinger, Edward C. Feldman, Etienne Cote (2017). *Ettinger's Textbook of Veterinary Internal Medicine*, 8th. Elsevier.

Theresa Welch Fossum (2013). *Small Animal Surgery*, 4th. Elsevier.

Vicki Judah and Kathy Nuttall (2017). *Exotic Animal Care and Management*, 2nd. Cengage Learning.

Zames F. Zachary (2022). *Pathologic Basis of Veterinary Disease*, 7th. Elsevier.

Animalwised https://www.animalwised.com/

Orthopedic foundation for animals(OFA) https://ofa.org/

World Health Organization(WHO) https://www.who.int/health-topics/one-health

저자 소개

양면식 국립공주대학교 특수동물학과 교수

김주완 대구한의대학교 반려동물보건학과 교수

김충현 호서대학교 동물보건복지학과 교수

손부용 장안대학교 바이오동물보건과 교수

윤소라 신안산대학교 반려동물보건과 교수

조현명 동원대학교 동물보건학과 교수

동물질병학

초판 1쇄 인쇄 2025년 2월 21일
초판 1쇄 발행 2025년 2월 27일

지 은 이 | 양면식 · 김주완 · 김충현 · 손부용 · 윤소라 · 조현명
펴 낸 이 | 김기섭
편 집 인 | 이혜란
펴 낸 곳 | 창지사 www.changjisa.com
08589 서울시 금천구 가산디지털 1로 83 파트너스타워 1차 9층
전화 (02)719-2211~3
팩스 (02)701-9386
등 록 | 1977년 4월 28일 · 제1-421호

ISBN 978-89-426-1906-1 (93520)

값 27,000원